工业和信息化精品系列教材

黑马程序员 ◉ 编著

U0233618

微信小程序

开发实战

第 2 版

人民邮电出版社

北　京

图书在版编目（CIP）数据

微信小程序开发实战 / 黑马程序员编著. -- 2版
. -- 北京 ：人民邮电出版社，2023.4
工业和信息化精品系列教材
ISBN 978-7-115-60602-0

Ⅰ．①微… Ⅱ．①黑… Ⅲ．①移动终端－应用程序－
程序设计－教材 Ⅳ．①TN929.53

中国版本图书馆CIP数据核字(2022)第231268号

内 容 提 要

本书是针对 Web 前端开发人员编写的一本快速掌握微信小程序开发的教程。本书通过通俗易懂的语言、丰富实用的案例，讲解微信小程序的开发技术。

全书共 8 章，第 1 章讲解微信小程序的入门知识，介绍微信小程序的特点和发展前景；第 2 章和第 3 章分别讲解微信小程序的页面制作和页面交互；第 4 章和第 5 章讲解微信小程序的常用 API；第 6 章讲解综合项目"点餐"微信小程序；第 7 章讲解微信小程序开发进阶；第 8 章讲解基于 uni-app 框架开发的"短视频"微信小程序。

本书适合作为高等教育本、专科院校计算机相关专业的教材，也可作为广大计算机编程爱好者的参考书。

◆ 编　　著　黑马程序员
　　责任编辑　范博涛
　　责任印制　焦志炜

◆ 人民邮电出版社出版发行　　北京市丰台区成寿寺路 11 号
　　邮编　100164　电子邮件　315@ptpress.com.cn
　　网址　https://www.ptpress.com.cn
　　大厂回族自治县聚鑫印刷有限责任公司印刷

◆ 开本：787×1092　1/16
　　印张：19　　　　　　　　　　　　2023 年 4 月第 2 版
　　字数：496 千字　　　　　　　　2024 年 12 月河北第 8 次印刷

定价：59.80 元

读者服务热线：(010)81055256　印装质量热线：(010)81055316
反盗版热线：(010)81055315
广告经营许可证：京东市监广登字 20170147 号

FOREWORD

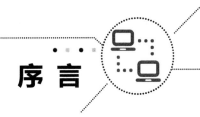

本书的创作公司——江苏传智播客教育科技股份有限公司（简称"传智教育"）作为我国第一个实现 A 股 IPO 上市的教育企业，是一家培养高精尖数字化专业人才的公司，主要培养人工智能、大数据、智能制造、软件开发、区块链、数据分析、网络营销、新媒体等领域的人才。传智教育自成立以来贯彻国家科技发展战略，讲授的内容涵盖了各种前沿技术，已向我国高科技企业输送数十万名技术人员，为企业数字化转型、升级提供了强有力的人才支撑。

传智教育的教师团队由一批来自互联网企业或研究机构，且拥有 10 年以上开发经验的 IT 从业人员组成，他们负责研究、开发教学模式和课程内容。传智教育具有完善的课程研发体系，一直走在整个行业的前列，在行业内树立了良好的口碑。传智教育在教育领域有 2 个子品牌：黑马程序员和院校邦。

一、黑马程序员——高端 IT 教育品牌

黑马程序员的学员多为大学毕业后想从事 IT 行业，但各方面的条件还达不到岗位要求的年轻人。黑马程序员的学员筛选制度非常严格，包括了严格的技术测试、自学能力测试、性格测试、压力测试、品德测试等。严格的筛选制度确保了学员质量，可在一定程度上降低企业的用人风险。

自黑马程序员成立以来，教学研发团队一直致力于打造精品课程资源，不断在产、学、研 3 个层面创新自己的执教理念与教学方针，并集中黑马程序员的优势力量，有针对性地出版了计算机系列教材百余种，制作教学视频数百套，发表各类技术文章数千篇。

二、院校邦——院校服务品牌

院校邦以"协万千院校育人、助天下英才圆梦"为核心理念，立足于中国职业教育改革，为高校提供健全的校企合作解决方案，通过原创教材、高校教辅平台、师资培训、院校公开课、实习实训、协同育人、专业共建、"传智杯"大赛等，形成了系统的高校合作模式。院校邦旨在帮助高校深化教学改革，实现高校人才培养与企业发展的合作共赢。

（一）为学生提供的配套服务

1. 请同学们登录"传智高校学习平台"，免费获取海量学习资源。该平台可以帮助同学们解决各类学习问题。

2. 针对学习过程中存在的压力过大等问题，院校邦为同学们量身打造了 IT 学习小助手——邦小苑，可为同学们提供教材配套学习资源。同学们快来关注"邦小苑"微信公众号。

（二）为教师提供的配套服务

1. 院校邦为其所有教材精心设计了"教案+授课资源+考试系统+题库+教学辅助案例"的系列教学资源。教师可登录"传智高校教辅平台"免费使用。

2. 针对教学过程中存在的授课压力过大等问题，教师可添加"码大牛"QQ（2770814393），或者添加"码大牛"微信（18910502673），获取最新的教学辅助资源。

前 言

PREFACE

本书在编写的过程中，结合党的二十大精神进教材、进课堂、进头脑的要求，将知识教育与思想政治教育相结合，通过案例加深学生对知识的认识与理解，注重培养学生的创新精神、实践能力和社会责任感。案例设计从现实需求出发，激发学生的学习兴趣和动手思考的能力，充分发挥学生的主动性和积极性，增强学习信心和学习欲望。在知识和案例中融入了素质教育的相关内容，引导学生树立正确的世界观、人生观和价值观，进一步提升学生的职业素养，落实德才兼备的高素质卓越工程师和高技能人才的培养要求。此外。编者依据书中的内容提供了线上学习的视频资源，体现现代信息技术与教育教学的深度融合，进一步推动教育数字化发展。

微信小程序是目前非常热门的轻量级应用，用户只要在微信中"扫一扫"或"搜一搜"即可打开，非常简单方便，实现了各种应用"触手可及"的梦想。

◆ 为什么要学习本书

学习微信小程序开发并不难，微信官方也提供了大量的文档资料，但是初学者仅仅靠自学官方文档是不够的，因为实际的开发需求往往十分复杂，关键是如何找到合适的思路和解决方案，所以只有积累大量的实践经验，才能高效地完成开发工作。

本书比照开发中常用的一些技术选取教学案例，希望通过这些案例帮助初学者快速入门。这些案例一方面可以帮助读者提高学习兴趣，另一方面可以帮助读者学到实用的技术。考虑到企业应用中的需求，本书还加入了微信小程序常用框架 uni-app 的讲解，以及"点餐"微信小程序和"短视频"微信小程序两个实战项目，帮助读者开阔视野，了解实际开发中的各种问题和解决方案，培养读者解决实际问题的能力。

◆ 如何使用本书

本书共 8 章，各章内容介绍如下。

● 第 1 章讲解微信小程序入门，主要内容包括微信小程序基本概念和开发工具的使用，学完本章内容后，读者会对微信小程序开发有一个初步的认识，并能够使用微信开发者工具创建一个空项目。

● 第 2 章讲解微信小程序的页面制作，通过对开发"个人信息""本地生活""婚礼邀请函"这 3 个微信小程序的学习，读者可以具备编写微信小程序页面结构和样式的能力，并能够使用各种组件快速搭建页面。

● 第 3 章讲解微信小程序的页面交互，通过对开发"比较数字大小""计算器""美食列表""调查问卷"这 4 个微信小程序的学习，读者可以具备开发各种常见页面交互效果的能力。

● 第 4 章和第 5 章讲解微信小程序的常用 API，通过对开发"音乐播放器""录音机""头像上传下载""模拟时钟""罗盘动画""用户登录""查看附近美食餐厅""在线聊天"这 8 个微信小程序的学习，读者能够利用常用 API 开发功能较强的微信小程序。

● 第 6 章讲解综合项目"点餐"微信小程序，本项目基于微信小程序原生框架开发，实战性强，使读者能够对前面所学知识进行综合运用。

● 第 7 章讲解微信小程序开发进阶，通过对开发"自定义标签栏""电影列表""待办事项"这 3 个微信小程序的学习，读者可以掌握如何用自定义组件、Vant Weapp 组件库、WeUI 组件库和 uni-app 框架提高项目开发效率。

- 第 8 章讲解 uni-app 项目——"短视频"微信小程序，本项目利用 uni-app 框架进行开发，具有较强的跨平台能力，能够生成 Android、iOS 及其他小程序版本，并且可以使用 Vue.js 的语法进行代码编写。

在学习过程中，读者一定要多动手练习，有不懂的地方，可以登录"高校学习平台"，通过平台中的教学视频进行深入学习。读者还可以在"高校学习平台"进行测试，巩固所学知识。另外，如果读者在学习过程中遇到困难，建议不要纠结，先往后学习。随着学习的不断深入，前面不懂的地方慢慢也就理解了。

◆ 致谢

本书的编写和整理工作由江苏传智播客教育科技股份有限公司完成，主要参与人员有高美云、韩冬、梁志琪、张瑞丹等，全体参编人员在编写过程中付出了辛勤的汗水，除此之外还有很多试读人员参与了本书的试读工作并给出了宝贵的建议，在此向大家表示由衷的感谢。

◆ 意见反馈

尽管编者付出了最大的努力，但本书中难免会有疏漏和不妥之处，欢迎各界专家和读者朋友提出宝贵意见。读者在阅读本书时，如果发现任何问题或有不认同之处，可以通过电子邮箱与编者联系。请发送电子邮件至 itcast_book@vip.sina.com。

黑马程序员
2023 年 5 月于北京

目 录
CONTENTS

第 1 章

微信小程序入门

学习目标

★ 了解微信小程序，能够说出微信小程序的概念、特点、发展前景和宿主环境

★ 掌握微信小程序开发账号的注册方法，能够独立完成微信小程序开发账号的注册

★ 掌握获取微信小程序 AppID 的方法，能够从微信小程序管理后台获取 AppID

★ 掌握微信开发者工具的安装方法，能够独立完成微信开发者工具的安装

★ 掌握微信小程序项目的创建方法，能够使用微信开发者工具创建项目

★ 熟悉微信小程序的项目结构，能够解释每个文件的作用

★ 熟悉微信小程序的页面组成，能够解释 WXML、WXSS、JS 和 JSON 文件的作用

★ 熟悉微信小程序的通信模型，能够解释微信小程序中渲染层、逻辑层及第三方服务器的通信方式

★ 熟悉微信开发者工具的主界面，能够说出工具栏中常用快捷按钮的功能

★ 掌握微信小程序的项目设置，能够根据需要对微信小程序进行设置

★ 了解微信小程序开发常用快捷键，能够列举 4 类常用快捷键

★ 了解项目成员，能够说出项目成员的组织结构、分工和权限

★ 掌握添加项目成员和体验成员的方法，能够在微信小程序管理后台中添加项目成员和体验成员

★ 熟悉微信小程序的版本，能够说明微信小程序的 4 种版本

★ 熟悉微信小程序发布上线的流程，能够归纳出微信小程序发布上线的步骤

微信小程序于 2017 年 1 月 9 日正式上线，凭借其开发成本低、微信用户数量庞大等优势，得到了许多用户的认可，同时还为许多商家提供了商机。为了满足人们的日常需求，微信小程序的开发技术也在不断更新。为了让读者对微信小程序有一个整体的认识，本章将对微信小程序的入门知识进行详细讲解。

1.1 初识微信小程序

目前，微信的普及程度已经很高了，人们通过微信可以聊天、工作、支付等。微信小程序是一种运行在微信中的应用，因其独特优势受到了人们的广泛关注。本节将对什么是微信小程序、微信小程序的特点、微信小程序的发展前景和微信小程序的宿主环境进行详细讲解。

1.1.1　什么是微信小程序

与传统的原生应用相比，微信小程序是一种全新的连接用户与服务的应用，它可以在微信内被便捷地获取和传播，同时具有良好的用户体验。微信小程序是运行在微信中的应用，是一种不需要下载即可使用的应用，用户通过微信扫一扫或者搜一搜即可打开，且每个微信小程序的体积非常小。

微信小程序自推出以后就大受欢迎，微信团队表示他们正向着当初设立的目标——"让小程序触手可及，无处不在"不断迈进。2022 年 1 月，微信公开课讲师在"2022 微信公开课 PRO"上提到，2021 年微信小程序日活突破 4.5 亿，日均使用次数相较 2020 年增长了 32%，活跃微信小程序数量同比增长了 41%。目前微信小程序覆盖了教育、媒体、交通、房地产、旅游、电商、餐饮等多个领域。由于微信小程序操作简单、使用方便，一些热门的原生应用也发布了微信小程序版本，例如美团、链家等。

若想打开一个微信小程序，可以通过搜索关键词、扫码、群分享、好友分享等途径实现。例如，点击微信中的"搜索"按钮，输入关键词"腾讯新闻"，查找与其相关的微信小程序，搜索结果如图 1-1 所示。

在搜索结果中，点击进入"腾讯新闻"小程序，如图 1-2 所示。

图1-1　搜索结果

图1-2　"腾讯新闻"小程序

从图 1-2 可以看出，"腾讯新闻"小程序可以像网页一样直接打开，不需要安装。当"腾讯新闻"小程序用完以后，直接通过手机的返回操作退出即可，不需要卸载。

1.1.2　微信小程序的特点

微信小程序在市场上发展得如此顺利，这与其本身的特点是分不开的。正是这些独具魅力的特点，才让微信小程序大受欢迎。

微信小程序具有无须安装、触手可及、用完即走、无须卸载的特点。用户在使用微信小程序时无须安装，直接使用，不占用存储空间；在使用微信小程序后，可以用完即走，无须卸载。例如，我们去餐厅点餐，无须下载应用，只需要在餐桌上扫描一下二维码，即可在微信小程序中点餐，而且点餐完成后并不需要卸载应用，直接关闭微信小程序即可，不会给用户造成任何负担。

除此之外，微信小程序还具有名称唯一、入口丰富和传播能力强等特点，下面将对这 3 个特点进行说明。

- 名称唯一：某一个名称被注册后，另一个微信小程序将不能使用相同的名称。
- 入口丰富：用户可以通过多种途径打开微信小程序，例如微信搜索、好友分享、小程序识别码等。
- 传播能力强：微信小程序入口丰富，再加上基于微信生态，使得微信小程序的传播能力强，这也是创业型企业选择微信小程序的一个重要原因。

微信小程序是继原生应用和 HTML5 应用之后出现的一种新的应用形态，从功能方面来说，与它们是竞争对手。那么微信小程序与原生应用、HTML5 应用有什么区别呢？下面将微信小程序与原生应用进行对比，具体如表 1–1 所示。

表 1-1　微信小程序与原生应用的对比

对比项	微信小程序	原生应用
下载安装	无须下载和安装	从 iOS 和 Android 系统的应用商店中下载
体积大小	体积小	体积大
跨平台	可以跨平台	不可以跨平台
开发成本	较低	较高
推广成本	较低	较高

表 1–1 从下载安装、体积大小、跨平台、开发成本和推广成本这 5 个方面对比了微信小程序与原生应用的区别。

接下来将微信小程序与 HTML5 应用进行对比，具体如表 1–2 所示。

表 1-2　微信小程序与 HTML5 应用的对比

对比项	微信小程序	HTML5 应用
运行环境	运行在微信上	运行在浏览器上
用户体验	较流畅	实际上是打开一个网页，流畅度略差
接口应用	可以大量应用 API	可用 API 较少

表 1–2 从运行环境、用户体验和接口应用这 3 个方面对比了微信小程序与 HTML5 应用的区别。

1.1.3　微信小程序的发展前景

微信自出现以来，受到广大用户的喜爱，目前已成为人们必不可少的通信工具，对于用户而言，使用依托于微信的小程序的频率也越来越高。微信小程序是一款富有创意的、高效的、便捷的应用，用户对微信小程序的未来充满了期待。下面从生态体系、开放能力和用户黏性这 3 个方面讲解微信小程序的发展前景。

1. 生态体系

目前，微信小程序已经形成了自己的生态体系，它连接了开发者、运营者、投资者等各领域的企业，并且接入了多个第三方服务的平台。微信小程序已经进入了一个快速发展的阶段，未来的发展空间也越来越大。微信小程序通过加大对微信开发者工具的支持，能够实现更多的功能，同时有越来越多的企业引入了微信小程序业务。

2. 开放能力

在发展过程中，微信小程序不断自我完善，为开发者开放了越来越多的接口，它可以适用于大多数的用户和场景，还可以方便开发者进行深度挖掘。同时，微信为小程序提供了越来越多的开放功能，例如微信扫码、微信支付、地理定位等，这对微信小程序的发展也会起到推动作用。

3. 用户黏性

目前，微信小程序已经积累了大量用户，用户黏性高，使其他行业与微信用户有更好的连接，能够更好地与微信结合。因此，微信小程序的发展空间是无限的。

1.1.4 微信小程序的宿主环境

宿主环境（Host Environment）是指程序运行所依赖的环境。例如，iOS 系统和 Android 系统提供了两种不同的宿主环境，微信、微博等应用都需要依赖宿主环境才能运行，如图 1-3 所示。

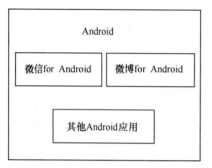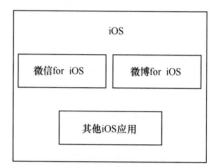

图1-3　iOS系统和Android系统提供的不同宿主环境

在图 1-3 中，Android 系统的应用不能在 iOS 系统中运行，iOS 系统的应用也不能在 Android 系统中运行。因此，脱离了宿主环境的应用是没有任何意义的。

微信小程序可以跨平台，这是因为微信小程序并不是一个直接安装在 Android 系统或 iOS 系统中的应用，而是运行在微信客户端上的应用。微信客户端给微信小程序提供的环境就是微信小程序的宿主环境。微信小程序在 Android 系统和 iOS 系统中的宿主环境如图 1-4 所示。

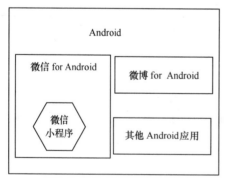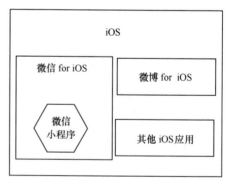

图1-4　微信小程序在Android系统和iOS系统中的宿主环境

微信小程序的宿主环境为微信小程序提供了丰富的组件和 API（Application Program Interface，应用程序接口），具体解释如下。

- 组件：用于快速搭建页面的结构。微信小程序的组件包括视图容器、基础内容、表单、导航、媒体、地图、画布、开放能力等。
- API：用于让开发者方便地调用微信提供的功能，例如获取用户信息、微信登录、微信支付等。

1.2　微信小程序开发前准备

为了帮助开发者简单高效地实现微信小程序的开发，微信团队提供了一套微信开发者工具。该工具集成了公众号网页调试和小程序调试两种开发模式。在正式开发微信小程序前，需要先进行开发前的准备工作，包括注册微信小程序开发账号、获取微信小程序 AppID、安装微信开发者工具和创建微信小程序项目。本节将详细讲解微信小程序开发前的准备工作。

1.2.1　注册微信小程序开发账号

开发微信小程序时，需要具备开发微信小程序的权限，也就是注册一个开发账号。具体注册步骤如下。

① 使用浏览器访问微信公众平台的官方网站，如图 1-5 所示。

图1-5　微信公众平台的官方网站

② 单击"立即注册"链接，即可进入开发账号的注册页面，在该页面可选择注册的账号类型，如图 1-6 所示。

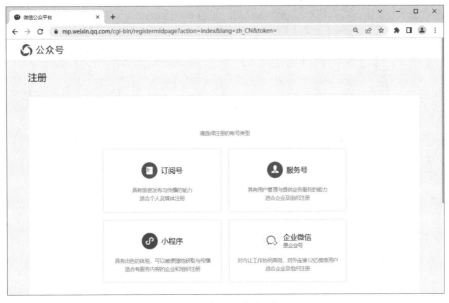

图1-6　选择注册的账号类型

从图1-6中可以看出微信公众平台提供了4种账号类型，分别是"订阅号""服务号""小程序""企业微信"。其中，"订阅号"主要用于为媒体和个人提供一种新的信息传播方式，类似于报纸、杂志等，可提供新闻信息或娱乐趣事等；"服务号"主要用于为企业和组织提供更强大的业务服务与用户管理能力，偏向服务类交互，类似于银行服务平台、全国12315平台、114查号台等，可提供查询服务；"小程序"适用于有服务内容的企业和组织，可被便捷地获取和传播；"企业微信"是一个面向企业级市场的产品，是一款优秀的基础办公应用，专门提供给企业使用。

③ 在图1-6中，单击"小程序"链接，跳转到小程序注册页面，如图1-7所示。

图1-7　小程序注册页面

④ 在图1-7中根据提示填入自己的邮箱、密码、确认密码等，完成账号信息的填写。

⑤ 单击"注册"按钮，进入提示邮箱激活页面，如图1-8所示。

图1-8　提示邮箱激活页面

⑥ 单击"登录邮箱"按钮，登录步骤④中填写的邮箱，查看收到的账号激活链接，如图 1-9 所示。

图1-9　账号激活链接

⑦ 单击图 1-9 中的账号激活链接，将跳转到用户信息登记页面，根据页面提示进行用户信息登记，如图 1-10 所示。

图1-10　用户信息登记页面

⑧ 填写完用户相关信息后，单击"继续"按钮，进入微信小程序管理后台，如图 1-11 所示。

图1-11   微信小程序管理后台

在图 1-11 中，微信小程序管理后台显示了微信小程序的发布流程，共分为 3 个步骤：第 1 步是小程序信息和小程序类目，第 2 步是小程序开发与管理，第 3 步是版本管理。关于微信小程序的发布流程，将会在1.6 节中进行详细讲解。

至此，微信小程序开发账号已注册完成。

1.2.2   获取微信小程序 AppID

在微信小程序中，AppID 又称为小程序 ID，是每个小程序的唯一标识，每个小程序账号只有一个 AppID，因此每个账号只能发布一个小程序，如果要发布多个小程序，需要注册多个小程序账号。下面讲解如何获取微信小程序的 AppID。

首先登录微信小程序管理后台，在左侧边栏中选择"开发管理"，然后再选择"开发设置"，即可查看AppID，如图 1-12 所示。

图1-12   查看AppID

图 1-12 中获取的 AppID 将会在创建微信小程序项目时用到。

1.2.3　安装微信开发者工具

微信公众平台为开发者提供了微信开发者工具，帮助开发者快速实现微信小程序的开发。安装微信开发者工具的步骤如下。

① 在微信小程序管理后台的左侧边栏中选择"开发工具"，然后选择"开发者工具"，即可找到微信开发者工具的下载页面，如图 1-13 所示。

图1-13　微信开发者工具的下载页面

② 单击图 1-13 中的"下载"按钮，即可跳转到微信开发者工具的下载链接页面，如图 1-14 所示。

图1-14　微信开发者工具的下载链接页面

从图 1-14 中可以看出，微信开发者工具分为稳定版、预发布版、开发版和小游戏版，且支持 Windows 和 macOS 操作系统。

③ 本书以稳定版为例进行讲解，单击稳定版的"Windows 64"链接下载该版本的微信开发者工具安装包，安装包名称为"wechat_devtools_1.06.2206090_win32_x64.exe"。读者也可根据自己的环境和需求选择合适的版本进行下载。

需要注意的是，微信开发者工具的版本会不断升级。在编著本书时，微信开发者工具的最新版本是

1.06.2206090。当读者使用本书时，在微信开发者工具的下载页面看到的版本可能会被更新，但是下载方式与 1.06.2206090 类似。

④ 双击微信开发者工具的安装包，进入微信开发者工具的安装向导，安装向导如图 1-15 所示。

本书中省略安装的中间步骤，读者根据安装向导进行操作，即可完成微信开发者工具的安装，安装完成后如图 1-16 所示。

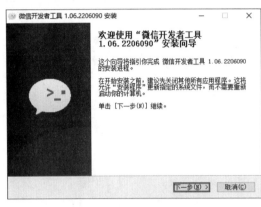
图1-15 安装向导

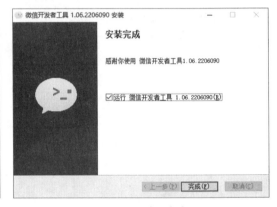
图1-16 安装完成

至此，微信开发者工具已安装完成。

1.2.4 创建微信小程序项目

在进行微信小程序开发前，需要创建一个空的微信小程序项目，创建完成后可以进行代码的编写。下面演示如何创建微信小程序项目。

① 首次打开微信开发者工具时，会出现一个登录界面，如图 1-17 所示。

在登录界面中，可以使用微信扫码登录微信开发者工具，微信开发者工具将使用这个微信账号的信息进行微信小程序的开发和调试。

② 使用微信扫码登录成功后会进入微信开发者工具的项目选择界面，如图 1-18 所示。

图1-17 登录界面

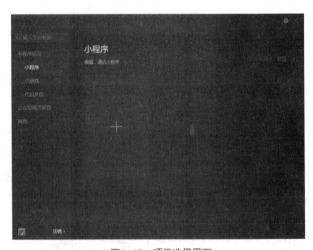
图1-18 项目选择界面

③ 单击图 1-18 中的"+"可以进入微信小程序项目的创建界面，如图 1-19 所示。

图1-19　微信小程序项目的创建界面

在图 1-19 中,读者可以自定义项目名称和目录,如填写项目名称为"HELLO",目录为"D:\miniprogram\hello"。关于 AppID、开发模式、后端服务和模板选择的具体解释如下。

● AppID:填写 1.2.2 小节获取的 AppID 即可。如果不想使用自己的 AppID,也可以使用测试号,二者的区别是,前者能够使用的功能比后者多,例如代码的上传和发布。

● 开发模式:有"小程序"和"插件"两种选择,由于我们要创建一个微信小程序项目,所以此处应选择"小程序"。

● 后端服务:有"微信云开发"和"不使用云服务"两种选择。在"微信云开发"中,开发者无须搭建服务器,即可使用云函数、云数据库、云存储和微信云托管等完整云端能力。初学者在没有掌握基础知识之前进行云开发会有一定难度。本书中的项目统一选择"不使用云服务"。

● 模板选择:微信开发者工具提供了多种模板用于快速创建微信小程序项目。为了方便学习,此处选择"不使用模板"。

将图 1-19 中的内容填写完成后,单击"确定"按钮创建微信小程序项目。稍作等待后,微信小程序项目即可创建完成。

多学一招:微信开发者工具的外观设置

微信开发者工具允许用户对其进行外观设置,包括主题、调试器主题和自定义外观。默认的主题为深色,如果想设置为其他颜色,更换选项即可。下面以更换主题为例来演示如何对微信开发者工具的主题进行设置。首先单击图 1-18 中的"⚙"进入设置页面,然后在弹出的设置页面中单击"外观"选项进入外观设置页面,最后在主题下面的单选框中选择需要更换的主题。外观设置页面如图 1-20 所示。

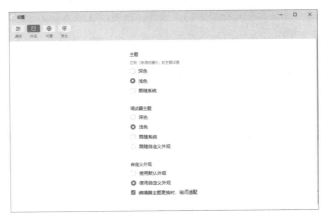

图1-20　外观设置页面

1.3   微信小程序开发基础

在正式进行微信小程序开发前，大家需要对微信小程序的项目结构、页面组成和通信模型有一个基本的认识。本节将对微信小程序开发基础进行详细讲解。

1.3.1   微信小程序的项目结构

微信小程序项目创建完成后，微信开发者工具会自动创建微信小程序的项目结构，如图1-21所示。

下面对图1-21中的内容进行介绍。

- pages：用于存放微信小程序的所有页面。
- .eslintrc.js：用于格式化代码，使代码风格保持一致。
- app.js：微信小程序的入口文件，用于描述微信小程序的整体

逻辑。

- app.json：微信小程序的全局配置文件，用于设置页面路径、窗口外观、页面表现、标签栏等。
- app.wxss：微信小程序的全局样式文件，文件可以为空。
- project.config.json：在微信开发者工具上做的任何配置都会写入这个文件中，当重新安装工具或者更换计算机工作时，只要载入同一个项目的代码包，微信开发者工具会根据该文件自动恢复成开发微信小程序时的个性化配置。
- project.private.config.json：用于保存微信开发者工具的私人配置，配置的优先级高于project.config.json。
- sitemap.json：用于配置微信小程序及其页面是否允许被微信索引，如果没有该文件，则默认为所有页面都允许被索引。微信现已开放微信小程序页面的搜索，也就是说微信小程序里面的内容也能被微信搜索引擎搜索到。当开发者允许微信小程序页面被微信索引时，微信会通过爬虫的形式，为微信小程序的页面建立索引。当用户的搜索词条触发该索引时，微信小程序的链接地址将可能展示在搜索结果中。

微信客户端在启动微信小程序时，首先会把整个微信小程序的代码包下载到本地；然后解析app.json全局配置文件，通过该文件解析出微信小程序的所有页面路径；接着执行app.js入口文件，调用App()函数创建微信小程序的实例；最后渲染微信小程序的首页。

1.3.2   微信小程序的页面组成

一个微信小程序是由一个或多个页面组成的，这些页面被存放在pages目录中。下面以pages目录下的index页面为例展示其组成部分，index页面的组成部分如图1-22所示。

从图1-22可以看出，index页面由4个文件组成，分别是index.js、index.json、index.wxml和index.wxss。

微信小程序页面的JS、JSON、WXML和WXSS文件分别使用JS、JSON、WXML和WXSS语言编写，关于这4种语言的说明如下。

- JS：类似网页制作中的JavaScript语言，用于实现页面逻辑和交互，文件扩展名为.js。需要注意的是，微信小程序中的JS不含DOM和BOM，但它提供了丰富的API，可以实现许多特殊的功能，例如微信登录、音频播放、文件上传等。

- JSON（JavaScript Object Notation，JavaScript对象符号）：用于利用JSON语法对页面进行配置，文

图1-21   微信小程序的项目结构

图1-22   index页面的组成部分

件扩展名为.json。

- WXML（WeiXin Markup Language，微信标记语言）：类似于网页制作中的 HTML 语言，用于构建页面结构，文件扩展名为.wxml。
- WXSS（WeiXin Style Sheets，微信样式表）：类似于网页制作中的 CSS 语言，用于设置页面样式，文件扩展名为.wxss。

微信客户端在加载微信小程序页面时，首先读取并解析页面中 JSON 文件的配置；然后加载页面的 WXML 文件、WXSS 文件和 JS 文件，实现页面渲染。其中，页面中 WXSS 文件的样式会覆盖项目根目录下的 app.wxss 文件中相同的全局样式；页面中 JS 文件的 Page（）函数会被调用，用于创建页面实例。

1.3.3　微信小程序的通信模型

微信小程序实现了渲染层、逻辑层和第三方服务器的通信。其中，WXML 和 WXSS 工作在渲染层，用于实现页面的渲染，JS 工作在逻辑层，用于实现页面的逻辑。

微信小程序的通信模型分为两个部分，第 1 部分是渲染层与逻辑层之间的通信，即将逻辑层的数据渲染到页面中；第 2 部分是逻辑层与第三方服务器之间的通信，即通过向第三方服务器发送请求，得到需要的数据。

为了帮助读者更好地理解微信小程序的通信模型，下面通过示意图进行演示，具体如图 1-23 所示。

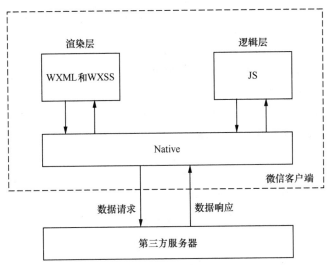

图1-23　微信小程序的通信模型

在图 1-23 中，Native 表示微信客户端的底层，渲染层与逻辑层之间的通信和逻辑层与第三方服务器之间的通信都由微信客户端的底层进行转发。

1.4　微信开发者工具的使用

在完成微信小程序项目的创建后，需要使用微信开发者工具进行微信小程序的开发。本节将带领读者学习微信开发者工具的使用。

1.4.1　认识微信开发者工具

微信小程序项目创建成功后，会进入微信开发者工具的主界面，如图 1-24 所示。

图1-24　微信开发者工具的主界面

由图 1-24 可知，微信开发者工具的主界面主要由菜单栏、工具栏、模拟器、编辑器和调试器组成，接下来将分别进行讲解。

1. 菜单栏

通过菜单栏可以访问微信开发者工具的大部分功能，菜单栏常用的菜单项如下。

- 项目：用于新建项目、导入项目、打开最近项目、查看所有项目或关闭当前项目等。
- 文件：用于新建文件、全部保存或关闭编辑器等。
- 编辑：用于编辑代码、查看编辑相关的操作和快捷键、对代码进行格式化。
- 工具：用于项目的编译、刷新、清除缓存等。
- 转到：用于切换编辑器、快速定位到行、查看问题等。
- 选择：用于全选、光标的移动等。
- 视图：用于微信开发者工具可视区的控制。
- 界面：用于控制主界面中工具栏、模拟器、编辑器、目录树和调试器的显示与隐藏。
- 设置：用于通用设置、外观设置、快捷键设置、编辑器设置、代理设置、安全设置、扩展设置和项目设置。
- 帮助：用于工具的反馈和开发文档的查看等。
- 微信开发者工具：用于账号切换、更换开发模式、检查更新、调试、退出等。

2. 工具栏

工具栏提供了一些常用功能的快捷按钮，具体如下。

- 个人中心：工具栏最左侧的第 1 个按钮，显示当前登录用户的头像，单击头像后会显示用户名。
- 模拟器、编辑器和调试器：用于控制模拟器、编辑器和调试器的显示与隐藏。
- 可视化：用于代码的可视化编辑，开发者可以通过拖曳等方式对界面进行快速布局与修改。
- 云开发：开发者可以使用云开发来开发微信小程序、小游戏，无须搭建服务器，即可使用云端能力。云开发能力从基础库 2.2.3 开始支持。
- 模式切换下拉菜单：用于在小程序模式和插件模式之间进行切换。
- 编译下拉菜单：用于切换编译模式，默认为普通编译，可以添加其他编译。

- 编译：编写完微信小程序的代码后，需要经过编译才能运行。默认情况下，直接按 Ctrl+S 快捷键保存代码文件，微信开发者工具就会自动编译运行该代码。若想手动编译，则单击"编译"按钮即可。
- 预览：单击"预览"按钮会生成一个二维码，使用微信扫描二维码，即可在微信中预览微信小程序的实际运行效果。
- 真机调试：可以实现直接利用微信开发者工具，通过网络连接对手机上运行的微信小程序进行调试，帮助开发者更好地定位和查找在手机上出现的问题。
- 清缓存：用于清除模拟器缓存、编译缓存。
- 上传：用于将代码上传到微信小程序管理后台，可以在"开发管理"中查看上传的版本，将代码提交审核。需要注意的是，如果在创建项目时使用的是测试号，则不会显示"上传"按钮。
- 版本管理：用于通过 Git 对微信小程序进行版本管理。
- 详情：用于查看和修改微信小程序的基本信息、本地设置和项目配置。
- 消息：用于显示消息通知。

3. 模拟器

模拟器可以模拟微信小程序在微信客户端的运行效果。微信小程序的代码通过编译后可以在模拟器上直接运行。开发者可以选择不同的设备，也可以添加自定义设备来调试微信小程序在不同尺寸机型上的适配问题。

模拟器提供了多个快捷功能，能够帮助开发者更好地进行开发，具体如图 1-25 所示。

图1-25　模拟器的快捷功能

图 1-25 中，每一个被矩形框住的部分代表一个快捷功能，下面将对这些快捷功能分别进行讲解。

序号①中 iPhone 6/7/8 表示机型，100%表示显示比例，16 表示字体大小。开发者可单击右侧的下拉箭头，根据实际需要选择合适的机型、显示比例和字体大小，具体如图 1-26 所示。

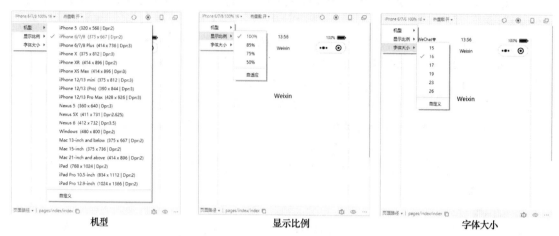

机型   显示比例   字体大小

图1-26　选择合适的机型、显示比例和字体大小

序号②用于控制热重载的开启和关闭，当开启热重载后，修改代码文件，模拟器可以在不刷新的情况下生效变更。需要注意的是，该功能在 2.12.0 及以上的基础库中生效。

序号③用于刷新微信小程序的页面。

序号④用于终止模拟器，若需要重新启动模拟器可单击工具栏上的"编译"按钮。

序号⑤用于模拟操作，常用于模拟不同的网络环境，从而检测微信小程序在不同网络环境中的加载速度，例如 Wi-Fi、2G、3G、4G 等。

序号⑥用于分离窗口，单击该项后，模拟器将成为一个独立的窗口。

序号⑦用于显示当前页面的信息，包括页面路径、页面参数和场景值。

序号⑧用于将当前页面进行真机预览。

4. 编辑器

编辑器分为左右两栏，左栏为目录树，主要用于展示当前微信小程序项目的目录结构；右栏为代码编辑区，用于编写文件中的代码。在左栏中单击某个文件，就可以在右栏中对该文件进行编辑，也可以在左栏中通过双击打开多个文件，这些文件会在右栏中显示。

5. 调试器

调试器类似于 Chrome 浏览器中的开发者工具。下面对调试器中常用面板的功能进行简要介绍。

- Wxml：Wxml 面板，用于查看和调试 WXML 和 WXSS。
- Console：控制台面板，用于输出调试信息，也可以直接编写代码执行。
- Sources：源代码面板，用于显示当前项目的脚本文件，在该面板中开发者看到的文件是经过处理之后的脚本文件。
- Network：网络面板，用于记录网络请求和响应信息，根据它可以进行网络性能优化。
- AppData：App 数据面板，用于查看或编辑当前微信小程序运行时的数据。
- Storage：存储面板，用于查看和管理本地数据缓存。
- Sensor：传感器面板，用于模拟地理位置、重力感应。
- Security：安全面板，用于调试页面的安全和认证等信息。
- Trace：跟踪面板，用于真机调试时跟踪调试信息。

1.4.2 微信小程序的项目设置

在微信开发者工具中，可以对微信小程序的项目进行设置。
微信小程序的项目设置包括基本信息的设置、性能分析、本地设
置和项目配置，下面将对微信小程序的项目设置进行详细讲解。

1. 基本信息的设置

在微信开发者工具中，选择菜单栏的"设置"，然后选择"项
目设置"，将会弹出一个用于项目设置的选项卡，单击"基本信
息"，即可对项目的基本信息进行设置，如图 1-27 所示。

图 1-27 中显示了微信小程序项目的基本信息，包括发布状
态、AppID、项目名称等，可以根据实际情况修改 AppID 和项目
名称。

2. 性能分析

单击"性能分析"，即可查看项目的线上数据和本地情况，
供开发者有针对性地进行优化，如图 1-28 所示。

3. 本地设置

单击"本地设置"，即可对项目进行本地设置，如图 1-29
所示。

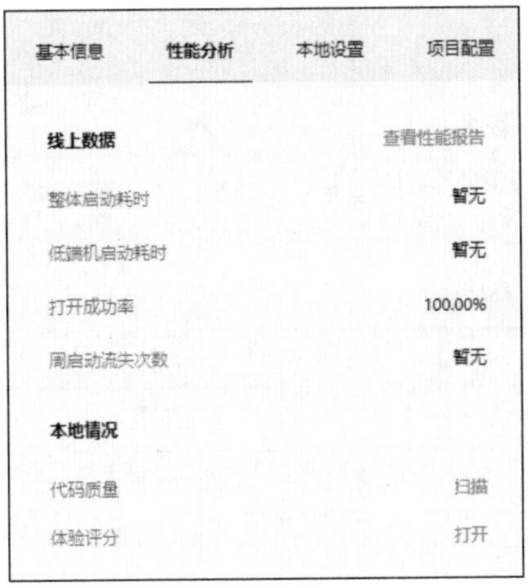

图1-27 基本信息

图1-28 性能分析

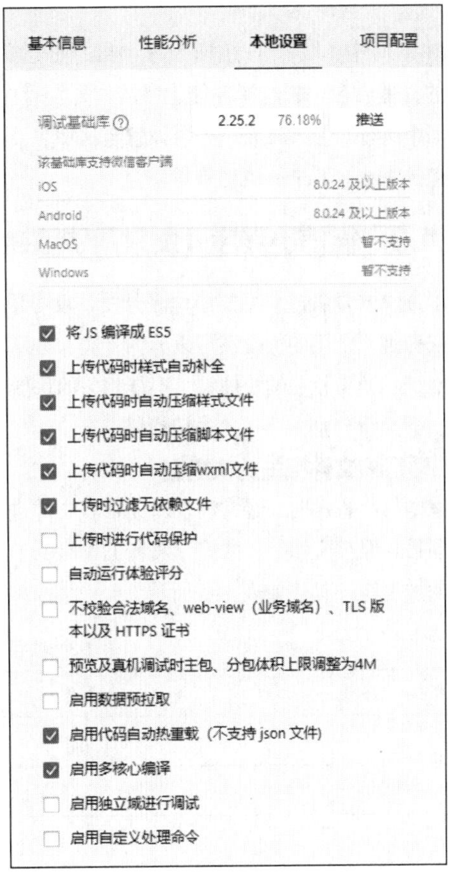

图1-29 本地设置

图 1-29 中一些常用设置的具体含义如下。

● 调试基础库：选择基础库的版本，用于在对应版本的微信客户端上运行。高版本的基础库无法兼容低版本的微信客户端。版本号后边的百分比表示该版本的用户占比。本书中使用的基础库的版本为 2.25.2。

● 将 JS 编译成 ES5：选中该项后，JS 代码的语法将转换为 ES5。

● 上传代码时样式自动补全：选中该项后，在预览、真机调试、上传时文件中的样式将自动补全，需要注意的是，勾选此项会增大代码包的体积。

● 上传代码时自动压缩样式文件、上传代码时自动压缩脚本文件和上传代码时自动压缩 WXML 文件：选中对应选项后，在预览、真机调试、上传时文件中的样式文件、脚本文件、WXML 文件将自动压缩。

● 上传时进行代码保护：选中该项后，微信开发者工具会尝试对项目代码进行保护。

● 不校验合法域名、web-view（业务域名）、TLS 版本以及 HTTPS 证书：正式发布的微信小程序的网络请求需要校验这些信息，在开发过程中可以选中该项，开发工具将不校验这些信息，从而有助于开发者在开发过程中更方便地完成调试工作。

● 启用自定义处理命令：选中该项后，微信开发者工具在编译前、预览前、上传前这三个时机调用开发者自定义的命令，开发者可以对代码进行一些预处理。

4. 项目配置

单击"项目配置"，即可查看项目的域名信息和高级配置，如图 1-30 所示。

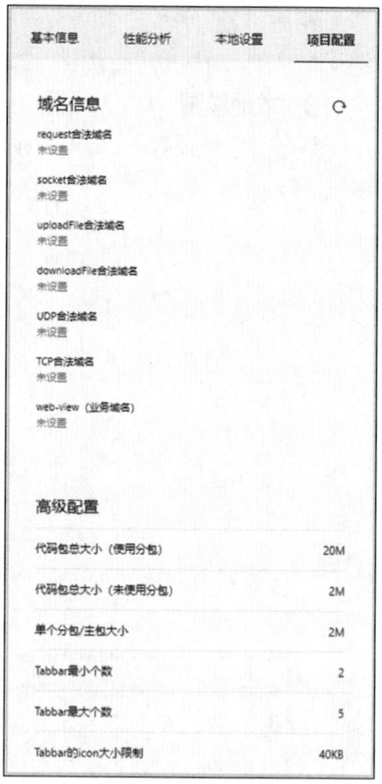

在图 1-30 中，域名信息用于显示项目的安全域名信息。在微信小程序的管理后台中，选择左侧边栏的"开发管理"，然后在开发管理页面中选择"开发设置"即可设置合法域名。高级配置用于显示代码包的大小、Tabbar 的个数等信息。

1.4.3 微信小程序开发常用快捷键

为了方便开发者进行微信小程序开发，微信开发者工具提供了大量的快捷键，常用的快捷键可以分为 4 类，分别是项目和文件相关的快捷键、编辑相关的快捷键、工具相关的快捷键和界面相关的快捷键。下面将分别介绍这 4 类快捷键。

1. 项目和文件相关的快捷键

开发微信小程序时，经常需要对项目和文件进行操作，例如关闭当前项目、保存文件等，微信开发者工具提供了一些与项目和文件相关的快捷键，具体如表 1-3 所示。

图1-30　项目配置

表 1-3　项目和文件相关的快捷键

分类	快捷键	描述
项目	Shift+Ctrl+N	新建项目
	Shift+Ctrl+W	关闭当前项目

续表

分类	快捷键	描述
文件	Ctrl+N	新建文件
	Ctrl+S	保存
	Ctrl+W	关闭当前文件
	Shift+Ctrl+S	全部保存

2. 编辑相关的快捷键

开发微信小程序时，经常需要进行编辑操作，例如代码格式调整、光标移动、搜索、替换等，微信开发者工具提供了一些与编辑相关的快捷键，具体如表 1-4 所示。

表 1-4　编辑相关的快捷键

分类	快捷键	描述
代码格式调整	Ctrl+[	代码左缩进
	Ctrl+]	代码右缩进
	Alt+Shift+F	格式化代码
	Ctrl+Shift+[	折叠代码块
	Ctrl+Shift+]	展开代码块
代码移动、复制、粘贴	Alt+↑	代码向上移动一行
	Alt+↓	代码向下移动一行
	Alt+Shift+↑	复制并向上粘贴
	Alt+Shift+↓	复制并向下粘贴
	Ctrl+C	复制
	Ctrl+V	粘贴
注释	Ctrl+/	注释或取消注释
文件跳转	Ctrl+P	跳转到文件
	Ctrl+E	跳转到最近文件
光标移动	Ctrl+End	移动到文件末尾
	Ctrl+Home	移动到文件开头
	Shift+End	移动到行尾
	Shift+Home	移动到行首
	Ctrl+U	光标回退
搜索、替换	Ctrl+F	在当前文件中查找
	Ctrl+H	在当前文件中替换
	Ctrl+Shift+F	全局查找

续表

分类	快捷键	描述
搜索、替换	Ctrl+Shift+H	全局替换
编辑器中已打开文件的切换	Ctrl+Page Up	切换到编辑器中上一个已打开的文件
	Ctrl+Page Down	切换到编辑器中下一个已打开的文件

3. 工具相关的快捷键

开发微信小程序时，经常需要使用微信开发者工具中的编译项目、预览代码等功能，微信开发者工具提供了一些与工具相关的快捷键，具体如表 1–5 所示。

表 1-5　工具相关的快捷键

快捷键	描述
Ctrl+B	编译项目
Ctrl+R	焦点在编辑器外，编译项目
Ctrl+Shift+P	预览代码
Ctrl+Shift+U	上传代码

4. 界面相关的快捷键

开发微信小程序时，经常需要控制微信开发者工具的界面，例如显示或隐藏工具栏、显示或隐藏调试器等，微信开发者工具提供了一些与界面相关的快捷键，具体如表 1–6 所示。

表 1-6　界面相关的快捷键

快捷键	描述
Ctrl+Shift+T	显示或隐藏工具栏
Ctrl+Shift+D	显示或隐藏模拟器
Ctrl+Shift+E	显示或隐藏编辑器
Ctrl+Shift+M	显示或隐藏目录树
Ctrl+Shift+I	显示或隐藏调试器

1.5　微信小程序的项目成员

在中大型公司中，人员的分工非常明确，同一个微信小程序一般会有不同的岗位、不同角色的员工同时参与设计与开发。此时，出于管理需要，需要对不同岗位、不同角色的员工进行权限管理，以便高效地进行协同开发。本节将对微信小程序的项目成员的相关内容进行讲解。

1.5.1　项目成员的组织结构

一般情况下，微信小程序中项目成员的组织结构如图 1–31 所示。

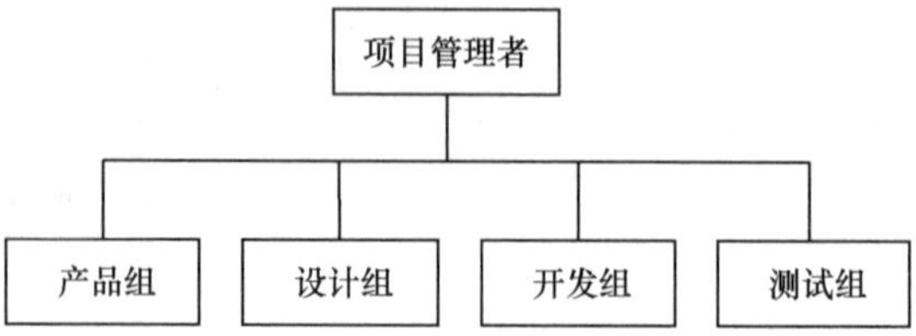

图1-31　项目成员的组织结构

在图 1-31 中，项目管理者负责统筹整个项目的进展和风险，把控微信小程序对外发布上线的节奏。产品组、设计组、开发组和测试组之间相互配合，协调工作，共同完成微信小程序项目。

1.5.2　项目成员的分工

微信小程序的开发流程如图 1-32 所示，每个流程都需要不同的项目成员来负责。

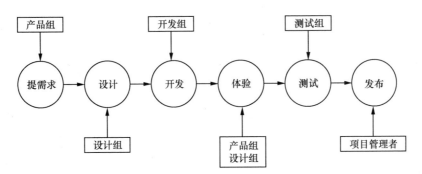

图1-32　微信小程序的开发流程

在图 1-32 所示的开发流程中，首先由产品组提出需求，然后设计组根据产品需求做出设计方案供开发者使用。接着开发组依据设计方案进行代码的编写，代码编写完成后，还需要产品组和设计组去体验、测试组进行各种测试。测试完成后，由项目管理者发布微信小程序。

1.5.3　项目成员和体验成员的管理

在企业中，员工的数量并不是一成不变的，当开发一个比较大的微信小程序时，可能需要多个成员的参与，这时就需要对成员进行管理，这样才能保证微信小程序有序完成。

微信小程序的成员管理包括两方面，一方面是管理员对项目成员的管理，另一方面是管理员对体验成员的管理。关于项目成员和体验成员的介绍如下。

● 项目成员：表示参与微信小程序开发、运行的成员，可登录微信小程序管理后台，包括运营者、开发者和数据分析者。

● 体验成员：表示参与小程序内测体验的成员，可使用体验版小程序，但不属于项目成员。

为了让读者更好地理解微信小程序的成员管理，下面通过示意图进行演示，具体如图 1-33 所示。

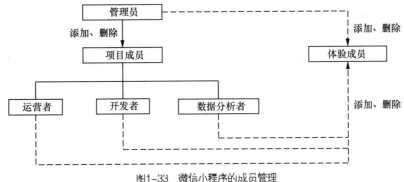

图1-33　微信小程序的成员管理

在图 1-33 中，管理员可以添加或删除项目成员和体验成员，项目成员也可以添加或删除体验成员。

1.5.4 项目成员的权限

在一个微信小程序中，每个项目成员的权限各有不同，只有为每个项目成员分配了各自的权限，才能保证项目的正常进行。例如开发者有开发者权限、登录权限等，下面将介绍不同项目成员拥有的权限，具体如表 1–7 所示。

表 1-7 项目成员的权限

权限	运营者	开发者	数据分析者
登录	√	√	√
版本发布	√		
数据分析			√
开发能力		√	
修改小程序介绍	√		
暂停/恢复服务	√		
设置可被搜索	√		
解除关联移动应用	√		
解除关联公众号	√		
管理体验者	√	√	√
体验者权限	√	√	√
微信支付	√		
小程序插件管理	√		
游戏运营管理	√		
推广	√	√	√

下面对表 1–7 中各种权限进行解释说明。

- 登录：可登录小程序管理后台，无须管理员确认。
- 版本发布：小程序版本发布、回退。
- 数据分析：使用小程序统计模块查看小程序数据。
- 开发能力：可使用微信开发者工具和开发版小程序进行开发；在开发模块可使用开发管理、微信开发者工具和云开发等。
- 修改小程序介绍：修改小程序在主页展示的功能介绍。
- 暂停/恢复服务：暂停或恢复小程序线上服务。
- 设置可被搜索：设置小程序是否可被用户主动搜索。
- 解除关联移动应用：可解绑小程序已关联的移动应用。
- 解除关联公众号：可解绑小程序已关联的公众号。
- 管理体验者：添加或删除小程序体验者。
- 体验者权限：使用体验版小程序。
- 微信支付：使用小程序微信支付（虚拟支付）模块。

- 小程序插件管理：运营者可进行小程序插件开发管理、申请管理和设置。
- 游戏运营管理：可使用小游戏管理后台的素材管理、游戏圈管理等功能。
- 推广：在推广模块使用小程序流量主、广告主等功能。

1.5.5　添加项目成员和体验成员

在实际开发微信小程序时，如何添加项目成员和体验成员呢？下面将学习添加项目成员和体验成员的具体步骤。

① 登录微信小程序管理后台，选择左侧边栏的"成员管理"，即可进入成员管理页面，如图 1-34 所示。

图1-34　成员管理页面

② 图 1-34 显示了管理员、项目成员和体验成员 3 个模块，单击项目成员模块右侧的"▼"按钮，然后单击"添加成员"即可进入添加成员页面，如图 1-35 所示。

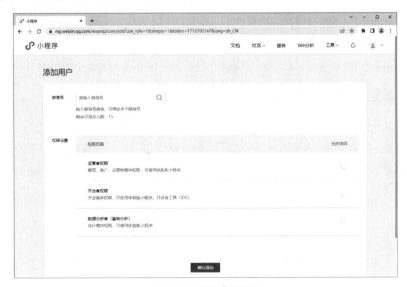

图1-35　添加成员页面

在图 1-35 中，输入要添加的项目成员的微信号，并为其设置权限，单击"确认添加"按钮，页面中将弹出一个微信二维码提示框，管理员使用微信进行扫码确认身份后即可完成项目成员的添加。添加项目成员后，将跳转到成员管理页面，项目成员的信息将显示在项目成员模块。

③ 单击图 1-34 中体验成员模块右侧的"添加"按钮，页面中将弹出添加体验成员的提示框，如图 1-36 所示。

图1-36　添加体验成员的提示框

在图 1-36 中输入要添加的体验成员的微信号，然后单击"确定"按钮，即可完成体验成员的添加。添加完成后，体验成员的信息将显示在体验成员模块。

1.6　微信小程序的发布上线

当开发者完成微信小程序的开发之后，需要通过微信开发者工具上传代码，然后在微信小程序后台提交审核、发布微信小程序。微信小程序上线后，用户可以通过搜索或者其他方式进入该微信小程序。微信小程序的发布上线与其版本有关，因此本节将从微信小程序的版本和上线流程两个方面进行讲解。

1.6.1　微信小程序的版本

微信小程序从开发到正式上线，中途会经历不同的版本。一般情况下，微信小程序开发的流程是：开发者编写代码并自测，直到微信小程序达到一个稳定可体验的状态；然后开发者把这个体验版本交给产品组和设计组的相关人员进行体验，并交给测试组的相关人员进行测试，修复程序的 Bug；最后发布微信小程序，供外部用户正式使用。根据上述流程可将微信小程序划分为不同的版本，具体如表 1-8 所示。

表 1-8　微信小程序的版本

版本	说明
开发版本	使用微信开发者工具可将代码上传到开发版本中。开发版本只保留最新版的上传代码。单击"提交审核"按钮，可将代码提交审核。开发版本可删除，不影响线上版本和审核版本的代码

续表

版本	说明
体验版本	可以选择某个开发版本作为体验版本，只能存在一个体验版本
审核版本	只能有一份代码处于审核中。审核通过后可以发布到线上，也可直接重新提交审核，覆盖原审核版本
线上版本	线上所有用户使用的代码版本，该版本代码在新版本代码发布后被覆盖更新

考虑到微信小程序是协同开发的模式，一个微信小程序可能同时由多个开发者同时进行开发，通常开发者在微信开发者工具上编写完代码后需要进行真机预览，所以每个开发者拥有自己对应的一个开发版本。

1.6.2　微信小程序的上线流程

一个微信小程序从开发完到发布上线，一般要经过上传代码、提交审核、发布这 3 个步骤。微信小程序发布上线的具体操作步骤如下。

① 上传代码。打开微信小程序，在微信开发者工具的工具栏中单击"上传"按钮，页面中弹出提示框，根据提示填写相应的信息，然后单击"上传"按钮，即可上传代码，如图 1-37 所示。

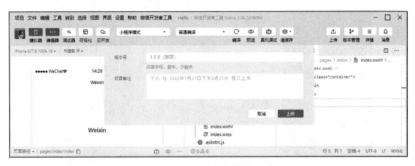

图1-37　上传代码

② 查看上传代码之后的版本。登录微信小程序管理后台，在左侧边栏中单击"版本管理"，即可进入版本管理页面，查看开发版本，即可看到刚才提交上传的版本，版本管理页面如图 1-38 所示。

图1-38　版本管理页面

③ 提交审核。在图 1-38 中单击"提交审核"按钮，根据页面提示信息进行操作，即可提交已上传的版本并进行审核。提交审核后在审核版本中会出现正在审核的版本，审核需要一定时间，本书中将不再演示。

④ 发布。审核通过后审核版本中将显示"发布"按钮，单击该按钮，即可完成微信小程序的发布。

▌▌多学一招：设置体验版本

在开发微信小程序时，开发者会随时修改微信小程序代码从而覆盖开发版本，所以处于开发中的版本是不稳定的。为了让测试组、产品组和设计组有一个完整稳定的版本可以体验测试，微信小程序管理后台允许把其中一个开发版本设置成体验版本。

通过下面的操作步骤可以将开发版本设置为体验版本。单击图 1-38 中的"▽"按钮，会出现"选为体验版本"和"删除"两个选项，单击"选为体验版本"，将开发版本设置为体验版本，体验版本生效页面如图 1-39 所示。

图1-39　体验版本生效页面

这时可以看到开发版本中已标注出体验版本，如图 1-40 所示。

图1-40　版本管理页面

本章小结

本章主要讲解了初识微信小程序、微信小程序开发前准备、微信小程序开发基础、微信开发者工具的使用、微信小程序的项目成员，以及微信小程序的发布上线。通过本章的学习，读者应对微信小程序有一个整体的认识，能够使用微信开发者工具创建一个简单的微信小程序项目。

课后练习

一、填空题

1. 微信小程序是运行在_____之上的应用。

2. 微信小程序开发完成后需要通过"上传"按钮将代码上传到_____。

3. 微信小程序中的_____文件是全局配置文件。

4. 微信开发者工具中用于保存文件的快捷键是_____。

5. 在微信小程序中，每个页面由 4 个文件组成，分别是_____文件、_____文件、_____文件和 JS 文件。

二、判断题

1. 在微信小程序中，AppID 是其唯一标识，每个微信小程序账号只有一个 AppID。（　　）

2. 微信小程序中 app.js 文件是全局样式文件。（　　）

3. 通常称微信客户端为微信小程序提供的环境为微信小程序的宿主环境。（　　）

4. 微信小程序具有无须安装、触手可及、用完即走、无须卸载等特点。（　　）

5. 项目成员表示参与微信小程序开发、运行的成员。（　　）

三、选择题

1. 下列选项中，关于微信小程序说法错误的是（　　）。

A. 微信小程序是运行在微信中的应用

B. 微信小程序的体积非常小

C. 微信小程序不可以跨平台

D. 通过"扫一扫"或"搜一搜"即可打开对应的微信小程序

2. 下列选项中，不属于微信小程序特点的是（　　）。

A. 无须安装　　　　B. 无须卸载　　　　C. 体积大　　　　D. 入口丰富

3. 下列选项中，用于在微信开发者工具中输出调试信息的面板是（　　）。

A. Wxml　　　　B. Console　　　　C. Sources　　　　D. Network

4. 下列选项中，关于微信小程序项目结构说法错误的是（　　）。

A. pages 目录用于存放所有微信小程序的页面

B. app.wxss 文件定义了微信小程序的全局样式

C. sitemap.json 文件是微信小程序的全局配置文件

D. app.js 文件是微信小程序的入口文件

5. 下列选项中，关于微信开发者工具说法错误的是（　　）。

A. 工具栏"预览"按钮用于在微信中进行预览

B. 菜单栏中"文件"的主要作用是新建文件、保存文件或关闭文件等

C. 模拟器可以模拟微信小程序在微信客户端的运行效果

D. 编辑器中只能打开一个文件

四、简答题

1. 请简述微信小程序的特点。

2. 请简述微信小程序项目的创建过程。

第 2 章

微信小程序页面制作

学习目标

★ 了解 WXML 的概念，能够说出 WXML 的特点、WXML 与 HTML 的区别

★ 了解 WXSS 的概念，能够说出 WXSS 的特点、WXSS 与 CSS 的区别

★ 了解组件的概念，能够说出组件的特点及常用的组件

★ 掌握页面路径的配置方法，能够运用该方法进行页面管理

★ 掌握 view 组件的使用方法，能够灵活运用 view 组件实现页面的布局效果

★ 掌握 image 组件的使用方法，能够灵活运用 image 组件完成图片插入操作

★ 掌握 rpx 单位的使用方法，能够灵活运用 rpx 单位解决屏幕适配的问题

★ 掌握页面样式的导入方法，能够灵活运用该方法导入公共样式

★ 掌握 swiper 和 swiper-item 组件的使用方法，能够灵活运用 swiper 和 swiper-item 组件完成轮播图的制作

★ 掌握 text 组件的使用方法，能够灵活运用 text 组件定义行内文本

★ 掌握 Flex 布局的使用方法，能够使用 Flex 布局的相关属性完成页面布局

★ 掌握导航栏的配置方法，能够完成导航栏标题颜色、背景颜色等页面效果的设置

★ 掌握标签栏的配置方法，能够完成页面标签栏的配置

★ 掌握 vw、vh 单位的使用方法，能够灵活运用 vw、vh 单位设置宽度和高度

★ 掌握 video 组件的使用方法，能够灵活运用 video 组件实现页面中视频的处理

★ 掌握表单组件的使用方法，能够灵活运用表单组件完成表单页面的制作

若想开发一个微信小程序，首先应学习如何进行页面制作，也就是学习如何搭建微信小程序的页面结构并实现美观的页面样式效果。为了使初学者快速掌握微信小程序的页面制作，本章将从微信小程序常用组件、页面样式等方面进行详细讲解。

【案例 2-1】个人信息

大学毕业后，许多大学生都将迈出校园去求职。为了让招聘人员快速地认识自己，可以做一个"个人信

息"微信小程序，展示自己的个人信息。下面将对"个人信息"微信小程序进行详细讲解。

案例分析

"个人信息"微信小程序的整体页面可以分为上下两个部分。其中，上半部分为头像区域，用于显示头像；下半部分为详细信息区域，用于显示小丽的姓名、年龄、性别、特长和爱好。"个人信息"微信小程序的页面效果如图 2-1 所示。

图2-1　"个人信息"微信小程序的页面效果

在图 2-1 中，头像区域和详细信息区域使用 view 组件制作，头像使用 image 组件制作，这些组件将在知识储备中讲解。

知识储备

1. WXML 简介

在制作微信小程序页面时，页面的结构可以用 WXML 来实现。WXML 是微信团队为微信小程序开发而设计的一套语言，可以结合微信小程序中的各种组件构建页面结构。

虽然 WXML 和 HTML 都可以用于搭建页面结构，但是它们本质上是不同的，在使用 WXML 时，应该注意以下 5 点。

① HTML 和 WXML 使用的标签不同。例如，HTML 经常使用<div>标签搭建页面结构，而 WXML 则使用<view>标签搭建页面结构；HTML 经常使用<span>标签定义行内文本，而 WXML 则使用<text>标签定义行内文本。

② WXML 提供了和 Vue.js 中模板语法类似的模板语法，例如数据绑定、列表渲染、条件渲染等，而 HTML 没有。

③ HTML 页面可以在浏览器中预览，而 WXML 页面仅能在微信客户端和微信开发者工具中预览。

④ WXML 中的单标签必须在结尾">"前面加上"/"，否则微信开发者工具会报语法错误，而 HTML 中允许省略单标签">"前面的"/"。

⑤ WXML 所使用的标签是微信小程序定义的标签，应避免使用 HTML 标签，这样才能保证页面被正确转译。

使用微信开发者工具开发时，在 WXML 中编写的一些 HTML 标签仍会被正常解析，这会给开发者造成一种微信小程序能直接支持 HTML 标签的误解。由于微信开发者工具采用了浏览器内核，同时微信小程序框架并没有对 WXML 中的标签和 WXSS 中的内容进行强验证，所以 HTML 和 CSS 可以直接被解析，但是不会像浏览器一样正常显示。例如，HTML 中的<img>标签在微信小程序中无法正常显示成图片，应使用微信小程序提供的<image>标签来显示图片，所以应该尽量避免在 WXML 中使用 HTML 标签。

2. WXSS 简介

在网页制作中，使用 HTML 搭建页面结构以后，还需要使用 CSS 美化样式。同样，在微信小程序的页面制作中，使用 WXML 搭建页面结构以后，也需要设置样式来美化页面。微信小程序提供了一套类似 CSS 的语言 WXSS，通过 WXSS 可以美化页面样式。

为了适应广大的前端开发者，WXSS 具有 CSS 的大部分特性，同时为了更适合微信小程序的开发，WXSS 在 CSS 基础上做了一些扩充和修改。WXSS 和 CSS 的区别主要有以下 3 个方面。

① 不同的手机屏幕分辨率不同，如果用 CSS 中的 px 单位，会遇到屏幕适配的问题，需要手动进行像素单位换算。而微信小程序提供了一个新的单位 rpx，使用 rpx 单位可以很轻松地适配各种手机屏幕。

② 在微信小程序中，项目根目录中的 app.wxss 文件作为全局样式，会作用于当前微信小程序的所有页面，而局部页面的 WXSS 样式仅对当前页面生效，CSS 则没有这样的功能。

③ 在 WXSS 中设置背景图片的时候，可以使用网络图片或者以 Base64 格式编码的图片，不能使用本地图片，例如，"background-image: url('/images/1.png');"是无效的，而 CSS 可以使用本地图片来设置背景图片。

3. 常用组件

微信小程序页面和普通网页都是通过标签来定义页面结构的，但是在微信小程序开发中，更习惯将这些标签称为组件，这些组件自带微信风格的 UI 样式和特定功能效果。

微信小程序提供了丰富的组件，通过组合这些组件可以进行高效开发。常用组件如表 2-1 所示。

表 2-1　常用组件

组件	功能	组件	功能
view	视图容器	video	视频
text	文本	checkbox	复选框
button	按钮	radio	单选按钮
image	图片	input	输入框
form	表单	audio	音频

表 2-1 中的组件比较多，为了使读者达到更好的学习效果，本书将通过不同的案例演示这些组件的基本用法。由于本书篇幅有限，无法对微信小程序中所有的组件进行详细讲解，读者如果想了解其他组件的使用方法，可以参考微信小程序的官方文档。

4. 页面路径配置

开发一个功能完整的微信小程序时，一般需要制作多个页面。在微信小程序中可以通过 app.json 全局配置文件中的 pages 配置项来配置微信小程序的页面路径。pages 配置项是一个数组，该数组用于指定微信小程序由哪些页面组成，数组中的每一个元素都对应一个页面的路径信息。下面通过代码演示如何配置页面路径，示例代码如下。

```
"pages": [
  "pages/index/index",
  "pages/logs/logs"
],
```

上述代码中共配置了两个页面，分别是 pages/index/index 页面和 pages/logs/logs 页面。默认情况下，pages 数组中的第一项为微信小程序的初始页面，即 pages/index/index 页面。如果想将其他页面设置为初始页面，读者可以手动调整数组中元素的顺序，将需要设为初始页面的页面路径设为第一项即可。

pages/index/index 中的 pages 表示存放页面的目录，index/index 中第一个 index 表示 index 目录，第二个 index 表示文件名。同理，pages/logs/logs 中的 pages 表示存放页面的目录，logs/logs 中第一个 logs 表示 logs 目录，第二个 logs 表示文件名。需要注意的是，文件名不需要写后缀名，以 pages/index/index 页面为例，配置成功后，微信开发者工具会自动生成 index.wxml 文件、index.wxss 文件、index.js 文件和 index.json 文件。

如果需要在微信小程序中创建一个新的页面，可以在 app.json 文件的 pages 数组中增加一项新页面的信息，微信开发者工具会创建对应的页面。除了修改 pages 数组外，还可以通过在微信开发者工具的项目资源管理器的 pages 目录下右键单击鼠标，选择"新建 Page"来创建页面，微信开发者工具会自动在 app.json 文件中添加对应的路径。需要注意的是，如果对页面文件直接进行删除操作，则不会触发代码的自动更新效果，需要手动修改 app.json 文件中的 pages 数组。

5. view 组件

在 HTML 中，\<div\>标签可以定义文档中的分区或节，把文档分割为独立的、不同的部分，在 WXML 中，view 组件起着类似的作用。view 组件表示视图容器，常用于实现页面的布局效果。

view 组件通过\<view\>标签定义，示例代码如下。

```
<view>view 组件</view>
```

view 组件提供了一些属性，用于实现特殊的效果。view 组件的常用属性如表 2-2 所示。

表 2-2　view 组件的常用属性

属性	类型	说明
hover-class	string	指定手指按下去的样式。当该属性值为 none 时，没有点击态
hover-stop-propagation	boolean	指定是否阻止本节点的祖先节点出现点击态
hover-start-time	number	手指按住后多久出现点击态，单位为毫秒
hover-stay-time	number	手指松开后点击态保留时间，单位为毫秒

表 2-2 中的点击态是指手指在屏幕上按下时的状态。

下面以 hover-class、hover-start-time 和 hover-stay-time 属性为例进行详细讲解。

（1）hover-class

下面演示如何通过设置 view 组件的 hover-class 属性实现手指按下后更改文字为加粗效果。首先在页面的 WXML 文件中定义页面结构，示例代码如下。

```
<view hover-class="bold">手指按下后我会发生变化哦~</view>
```

然后在页面的 WXSS 文件中定义样式类，示例代码如下。

```
.bold {
  font-weight: bold;
}
```

手指按下前后的对比如图 2-2 所示。

图2-2　手指按下前后的对比

在图 2-2 中，手指按下前，view 组件中的文字未加粗；手指按下后，view 组件中的文字加粗了，说明

view 组件的 hover-class 属性生效了。

（2）hover-start-time

下面演示如何通过设置 view 组件的 hover-start-time 属性实现手指按住 1 秒后更改文字为加粗效果，示例代码如下。

```
<view hover-start-time="1000" hover-class="bold">1 秒后出状态</view>
```

上述代码读者可以自行操作，观察运行结果。

（3）hover-stay-time

下面演示如何通过设置 view 组件的 hover-stay-time 属性实现手指松开之后 3 秒内更改文字为加粗效果，示例代码如下。

```
<view hover-stay-time="3000" hover-class="bold">我能点亮 3 秒</view>
```

上述代码读者可以自行操作，观察运行结果。

6. image 组件

微信小程序提供了用于显示图片的 image 组件，并且 image 组件的功能比 HTML 中的<img>标签更强大，支持对图片进行剪裁和缩放。image 组件的默认宽度为 300px，默认高度为 240px。

image 组件通过<image>标签定义，支持单标签和双标签两种写法，单标签写法的示例代码如下。

```
<image src="图片资源地址" />
```

双标签写法的示例代码如下。

```
<image src="图片资源地址"></image>
```

下面通过表 2-3 列举 image 组件的常用属性。

表 2-3　image 组件的常用属性

属性	类型	说明
src	string	图片资源地址
mode	string	图片剪裁、缩放的模式
webp	boolean	默认不解析 WebP 格式，只支持网络资源
lazy-load	boolean	图片延迟加载
show-menu-by-longpress	boolean	长按图片显示的菜单，菜单提供发送给朋友、收藏、保存图片、搜一搜等功能
binderror	eventhandle	当错误发生时触发
bindload	eventhandle	当图片载入完毕时触发

在表 2-3 中，图片资源地址 src 可以是本地路径或 URL 地址。如果使用本地路径，可以在项目中创建一个目录，例如 images 目录，并在该目录中放入图片，例如 test.jpg，通过本地路径/images/test.jpg 即可引用图片。

image 组件的 mode 属性用于指定图片的裁剪模式或缩放模式，常用的 mode 合法值如表 2-4 所示。

表 2-4　常用的 mode 合法值

模式	合法值	说明
缩放	scaleToFill	不保持宽高比缩放图片，使图片的宽高完全拉伸至填满 image 元素。此合法值为 mode 属性的默认值
	aspectFit	保持宽高比缩放图片，使图片的长边能完全显示出来，即可以完整地将图片显示出来
	aspectFill	保持宽高比缩放图片，只保证图片的短边能完全显示出来，即图片通常只在水平或垂直方向是完整的，另一个方向将会发生截取
	widthFix	宽度不变，高度自动变化，保持原图宽高比不变
	heightFix	高度不变，宽度自动变化，保持原图宽高比不变

续表

模式	合法值	说明
裁剪	top	不缩放图片，只显示图片的顶部区域
	bottom	不缩放图片，只显示图片的底部区域
	center	不缩放图片，只显示图片的中间区域
	left	不缩放图片，只显示图片的左边区域
	right	不缩放图片，只显示图片的右边区域
	top left	不缩放图片，只显示图片的左上边区域
	top right	不缩放图片，只显示图片的右上边区域
	bottom left	不缩放图片，只显示图片的左下边区域
	bottom right	不缩放图片，只显示图片的右下边区域

为了方便读者理解，下面以 aspectFit 缩放模式和 top 裁剪模式为例进行详细讲解。

（1）aspectFit 缩放模式

如果想让 image 组件在维持图片宽高比不变的情况下使图片完整显示出来，可以通过 aspectFit 缩放模式来实现，示例代码如下。

```
<image src="/images/demo01.jpg" mode="aspectFit" style="width: 200px; height: 195px;
border: 1px solid black;" />
```

在上述代码中，将 image 组件的 mode 属性值设为 aspectFit，可以使图片的长边能够完全显示出来，即将图片显示完整。原图文件 demo01.jpg 可以从配套源代码中获取。原图的宽度为 110px，高度为 195px，为了清楚地看到 aspectFit 缩放模式的效果，此处设置 image 组件的宽度为 200px，高度为 195px，边框为 1px 黑色实线。原图与 aspectFit 缩放模式图片的对比如图 2-3 所示。

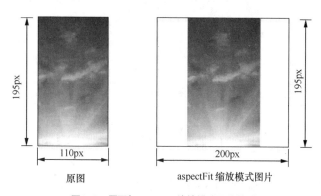

原图　　　　　　　aspectFit 缩放模式图片

图2-3　原图与aspectFit缩放模式图片的对比

在图 2-3 中，左侧为原图，右侧为 aspectFit 缩放模式图片，图片外侧的黑框是 image 组件的边框。由于右侧图片的 mode 属性值被设置为 aspectFit，并且右侧图片的宽度不够 200px，所以右侧图片左右两侧会出现空白区域。

（2）top 裁剪模式

如果想让 image 组件只显示图片的顶部区域，可以通过 top 裁剪模式来实现，示例代码如下。

```
<image src="/images/demo02.jpg" mode="top" style="width: 300px; height: 240px;" />
```

原图文件 demo02.jpg 可以从配套源代码中获取。原图宽度为 300px，高度为 300px，将 image 组件的 mode 属性值设为 top，可以使图片只显示顶部区域。原图与 top 裁剪模式图片的对比如图 2-4 所示。

原图　　　　　　　　　　top 裁剪模式图片

图2-4　原图与top裁剪模式图片的对比

在图 2-4 中，左侧图片为原图，右侧图片为 top 裁剪模式图片。右侧图片因为其 mode 属性值被设置为 top，所以只显示顶部区域。

7. rpx 单位

在使用 CSS 编写移动端页面样式时，由于不同手机的宽度不同，故在换算单位时会遇到很多问题。为了方便开发者适配各种手机屏幕，微信小程序在 WXSS 中加入了新的尺寸单位：rpx（Responsive Pixel，自适应像素）。rpx 单位是微信小程序独有的、用于解决屏幕适配问题的尺寸单位。

rpx 单位的设计思想是把所有设备的屏幕在宽度上等分为 750 份，即屏幕的总宽度为 750rpx。微信小程序在不同设备上运行的时候，会自动把 rpx 单位换算成对应的像素单位来渲染，从而实现屏幕适配。不同屏幕宽度的 rpx 和 px 的换算如表 2-5 所示。

表 2-5　不同屏幕宽度的 rpx 和 px 换算

屏幕宽度	rpx 换算 px(屏幕宽度÷750)	px 换算 rpx(750÷屏幕宽度)
320px	1rpx≈0.427px	1px≈2.34rpx
375px	1rpx = 0.5px	1px = 2rpx
414px	1rpx = 0.552px	1px ≈ 1.81rpx

8. 样式导入

在微信小程序中，多个不同的页面可能需要编写相同的样式代码，这样会造成代码冗余。为了避免代码冗余，可以将相同的样式代码抽为公共样式，放到一个单独的文件中，通过只修改公共样式实现对所有相关页面样式的修改，从而节约时间、方便管理。公共样式代码编写完成后，需要在其他页面中导入公共样式文件，公共样式才会生效，导入公共样式文件的语法如下。

```
@import "公共样式文件路径";
```

下面演示如何创建公共样式文件并进行公共样式文件导入。在微信小程序的目录下创建一个公共样式文件 page.wxss，在该文件中编写公共样式代码，示例代码如下。

```
/** page.wxss **/
.name {
  padding: 5px;
}
```

在 pages/index/index.wxss 文件中导入 page.wxss 文件，示例代码如下。

```
/** index.wxss **/
@import "/page.wxss";
```

添加上述代码后，即可导入 page.wxss 文件中定义的公共样式。

案例实现

1. 准备工作

在开发本案例前，需要先完成一些准备工作，主要包括创建项目和复制素材，具体步骤如下。

① 创建项目。在微信开发者工具中创建一个新的微信小程序项目，项目名称为"个人信息"，模板选择"不使用模板"。

② 复制素材。从本书配套源代码中找到本案例，复制 images 文件夹到本项目中，该文件夹保存了用户头像素材。

上述步骤操作完成后，"个人信息"微信小程序的目录结构如图 2-5 所示。

至此，准备工作已经完成。

图2-5   "个人信息"微信小程序的目录结构

2. 实现"个人信息"微信小程序的页面结构

在 pages/index/index.wxml 文件中编写"个人信息"微信小程序的页面结构，具体代码如下。

```
1  <view>
2  <!-- 头像区域 -->
3  <view class="top">
4    <view class="user-img">
5      <image src="/images/avatar.png" />
6    </view>
7  </view>
8  <!-- 详细信息区域 -->
9  <view class="menu">
10   <view class="item">姓名: 小丽</view>
11   <view class="item">年龄: 20</view>
12   <view class="item">性别: 女</view>
13   <view class="item">特长: 绘画、书法</view>
14   <view class="item">爱好: 编程</view>
15  </view>
16 </view>
```

在上述代码中，第 3~7 行代码定义了头像区域，该区域内部有 view 组件和 image 组件，用于展示小丽的头像；第 9~15 行代码定义了详细信息区域，该区域内部有 5 个 view 组件，用于展示小丽的 5 项个人信息。

至此，"个人信息"微信小程序的页面结构已经实现。

3. 实现"个人信息"微信小程序的页面样式

"个人信息"微信小程序的页面结构实现之后，需要在 pages/index/index.wxss 文件中编写页面样式，让页面更加美观。下面分别完成头像区域和详细信息区域的页面样式编写。

① 头像区域的页面样式代码如下。

```
1  .top {
2    background: #3A4861;
3    width: 100%;
4    padding: 30rpx 0;
5  }
6  .top .user-img {
7    width: 252rpx;
8    margin: 0 auto;
9  }
10 .top image {
```

```
11    width: 252rpx;
12    height: 252rpx;
13    border-radius: 50%;
14    border: 6rpx solid #777F92;
15 }
```

在上述代码中，第 3 行代码设置头像区域的宽度为 100%；第 13 行代码设置头像的圆角边框效果，使头像显示为圆形。

② 详细信息区域的页面样式代码如下。

```
1  .menu .item {
2    height: 96rpx;
3    line-height: 96rpx;
4    border-bottom: 2rpx solid #ccc;
5    padding: 0 40rpx;
6    font-size: 34rpx;
7  }
```

在上述代码中，第 2～3 行代码设置高度和行高均为 96rpx，实现文字垂直居中的效果。

完成上述代码后，运行程序，"个人信息"微信小程序的实现效果如图 2-1 所示。

至此，"个人信息"微信小程序已经开发完成。

【案例 2-2】本地生活

"本地生活"微信小程序是一个介绍本地美食、装修、工作等信息的微信小程序，该微信小程序的首页包含轮播图区域和九宫格区域。下面将对"本地生活"微信小程序进行详细讲解。

案例分析

"本地生活"微信小程序展示了本地生活的图片信息和美食、装修等分类信息，该页面分为上下两部分，上半部分为轮播图区域，下半部分为九宫格区域，页面效果如图 2-6 所示。

图2-6　"本地生活"微信小程序的页面效果

在图 2-6 中，轮播图区域使用 swiper 和 swiper-item 组件制作，九宫格区域使用 view 组件、text 组件和 image 组件制作，这些组件将在知识储备中讲解。

知识储备

1. swiper 和 swiper-item 组件

在网页开发中，使用轮播图可以展示热点信息，吸引访客眼球。微信小程序开发与网页开发类似，在微信小程序中也可以实现轮播图。微信小程序中的轮播图一般使用 swiper 和 swiper-item 组件制作。

swiper 组件表示滑块视图容器，用于创建一块可以滑动的区域。swiper 组件内部需要嵌套 swiper-item 组件，swiper-item 组件表示滑块视图内容。微信小程序没有严格规定 swiper-item 组件内部可以嵌套哪些组件，如果嵌套 image 组件，可以实现轮播图效果；如果嵌套 view 组件，可以实现 view 组件的滑动切换效果。

swiper 组件的默认高度为 150px，默认宽度为 100%。swiper-item 组件的初始高度和初始宽度都为 100%。swiper 组件和 swiper-item 组件的样式都可以通过 WXSS 代码进行重置。

swiper 组件通过<swiper>标签定义，swiper-item 组件通过<swiper-item>标签定义，示例代码如下。

```
<swiper>
  <swiper-item>1</swiper-item>
  <swiper-item>2</swiper-item>
  <swiper-item>3</swiper-item>
</swiper>
```

在上述代码中，swiper 组件为外层容器，内层有 3 个 swiper-item 组件，表示当前滑块视图内容一共有 3 项。滑块视图内容在初始状态下只显示第 1 项，向左滑动显示第 2 项，再向右滑动可以返回第 1 项。

下面列举 swiper 组件的常用属性，如表 2-6 所示。

表 2-6　swiper 组件的常用属性

属性	类型	说明
indicator-dots	boolean	是否显示面板指示点
indicator-color	color	指示点颜色
indicator-active-color	color	当前选中的指示点颜色
autoplay	boolean	是否自动切换
current	number	当前所在滑块的 index，默认为 0
interval	number	自动切换时间间隔
circular	boolean	是否采用衔接滑动

在表 2-6 中，color 类型表示颜色类型，可以设为十六进制颜色值、颜色名称、rgb( )、rgba( )等。面板指示点为轮播图下方的小圆点，可以显示当前轮播图有几张图片。衔接滑动的作用是当轮播图滑动到最后一张时，继续滑动可以返回第一张轮播图。

了解了 swiper 组件的常用属性后，下面演示这些属性的使用。

在微信小程序中，实现轮播图 3 秒自动无缝切换效果，同时显示面板指示点，并设置指示点颜色为黄色、当前选中指示点颜色为红色，示例代码如下。

```
<swiper current="2" indicator-dots indicator-color="yellow" indicator-active-color=
"red" autoplay="true" interval="3000" circular="true">
  <swiper-item style="background: lightblue">0</swiper-item>
  <swiper-item style="background: lightcoral">1</swiper-item>
  <swiper-item style="background: lightgrey">2</swiper-item>
</swiper>
```

在上述代码中，通过设置 current 属性，可以切换当前显示的 swiper-item 组件中的内容，其值是组件的索引，索引从 0 开始，对应 swiper-item 组件的顺序，例如，第 1 个 swiper-item 组件的索引为 0，第 2 个 swiper-item 组件的索引为 1；通过设置 indicator-dots 属性，显示面板指示点；通过设置 indicator-color 属性，更改指示点颜色为黄色；通过设置 indicator-active-color 属性，更改指示点选中时的颜色为红色；通过设置 autoplay 属性，使轮播图可以自动切换；通过设置 interval 属性，将自动切换的时间间隔更改为 3 秒；通过设置 circular 属性，使轮播图可以衔接滑动。

轮播图当前项和切换到下一项的对比如图 2-7 所示。

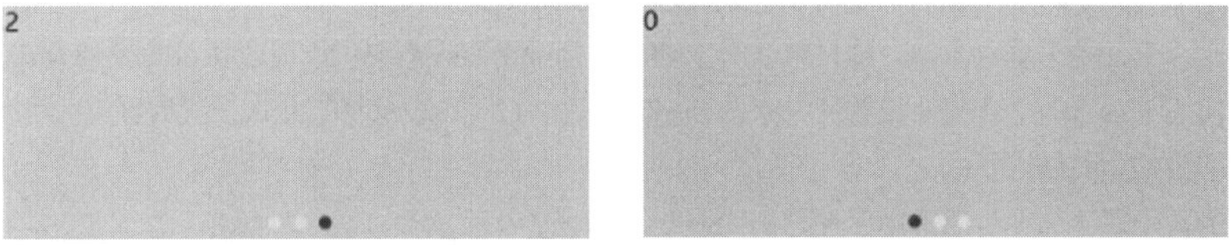

图2-7　轮播图当前项和切换到下一项的对比

在图 2-7 中，左侧图片为轮播图当前项的效果，由于设置 current 属性的值为 2，所以当前显示索引为 2 的 swiper-item 组件；右侧图片为切换到下一项的效果，显示当前索引为 0 的 swiper-item 组件。

2. text 组件

在 HTML 中，一般通过 <span> 标签定义行内文本，而在微信小程序中，则可以通过 text 组件定义行内文本。需要注意的是，text 组件内部只能嵌套 text 组件。

text 组件通过 <text> 标签定义，示例代码如下。

```
<text>定义行内文本</text>
```

text 组件的常用属性如表 2-7 所示。

表 2-7　text 组件的常用属性

属性	类型	说明
user-select	boolean	文本是否可选，该属性会使文本节点显示为 inline-block
space	string	显示连续空格，可选参数为 ensp（中文字符空格一半大小）、emsp（中文字符空格大小）和 nbsp（根据字体设置的空格大小）
decode	boolean	是否解码

设置 space 属性的值为不同的可选参数，可以实现在文本内容中有多个连续的空格时显示为多个空格的效果，否则只会显示一个空格；设置 decode 属性的值为 true，可以实现当 text 组件中的文本包含 、<、>、&、'、 、 时进行解码。

如果要实现长按选中文本的效果，可以在 text 组件中设置 user-select 属性的值为 true，示例代码如下。

```
<text user-select="true">微信小程序</text>
```

手指长按文本前后的对比如图 2-8 所示。

微信小程序　　　　　　　　　　　微信小程序

　　手指长按之前　　　　　　　　　　　　手指长按之后

图2-8　手指长按文本前后的对比

在图 2-8 中，左侧图片展示了手指长按之前 text 组件中的文本内容，右侧图片为使用鼠标模拟手指长按文本之后的选中效果，此处通过长按选中了"程序"文本。如果在微信客户端运行的小程序中长按文本，会出现"复制"选项，可以实现长按复制文本的效果。

3. Flex 布局

在移动 Web 开发中，经常使用 Flex 布局来实现自适应页面。Flex 布局用法便捷，能够通过简单的几行代码实现各种复杂的布局效果。在微信小程序中也可以使用 Flex 布局实现自适应页面。

Flex 布局又称为弹性盒（Flexible Box）布局，它为盒子模型提供了很强的灵活性，任何一个容器都可以指定为 Flex 布局。采用 Flex 布局的元素，称为 Flex 容器（简称容器）。它的所有子元素自动成为容器成员，称为 Flex 项目（简称项目）。容器内有两根轴：主轴（Main Axis）和交叉轴（Cross Axis），默认情况下主轴为水平方向，交叉轴为垂直方向，项目默认沿主轴排列，根据实际需要可以更改项目的排列方式。

若想使用 Flex 布局，首先要设置父元素的 display 属性为 flex，表示将父元素设置为容器，然后就可以使用容器和项目的相关属性了。

容器的常用属性和项目的常用属性分别如表 2-8 和表 2-9 所示。

表 2-8　容器的常用属性

属性	说明
flex-direction	决定主轴的方向（即项目的排列方向），默认值为 row，即主轴为从左到右的水平方向，项目按照主轴方向排列
flex-wrap	规定是否允许项目换行，默认值为 nowrap，即不换行
flex-flow	flex-direction 和 flex-wrap 的组合属性，默认值为 row nowrap
justify-content	定义了项目在主轴上的对齐方式，默认值为 flex-start，即项目在主轴方向上，与主轴起始位置对齐
align-items	定义项目在交叉轴上的对齐方式，默认值为 normal（等同于 stretch），即如果项目没有设置固定的大小，则会被拉伸填满交叉轴方向剩余的空间
align-content	只适用多行的容器，定义项目在交叉轴上的对齐方式，默认值为 normal（等同于 stretch），即交叉轴方向剩余的空间平均分配到每一行，并且行的高度会拉伸，填满整行的空间

表 2-9　项目的常用属性

属性	说明
order	定义项目的排列顺序，按从小到大排列，默认值为 0
flex-grow	定义项目的放大比例，默认值为 0，即如果存在剩余空间，该项目也不放大
flex-shrink	定义项目的缩小比例，默认值为 1，即如果空间不足，该项目将缩小
flex-basis	定义在分配多余空间之前，项目占据的主轴空间，默认值为 auto
flex	flex-grow、flex-shrink 和 flex-basis 的组合属性，默认值为 0 1 auto
align-self	允许单个项目有与其他项目不一样的对齐方式，可覆盖 align-items 属性。默认值为 auto，表示继承父元素的 align-items 属性，如果父元素没有设置 align-items 属性，则等同于 normal 和 stretch

接下来，以容器的常用属性 flex-direction、justify-content、align-items 和 flex-wrap 为例进行讲解。

（1）flex-direction 属性

flex-direction 属性用于设置主轴方向，通过设置主轴方向可以规定项目的排列方向，它有以下 4 个常用的可选值。

- row：默认值，主轴为从左到右的水平方向。
- row-reverse：主轴为从右到左的水平方向。
- column：主轴为从上到下的垂直方向。

- column-reverse：主轴为从下到上的垂直方向。

下面演示如何使用 flex-direction 属性实现项目纵向排列的效果，页面结构的示例代码如下。

```
<view class="demo1">
  <view>1</view>
  <view>2</view>
  <view>3</view>
</view>
```

页面样式的示例代码如下。

```
.demo1 {
  display: flex;
  flex-direction: column;
}
```

使用 flex-direction 属性实现项目纵向排列的效果，如图 2-9 所示。

（2）justify-content 属性

justify-content 属性用于设置项目在主轴方向上的对齐方式，能够分配项目之间及其周围多余的空间，它有以下 5 个常用的可选值。

- flex-start：默认值，表示项目对齐到主轴起点，项目间不留空隙。

图2-9　项目纵向排列的效果

- flex-end：项目对齐到主轴终点，项目间不留空隙。

- center：项目在主轴上居中排列，项目间不留空隙。主轴上第一个项目离主轴起点的距离等于最后一个项目离主轴终点的距离。

- space-between：两端对齐，两端的项目分别靠向容器的两端，其他项目之间的间距相等。

- space-around：每个项目之间的距离相等，第一个项目离主轴起点和最后一个项目离终点的距离为中间项目间距的一半。

下面演示如何使用 justify-content 属性实现项目两端对齐的效果，页面结构的示例代码如下。

```
<view class="demo2">
  <view>1</view>
  <view>2</view>
  <view>3</view>
</view>
```

页面样式的示例代码如下。

```
.demo2 {
  background-color: lightgrey;
  display: flex;
  justify-content: space-between;
}
```

使用 justify-content 属性实现项目两端对齐的效果，如图 2-10 所示。

（3）align-items 属性

align-items 属性用于设置项目在交叉轴上的对齐方式，它有以下 6 个常用的可选值。

- normal：默认值，等同于 stretch。

- stretch：未设置项目大小时将项目拉伸，填充满交叉轴方向剩余的空间。

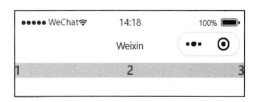

图2-10　项目两端对齐的效果

- flex-start：项目顶部与交叉轴起点对齐。

- flex-end：项目底部与交叉轴终点对齐。
- center：项目在交叉轴的中间位置对齐。
- baseline：项目的第一行文字的基线对齐。

（4）flex-wrap 属性

flex-wrap 属性用于规定是否允许项目换行，能够设置多行排列时换行的方向，它有以下 3 个常用的可选值。

- nowrap：默认值，表示不换行，如果单行内容过多，项目宽度可能会被压缩。
- wrap：当容器单行容不下所有项目时允许换行排列。
- wrap-reverse：当容器单行容不下所有项目时允许换行排列，换行方向为 wrap 的反方向。

案例实现

1. 准备工作

在开发本案例前，需要先完成一些准备工作，具体步骤如下。

① 在微信开发者工具中创建一个新的微信小程序项目，项目名称为"本地生活"，模板选择"不使用模板"。

② 项目创建完成后，在 app.json 文件中配置一个 pages/grid/grid 页面，并将其他页面全部删除。

③ 从本书配套源代码中找到本案例，复制 images 文件夹到本项目中，该文件夹保存了本项目所用到的图片素材。

上述步骤操作完成后，"本地生活"微信小程序的目录结构如图 2-11 所示。

至此，准备工作已经完成。

图2-11 "本地生活"微信小程序的目录结构

2. 实现"本地生活"微信小程序的页面结构

在 pages/grid/grid.wxml 文件中编写"本地生活"微信小程序的页面结构，该页面结构分为两个区域，分别是轮播图区域和九宫格区域，具体实现步骤如下。

① 编写轮播图区域的页面结构，具体代码如下。

```
1  <swiper indicator-dots="true" autoplay="true" interval="3000">
2    <swiper-item>
3      <image src="/images/swiper01.jpg" />
4    </swiper-item>
5    <swiper-item>
6      <image src="/images/swiper02.jpg" />
7    </swiper-item>
8  </swiper>
```

上述代码使用 swiper、swiper-item 和 image 组件实现了轮播图区域的页面结构。

② 编写九宫格区域的页面结构，具体代码如下。

```
1  <view class="grids">
2    <view class="item">
3      <image src="/images/shi.png" />
4      <text>美食</text>
5    </view>
6    <view class="item">
7      <image src="/images/xiu.png" />
```

```
8        <text>装修</text>
9      </view>
10     <view class="item">
11       <image src="/images/yu.png" />
12       <text>洗浴</text>
13     </view>
14     <view class="item">
15       <image src="/images/che.png" />
16       <text>汽车</text>
17     </view>
18     <view class="item">
19       <image src="/images/chang.png" />
20       <text>唱歌</text>
21     </view>
22     <view class="item">
23       <image src="/images/fang.png" />
24       <text>住宿</text>
25     </view>
26     <view class="item">
27       <image src="/images/xue.png" />
28       <text>学习</text>
29     </view>
30     <view class="item">
31       <image src="/images/gong.png" />
32       <text>工作</text>
33     </view>
34     <view class="item">
35       <image src="/images/hun.png" />
36       <text>结婚</text>
37     </view>
38 </view>
```

上述代码通过 view 组件定义了页面中 9 个不同的分类，每个分类中包含 image 和 text 组件，表示分类图片和分类名称。

至此，"本地生活"微信小程序的页面结构已经实现。

3. 实现"本地生活"微信小程序的页面样式

实现页面结构之后，需要对页面样式进行设计，从而使页面更加美观。下面在 pages/grid/grid.wxss 文件中分别完成轮播图区域和九宫格区域的页面样式编写。

（1）轮播图区域

编写轮播图区域的页面样式，具体代码如下。

```
1 swiper {
2   height: 350rpx;
3 }
4 swiper image {
5   width: 100%;
6   height: 100%;
7 }
```

在上述代码中，第 2 行代码将 swiper 组件的高度设置为 350rpx；第 5～6 行代码将 swiper 组件中 image 组件的宽度和高度都设为 100%，从而占满整个 swiper 组件。

（2）九宫格区域

由于九宫格区域的页面样式比较复杂，下面分步骤进行讲解。

　　① 编写九宫格区域的整体页面样式，具体代码如下。

```
1  .grids {
2    display: flex;
3    flex-wrap: wrap;
4  }
```

　　在上述代码中，第 2 行代码将九宫格的容器设置为 Flex 布局，此时项目会按照默认的排列方式横向排列；第 3 行代码设置了自动换行，即当一行无法容纳项目时，让超出部分的项目换行显示。

　　② 编写九宫格区域中每一个格子的页面样式，具体代码如下。

```
1  .grids .item {
2    width: 250rpx;
3    height: 250rpx;
4    border-right: 1rpx solid #eee;
5    border-bottom: 1rpx solid #eee;
6    box-sizing: border-box;
7    display: flex;
8    flex-direction: column;
9    justify-content: center;
10   align-items: center;
11 }
12 .grids .item:nth-child(3) {
13   border-right: 0;
14 }
15 .grids .item:nth-child(6) {
16   border-right: 0;
17 }
18 .grids .item:nth-child(9) {
19   border-right: 0;
20 }
```

　　在上述代码中，第 2 行代码将格子的宽度设为 250rpx，这样可以让屏幕中一行最多显示 3 个格子，其计算方式为 750rpx÷3；第 4～5 行代码为九宫格区域的每个格子设置右边框和下边框，用于实现九宫格内部的边框；第 6 行代码将九宫格中的每个格子设置为 border-box，表示为元素指定的任何内边距和边框都将在已设定的宽度和高度内进行绘制；第 7 行代码将每个格子设置为 Flex 布局；第 8 行代码将九宫格区域中每个格子的主轴方向设为纵向，用于实现格子中的项目纵向排列；第 9～10 行代码将 justify-content 和 align-items 的属性值设为 center，用于将格子中的项目在主轴和交叉轴上的对齐方式设置为居中；第 12～20 行代码用于清除第 3、6、9 个格子的右边框。

　　③ 编写九宫格区域中每一个格子中的图片和文字的页面样式，具体代码如下。

```
1  .grids .item image {
2    width: 70rpx;
3    height: 70rpx;
4  }
5  .grids .item text {
6    color: #999;
7    font-size: 28rpx;
8    margin-top: 20rpx;
9  }
```

　　在上述代码中，第 2～3 行代码设置九宫格区域内部图片的宽度和高度均为 70rpx；第 6～8 行代码设置了文字颜色、文字大小和上外边距。

　　完成上述代码后，运行程序，"本地生活"微信小程序的实现效果如图 2-6 所示。

　　至此，"本地生活"微信小程序已经开发完成。

【案例2-3】婚礼邀请函

当一对新人即将举办婚礼时，通常会向他们的亲朋好友发送婚礼邀请函。相比于传统的纸质邀请函，通过微信小程序发送邀请函会让人眼前一亮，给人们不一样的便捷体验。下面将对"婚礼邀请函"微信小程序进行详细讲解。

案例分析

"婚礼邀请函"微信小程序由 4 个页面组成，分别是"邀请函"页面、"照片"页面、"美好时光"页面和"宾客信息"页面，各页面的效果如图 2-12～图 2-15 所示。

图2-12 "邀请函"页面

图2-13 "照片"页面

图2-14 "美好时光"页面

图2-15 "宾客信息"页面

在图 2-12～图 2-15 中，页面顶部的导航栏和底部的标签栏是公共部分，在每个页面中都会出现；页面中间的部分是页面内容，每个页面的内容都不同。

　　"邀请函"页面用于展示顶部图片、标题、合照、新郎和新娘姓名，以及婚礼信息。"邀请函"页面各部分位置的说明如图 2-16 所示。实现"邀请函"页面的样式时，由于不同手机屏幕的宽高不同，为了确保页面显示完整，可以利用 vw、vh 尺寸单位来适配屏幕。

　　"照片"页面用于展示新郎和新娘的婚纱照，该页面采用纵向轮播的方式进行展示。每一张轮播的图片都占满整个页面的图片区域，纵向滑动屏幕可以实现图片的纵向切换，并且右侧会显示指示点。在用户无操作时，图片会自动无缝轮播。"照片"页面各部分位置的说明如图 2-17 所示。

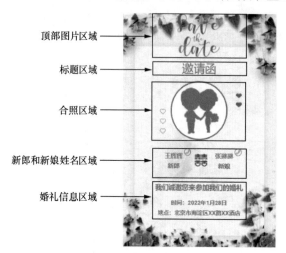

图2-16　"邀请函"页面各部分位置的说明

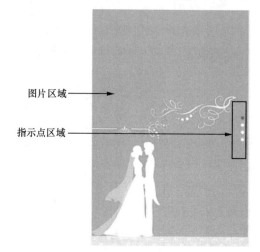

图2-17　"照片"页面各部分位置的说明

　　"美好时光"页面用于展示一对新人拍摄的一些视频，该页面显示了一个视频列表，列表中的每一项都包含标题、拍摄日期和视频。视频可以显示出进度条、视频时长，并支持全屏显示。"美好时光"页面各部分位置的说明如图 2-18 所示。

　　"宾客信息"页面提供了一个表单，用于填写宾客的信息，包括姓名、手机号、性别和需要的点心。"宾客信息"页面各部分位置的说明如图 2-19 所示。

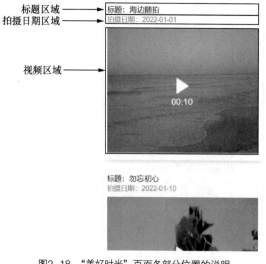

图2-18　"美好时光"页面各部分位置的说明

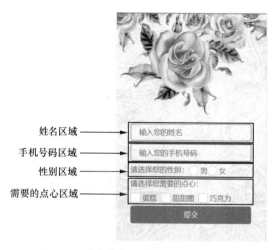

图2-19　"宾客信息"页面各部分位置的说明

知识储备

1. 导航栏配置

在微信小程序中，有时为了页面美观，需要更改导航栏的样式。此时可以通过页面配置文件或全局配置文件对导航栏的样式进行配置。导航栏的相关配置项如表 2-10 所示。

表 2-10　导航栏的相关配置项

配置项	类型	说明
navigationBarTitleText	string	导航栏标题文字内容，默认值为""
navigationBarBackgroundColor	HexColor	导航栏背景颜色，默认值为#000000
navigationBarTextStyle	string	导航栏标题颜色，仅支持 black 和 white，默认值为 white

需要说明的是，对于新创建的微信小程序，其导航栏的样式并不是默认样式。这是因为微信开发者工具会在微信小程序的全局配置文件中自动添加导航栏样式的配置。其中，navigationBarTitleText 被配置为 Weixin，navigationBarBackgroundColor 被配置为#fff，navigationBarTextStyle 被配置为 black。

下面分别讲解如何在页面配置文件和全局配置文件中对导航栏进行配置。

（1）在页面配置文件中对导航栏进行配置

下面以 pages/index/index.json 页面配置文件为例，通过 navigationBarTitleText 配置项设置导航栏标题为"微信小程序"，示例代码如下。

```
{
  "navigationBarTitleText": "微信小程序"
}
```

（2）在全局配置文件中对导航栏进行配置

在全局配置文件 app.json 中，通过 window 配置项可以对全局默认窗口进行配置，配置后会对所有页面都生效，且优先级低于页面级配置。例如，将表 2-10 中的配置项写在 app.json 文件的 window 配置项中作为全局配置使用，示例代码如下。

```
"navigationBarTitleText": "微信小程序",
```

默认导航栏标题文字与修改后的导航栏标题文字的对比如图 2-20 所示。

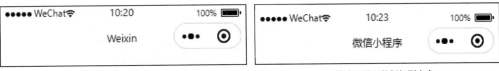

默认导航栏标题文字　　　　　　　　　　　　　　　修改后的导航栏标题文字

图2-20　默认导航栏标题文字与修改后的导航栏标题文字的对比

在图 2-20 中，左侧为默认导航栏标题文字"Weixin"，右侧为修改后的导航栏标题文字"微信小程序"。

2. 标签栏配置

通过标签栏可以很方便地在多个页面之间进行切换。在微信小程序的全局配置文件 app.json 中添加 tabBar 配置项即可实现标签栏配置。tabBar 配置项的属性如表 2-11 所示。

表 2-11　tabBar 配置项的属性

属性	类型	必填	说明
color	HexColor	是	标签栏上的文字默认颜色，仅支持十六进制颜色
selectedColor	HexColor	是	标签栏上的文字选中时的颜色，仅支持十六进制颜色
backgroundColor	HexColor	是	标签栏的背景色，仅支持十六进制颜色
borderStyle	string	否	标签栏上边框的颜色，仅支持 black 和 white
list	Array	是	标签栏的列表
position	string	否	标签栏的位置，仅支持 bottom（底部）和 top（顶部）
custom	boolean	否	自定义标签栏

　　需要注意的是，微信小程序中的标签栏分为顶部标签栏和底部标签栏，标签数量一般在 2～5 个之间。

　　列举了 tabBar 配置项的属性后，下面通过一段代码来对这些属性的使用进行演示，示例代码如下。

```
1  "tabBar": {
2    "color": "#ccc",
3    "selectedColor": "#ff4c91",
4    "borderStyle": "black",
5    "backgroundColor": "#fff",
6    "list": [
7    ]
8  },
```

　　在上述代码中，第 2 行代码通过 color 属性设置标签栏上文字的颜色为#ccc；第 3 行代码通过 selectedColor 属性设置标签栏上的文字被选中时颜色为#ff4c91；第 4 行代码通过 borderStyle 属性设置标签栏上边框的颜色为 black；第 5 行代码通过 backgroundColor 属性设置标签栏的背景色为#fff；第 6～7 行代码的 list 数组用于配置标签栏中每个标签按钮。

　　list 数组中的每个元素都是一个代表标签按钮的对象，通过配置该对象的属性可以对标签栏中的每个标签按钮进行配置。list 数组中最少需要配置 2 个标签按钮，最多只能配置 5 个标签按钮。标签按钮的相关属性如表 2-12 所示。

表 2-12　标签按钮的相关属性

属性	类型	必填	说明
pagePath	string	是	页面路径，页面必须在 pages 数组中预先定义
text	string	是	标签按钮上的文字
iconPath	string	否	未选中时的图标路径，当 position 属性值为 top 时，不显示图标
selectedIconPath	string	否	选中时的图标路径，当 position 属性值为 top 时，不显示图标

　　list 数组的示例代码如下。

```
"list": [{
  "pagePath": "pages/index/index",
  "iconPath": "images/home.png",
  "selectedIconPath": "images/home-active.png",
  "text": "首页"
}, {
  "pagePath": "pages/list/list",
  "iconPath": "images/contact.png",
  "selectedIconPath": "images/contact-active.png",
  "text": "联系我们"
}]
```

在上述代码中，pagePath 属性用于设置页面路径；iconPath 属性用于设置未选中时的图标路径；selectedIconPath 属性用于设置选中时的图标路径；text 属性用于设置标签按钮上显示的文字。需要注意的是，pages/index/index 和 pages/list/list 这两个页面都必须在 pages 数组中配置并提前创建好对应的文件。

上述代码实现的标签栏的效果如图 2-21 所示。

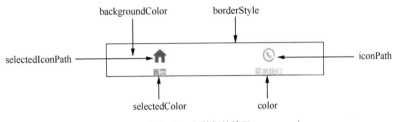

图2-21　标签栏的效果

3. vw、vh 单位

在使用 CSS 编写移动端的页面样式时，由于不同手机的屏幕宽高不同，屏幕适配会比较麻烦。针对这类问题，通过视口单位可以有效解决。

视口表示可视区域的大小，视口单位主要包括 vw（Viewport Width）和 vh（Viewport Height），在 CSS 中很常用。在微信小程序中也可以使用 vw 和 vh 单位。使用视口单位时，系统会将视口的宽度和高度分为 100 份，1vw 占用视口宽度的百分之一，1vh 占用视口高度的百分之一。vw、vh 是相对长度单位，永远以视口作为参考。例如，屏幕宽度为 375px，那么 1vw = 375px / 100 = 3.75px。

4. video 组件

相比于通过文字等其他媒体形式传递信息，通过视频传递信息的方式更吸引人。在微信小程序中，可以将视频素材加入页面中，从而丰富整个页面的呈现形式。

微信小程序提供了 video 组件用于播放视频，video 组件的默认宽度为 300px，高度为 225px，可通过 WXSS 代码设置宽高。

video 组件通过<video>标签定义，示例代码如下。

```
<video>视频</video>
```

video 组件的常用属性如表 2-13 所示。

表 2-13　video 组件的常用属性

属性	类型	说明
src	string	视频的资源地址
duration	number	指定视频时长
controls	boolean	是否显示默认播放控件（播放/暂停按钮、播放进度、时间）
danmu-list	Object Array	弹幕列表
danmu-btn	boolean	是否显示弹幕按钮，只在初始化时有效，不能动态变更
enable-danmu	boolean	是否展示弹幕，只在初始化时有效，不能动态变更
autoplay	boolean	是否自动播放
loop	boolean	是否循环播放
muted	boolean	是否静音播放
poster	string	视频封面的图片网络资源地址，如果 controls 属性值为 false 则设置 poster 属性无效

续表

属性	类型	说明
bindplay	eventhandle	当开始/继续播放时触发 play 事件
bindpause	eventhandle	当暂停播放时触发 pause 事件
object-fit	string	当视频大小与 video 组件大小不一致时，调整视频的表现形式，可选值有：contain（包含）、fill（填充）、cover（覆盖），默认值为 contain
initial-time	string	指定视频初始播放位置

在表 2-13 中，src 表示要播放视频的资源地址，loop 表示是否循环播放。

下面演示将视频在页面上循环播放，示例代码如下。

```
<video src="http://localhost:3000/01.mp4" loop="true"></video>
```

上述代码表示循环播放 http://localhost:3000/01.mp4 地址的视频。

5. 表单组件

微信小程序中的表单组件与 HTML 中的表单类似。微信小程序在 HTML 基础上做了封装，并且增加了一些组件。表单组件通常用于用户信息的填写，以便于把用户填写的信息提交给服务器。常用的表单组件如表 2-14 所示。

表 2-14　常用的表单组件

组件	功能	组件	功能
form	表单容器	button	按钮
checkbox-group	多项选择器	checkbox	多选项目
radio-group	单项选择器	radio	单选项目
textarea	多行输入框	input	输入框

接下来对常用的表单组件分别进行讲解。

（1）form 组件

form 组件表示表单容器，没有任何样式，需要配合其他表单组件一起使用，用于提交用户输入的信息和选择的选项。

form 组件内部可以包含若干个供用户输入或选择的表单组件，允许提交的表单组件为 switch、input、checkbox、slider、radio 和 picker 组件。表单中携带数据的组件（如输入框）必须带有 name 属性值，否则无法识别提交的内容。

form 组件通过<form>标签定义，示例代码如下。

```
<form>表单</form>
```

form 组件的常用属性如表 2-15 所示。

表 2-15　form 组件的常用属性

属性	类型	说明
bindsubmit	eventhandle	通过携带 form 组件中的数据触发 submit 事件
bindreset	eventhandle	表单重置时会触发 reset 事件

（2）button 组件

button 组件表示按钮，功能比 HTML 中的 button 按钮丰富。button 组件通过<button>标签定义，示例代码如下。

```
<button>按钮</button>
```

button 组件的常用属性如表 2-16 所示。

表 2-16　button 组件的常用属性

属性	类型	说明
size	string	按钮的大小，可选值：default、mini，默认值为 default
type	string	按钮的样式类型，可选值：primary、default、warn，默认值为 default
plain	boolean	按钮是否镂空，当 plain 属性值为 true 时背景色透明，默认值为 false
disabled	boolean	是否禁用，默认值为 false
form-type	string	form-type 属性值可设为 submit、reset，点击时分别会触发 form 组件中的 submit、reset 事件，默认值为""
hover-class	string	指定按钮点击态效果，默认值为""

需要注意的是，设置了 form-type 属性的 button 组件只对当前页面中的 form 组件有效。

虽然微信小程序给 button 组件提供了样式，但是仍可通过 WXSS 代码进行修改。

下面演示如何利用 button 组件的 type 属性改变按钮的样式，type 属性的可选值有 3 个，分别是 primary（绿色）、default（白色）、warn（红色），示例代码如下。

```
<button>普通按钮</button>
<button type="primary">主色调按钮</button>
<button type="warn">警告按钮</button>
```

在上述代码中，普通按钮没有设置 type 属性，该属性会使用默认值 default。以上 3 种样式的按钮如图 2-22 所示。

在图 2-22 中，第 1 个为普通按钮的样式类型，第 2 个为主色调按钮的样式类型，第 3 个为警告按钮样式类型。

图2-22　3种样式的按钮

（3）input 组件

input 组件与 HTML 中的<input>标签作用类似，都用于接收用户的输入。在微信小程序中，input 组件增加了很多属性，使 input 组件使用起来更加简单、方便。

input 组件通过<input>标签定义，<input>标签属于单标签，示例代码如下。

```
<input />
```

input 组件的常用属性如表 2-17 所示。

表 2-17　input 组件的常用属性

属性	类型	说明
value	string	输入框的初始内容，默认值为""
type	string	输入的类型，默认值为 text
confirm-type	string	设置键盘右下角按钮的文字，仅在 type="text"时生效，可选值：send、search、next、go、done，默认值为 done
password	boolean	是否是密码类型，默认值为 false
placeholder	string	输入框为空时的占位符，默认值为""
placeholder-style	string	指定占位符的样式，默认值为""
placeholder-class	string	指定占位符的样式类，默认值为""

input 组件的 type 属性表示输入的类型，例如文本、数字、身份证等，不同的类型会弹出不同的屏幕键盘。input 组件的 type 属性的可选值如表 2-18 所示。

表 2-18　input 组件的 type 属性的可选值

可选值	说明
text	文本输入键盘
number	数字输入键盘
idcard	身份证输入键盘
digit	带小数点的数字键盘
safe-password	密码安全输入键盘
nickname	昵称输入键盘

需要注意的是，如果在微信开发者工具中单击 input 组件，不会出现屏幕键盘，只有在微信客户端中运行的微信小程序才会出现屏幕键盘。

下面通过代码分别演示当 input 组件的 type 属性值为 text 和 number 时的效果，示例代码如下。

```
<input type="text" />
<input type="number" />
```

通过微信客户端运行微信小程序，type 属性值设置为 text 和 number 的对比如图 2-23 所示。

图2-23　type属性值设置为text和number的对比

在图 2-23 中，左侧图片中 input 组件的 type 属性值设置为 text，表示输入类型为文本；右侧图片中 input 组件的 type 属性值设置为 number，表示输入类型为数字。

（4）checkbox 和 checkbox-group 组件

checkbox 组件表示多选项目，在进行多项选择时会用到。checkbox 组件一般与 checkbox-group 组件搭配使用，checkbox-group 组件表示多项选择器，内部由多个 checkbox 组件组成。建议将不同组的 checkbox 组件嵌套在不同的 checkbox-group 组件中，从而方便管理和区分。

checkbox 组件通过<checkbox>标签定义，示例代码如下。

```
<checkbox>多选项目</checkbox>
```

checkbox-group 组件通过<checkbox-group>标签定义，示例代码如下。

```
<checkbox-group>多项选择器</checkbox-group>
```

checkbox 组件的常用属性如表 2-19 所示。

表 2-19　checkbox 组件的常用属性

属性	类型	说明
value	string	checkbox 组件标识，默认值为""
checked	boolean	当前是否选中，默认值为 false
disabled	boolean	是否禁用，默认值为 false
color	string	颜色，默认值为#09BB07

下面演示 checkbox 和 checkbox-group 组件的使用，示例代码如下。

```
<checkbox-group>
  <checkbox>蛋糕</checkbox>
  <checkbox>甜甜圈</checkbox>
  <checkbox>巧克力</checkbox>
</checkbox-group>
```

上述代码运行后，未选择和选择"甜甜圈"的效果对比如图 2-24 所示。

未选择

选择"甜甜圈"

图2-24　未选择和选择"甜甜圈"的效果对比

（5）radio 和 radio-group 组件

radio 组件为单选项目，是表单中常用的组件，用于从多个选项中选出一个，选项之间是互斥关系。radio 组件一般与 radio-group 组件搭配使用，radio-group 组件表示单项选择器，内部由多个 radio 组件组成。建议将不同组的 radio 组件分别嵌套在不同的 radio-group 组件中，从而方便管理和区分。

radio 组件通过<radio>标签定义，示例代码如下。

```
<radio>单选项目</radio>
```

radio-group 组件通过<radio-group>标签定义，示例代码如下。

```
<radio-group>单项选择器</radio-group>
```

radio 组件的常用属性如表 2-20 所示。

表 2-20　radio 组件的常用属性

属性	类型	说明
value	string	radio 组件标识，默认值为""
checked	boolean	当前是否选中，默认值为 false
disabled	boolean	是否禁用，默认值为 false
color	string	颜色，默认值为#09BB07

下面演示如何通过 radio 和 radio-group 组件实现性别的单项选择，示例代码如下。

```
<radio-group>
  <radio>男</radio>
  <radio>女</radio>
</radio-group>
```

上述代码运行后，未选择和选择"男"的效果对比如图 2-25 所示。

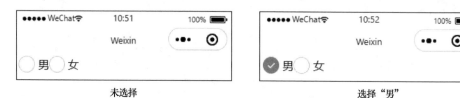

　　　　　未选择　　　　　　　　　　　　　　　选择"男"

图2-25　未选择和选择"男"的效果对比

案例实现

1. 准备工作

在开发本案例前，需要先完成一些准备工作。由于本项目需要从服务器中获取视频资源，所以需要搭建一个视频资源服务器，本书通过 Node.js 搭建视频资源服务器。准备工作的具体步骤如下。

① 在微信开发者工具中创建一个新的微信小程序项目，项目名称为"婚礼邀请函"，模板选择"不使用模板"。

② 项目创建完成后，在 app.json 文件中配置 4 个页面，具体代码如下。

```
"pages": [
  "pages/index/index",
  "pages/guest/guest",
  "pages/video/video",
  "pages/picture/picture"
],
```

③ 从本书配套源代码中找到本案例，复制 images 文件夹到本项目中，该文件夹保存了本项目所用到的素材。

上述步骤操作完成后，"婚礼邀请函"微信小程序的目录结构如图 2-26 所示。

④ 安装 Node.js。不熟悉如何安装 Node.js 的读者可以通过本书配套资源中的环境搭建文档来自学。

⑤ 启动服务器。从本书配套源代码中找到本案例的源代码，进入"服务器端"文件夹，该文件夹下的内容为 Node.js 本地 HTTP 服务器程序。打开命令提示符，切换工作目录到当前目录，然后在命令提示符中执行如下命令，启动服务器。

```
node index.js
```

至此，准备工作已经完成。

2. 项目初始化

"婚礼邀请函"微信小程序的项目初始化主要包括标签栏的配置、导航栏的配置和公共样式的编写，下面分别实现。

（1）标签栏的配置

在 app.json 文件中添加 tabBar 配置项完成标签栏的配置，

图2-26　"婚礼邀请函"微信小程序的目录结构

具体步骤如下。

① 编写标签栏样式的相关配置，具体代码如下。

```
1  "tabBar": {
2    "color": "#ccc",
3    "selectedColor": "#ff4c91",
4    "borderStyle": "white",
5    "backgroundColor": "#fff",
6    "list": [
7    ]
8  },
```

在上述代码中，第 2 行代码将 color 属性值设置为#ccc，实现当标签栏中标签未选中时颜色为#ccc 的效果；第 3 行代码将 selectedColor 属性值设置为#ff4c91，实现当标签栏中标签选中时颜色为#ff4c91 的效果；第 4 行代码将 borderStyle 属性值设置为 white，实现将标签栏的边框颜色设置为白色的效果；第 5 行代码将 backgroundColor属性值设置为#fff，实现标签栏的背景色为#fff 的页面效果。

② 在list数组中完成对标签按钮的配置，为每个标签按钮配置页面路径、未选中时的图标路径、选中时的图标路径，以及按钮文字，具体代码如下。

```
1  "list": [{
2    "pagePath": "pages/index/index",
3    "iconPath": "images/invite.png",
4    "selectedIconPath": "images/invite.png",
5    "text": "邀请函"
6  }, {
7    "pagePath": "pages/picture/picture",
8    "iconPath": "images/marry.png",
9    "selectedIconPath": "images/marry.png",
10   "text": "照片"
11 }, {
12   "pagePath": "pages/video/video",
13   "iconPath": "images/video.png",
14   "selectedIconPath": "images/video.png",
15   "text": "美好时光"
16 }, {
17   "pagePath": "pages/guest/guest",
18   "iconPath": "images/guest.png",
19   "selectedIconPath": "images/guest.png",
20   "text": "宾客信息"
21 }]
```

在上述代码中，list 数组中有 4 个对象，分别对应"邀请函""照片""美好时光""宾客信息"这 4 个标签按钮。在每个对象中，通过 pagePath 属性设置每个页面访问路径；通过 iconPath 属性设置未选中时的图标路径；通过 selectedIconPath 设置选中标签按钮时的图标路径；通过 text 设置图标导航下方的文字。

（2）各个导航栏标题的配置

为"邀请函"页面、"照片"页面、"美好时光"页面和"宾客信息"页面设置导航栏标题，分别设置为"邀请函""照片""美好时光""宾客信息"。在每一个页面打开的过程中，导航栏的标题也会随之变化。

下面以 pages/index/index.json 文件为例，演示导航栏标题的配置，具体代码如下。

```
1  {
2    "navigationBarTitleText": "邀请函"
3  }
```

在上述代码中，第 2 行代码将 navigationBarTitleText 设置为"邀请函"，用于将页面的导航栏标题设置为

"邀请函"。其他页面的导航栏标题也按这种方式来设置即可。

（3）全局样式文件中导航栏样式的配置

在 app.json 文件中编写导航栏样式的配置，具体代码如下。

```
1  "window": {
2    "backgroundTextStyle": "light",
3    "navigationBarBackgroundColor": "#ff4c91",
4    "navigationBarTextStyle": "white"
5  },
```

在上述代码中，第 2 行代码设置下拉加载提示的样式为 light；第 3 行代码设置导航栏背景颜色为#ff4c91；第 4 行代码设置导航栏标题颜色为 white。

（4）公共样式的编写

完成所有配置文件的编写后，在 app.wxss 文件中定义公共样式，具体代码如下。

```
1  page {
2    display: flex;
3    flex-direction: column;
4    justify-content: space-between;
5    box-sizing: border-box;
6  }
```

在上述代码中，第 2 行代码将页面设为 Flex 布局；第 3 行代码将主轴方向设为纵向，用于实现项目纵向排列；第 4 行代码将 justify-content 属性值设为 space-between，用于实现页面中项目在主轴方向上的对齐方式为两端对齐；第 5 行代码将页面中的盒子设为 border-box，用于实现页面中元素指定的任何内边距和边框都将在已设定的宽度和高度内进行绘制。

至此，项目初始化已经完成。

3. 实现"邀请函"页面的结构

在 pages/index/index.wxml 文件中编写"邀请函"页面的结构，具体步骤如下。

① 实现"邀请函"页面的背景图片，具体代码如下。

```
<image class="bg" src="/images/bg_1.png" />
```

上述代码通过 image 组件引入了 images 目录下的 bg_1.png 图片。

② 编写内容区域的整体结构，具体代码如下。

```
1  <view class="content">
2    <!-- 顶部图片 -->
3    <image class="content-gif" src="/images/save_the_date.gif" />
4    <!-- 标题 -->
5    <view class="content-title">邀请函</view>
6    <!-- 合照 -->
7    <view class="content-avatar">
8      <image src="/images/avatar.png" />
9    </view>
10   <!-- 新郎和新娘姓名 -->
11   <view class="content-info"></view>
12   <!-- 婚礼信息 -->
13   <view class="content-address"></view>
14 </view>
```

在上述代码中，第 3 行代码定义了页面中的顶部图片区域；第 5 行代码定义了页面中的标题区域；第 7~9 行代码定义了页面中的合照区域；第 11 行代码定义了页面中新郎和新娘姓名区域；第 13 行代码定义了婚礼信息区域。其中，新郎和新娘姓名区域和婚礼信息区域在之后的步骤中实现。

③ 编写新郎和新娘姓名区域的结构, 具体代码如下。

```
1  <view class="content-info">
2    <view class="content-name" >
3      <image src="/images/tel.png" />
4      <view>王辉辉</view>
5      <view>新郎</view>
6    </view>
7    <view class="content-wedding">
8      <image src="/images/wedding.png" />
9    </view>
10   <view class="content-name">
11     <image src="/images/tel.png" />
12     <view>张琳琳</view>
13     <view>新娘</view>
14   </view>
15 </view>
```

在上述代码中, 第 2~6 行代码定义了新郎的名字; 第 7~9 行代码定义了 "喜" 字图片; 第 10~14 行代码定义了新娘的名字。

④ 编写婚礼信息区域的结构, 具体代码如下。

```
1  <view class="content-address">
2    <view>我们诚邀您来参加我们的婚礼</view>
3    <view>时间: 2022 年 1 月 28 日</view>
4    <view>地点: 北京市海淀区 XX 路 XX 酒店</view>
5  </view>
```

在上述代码中, 第 2~4 行代码定义了 3 个 view 组件, 代表不同的婚礼信息。

至此, "邀请函" 页面的结构已经实现。

4. 实现 "邀请函" 页面的样式

在 pages/index/index.wxss 文件中编写 "邀请函" 页面的样式, 使页面更加美观, 具体实现步骤如下。

① 编写背景图片的样式, 具体代码如下。

```
1  .bg {
2    width: 100vw;
3    height: 100vh;
4  }
```

在上述代码中, 背景图片的宽度设置为 100vw, 高度设置为 100vh, 让背景图片占满整个页面。

② 编写内容区域中外层容器的样式, 具体代码如下。

```
1  .content {
2    width: 100vw;
3    height: 100vh;
4    position: fixed;
5    display: flex;
6    flex-direction: column;
7    align-items: center;
8  }
```

在上述代码中, 第 2~3 行代码将内容区域的宽度设置为 100vw, 高度设置为 100vh, 让它占满整个页面; 第 4 行代码将内容区域设为固定定位; 第 5 行代码将内容区域设置为 Flex 布局; 第 6 行代码将主轴方向设置为纵向; 第 7 行代码将项目在交叉轴上的对齐方式设置为居中对齐。

③ 编写顶部图片区域的样式, 具体代码如下。

```
1  .content-gif {
```

```
2    width: 19vh;
3    height: 18.6vh;
4    margin-bottom: 1.5vh;
5  }
```

在上述代码中，第 2～4 行代码设置了页面中顶部图片区域的宽、高，以及下外边距等样式。

④ 编写标题区域的样式，具体代码如下。

```
1  .content-title {
2    font-size: 5vh;
3    color: #ff4c91;
4    text-align: center;
5    margin-bottom: 2.5vh;
6  }
```

在上述代码中，第 2～5 行代码设置了页面中标题区域文字的字体大小、颜色、文字水平对齐方式和下外边距。

⑤ 编写合照区域的样式，具体代码如下。

```
1  .content-avatar image {
2    width: 24vh;
3    height: 24vh;
4    border: 3px solid #ff4c91;
5    border-radius: 50%;
6  }
```

在上述代码中，第 2～5 行代码设置了合照区域中图片的宽、高和边框，并给图片设置圆角，让图片显示为圆形。

⑥ 编写新郎和新娘姓名区域的样式，具体代码如下。

```
1  .content-info {
2    width: 45vw;
3    text-align: center;
4    margin-top: 4vh;
5    display: flex;
6    align-items: center;
7  }
```

在上述代码中，第 2～4 行代码设置页面中新郎和新娘姓名区域的宽度、文字水平对齐方式和上外边距；第 5 行代码将新郎和新娘姓名区域设置为 Flex 布局；第 6 行代码将项目在交叉轴上的对齐方式设置为居中对齐。

⑦ 编写新郎和新娘姓名区域中姓名的样式，具体代码如下。

```
1  .content-name {
2    color: #ff4c91;
3    font-size: 2.7vh;
4    line-height: 4.5vh;
5    font-weight: bold;
6    position: relative;
7  }
```

在上述代码中，第 2～6 行代码设置了文本颜色、字体大小、行高、文本加粗和相对定位样式。

⑧ 编写新郎和新娘姓名区域中电话图片的样式，具体代码如下。

```
1  .content-name > image {
2    width: 2.6vh;
3    height: 2.6vh;
4    border: 1px solid #ff4c91;
5    border-radius: 50%;
```

```
6    position: absolute;
7    top: -1vh;
8    right: -3.6vh;
9  }
```

在上述代码中，第 2~8 行代码设置了图片的宽、高、边框和圆角边框，以及设置绝对定位，让图片显示在姓名的右上角。

⑨ 编写新郎和新娘姓名区域中"喜"字图片的样式，具体代码如下。

```
1  .content-wedding {
2    flex: 1;
3  }
4  .content-wedding > image {
5    width: 5.5vh;
6    height: 5.5vh;
7    margin-left: 20rpx;
8  }
```

在上述代码中，第 2 行代码设置"喜"字图片外层容器，让其占满新郎和新娘姓名区域中除姓名外的所有宽度；第 5~7 行代码设置了"喜"字图片的样式，给图片设置了宽、高和左外边距样式。

⑩ 编写婚礼信息区域的样式，具体代码如下。

```
1  .content-address {
2    margin-top: 5vh;
3    color: #ec5f89;
4    font-size: 2.5vh;
5    font-weight: bold;
6    text-align: center;
7    line-height: 4.5vh;
8  }
9  .content-address view:first-child {
10   font-size: 3vh;
11   padding-bottom: 2vh;
12 }
```

在上述代码中，第 2~7 行代码设置了页面中婚礼信息区域中文字的样式，包括上外边距、颜色、文字大小、文字加粗效果、文字的水平对齐方式和行高样式；第 10~11 行代码设置了婚礼信息区域中第 1 个 view 组件的文字大小和下内边距样式。

完成上述代码后，运行程序，"邀请函"页面的效果如图 2-12 所示。

至此，"邀请函"页面的结构和样式都已经实现。

5. 实现"照片"页面的结构

在 pages/picture/picture.wxml 文件中编写"照片"页面的结构，该页面采用纵向轮播的方式展示图片，并且在用户无操作时，可以实现自动无缝衔接滑动，具体代码如下。

```
1  <swiper indicator-color="white" indicator-active-color="#ff4c91" indicator-dots
autoplay interval="3500" duration="1000" vertical circular>
2    <swiper-item>
3     <image src="/images/timg1.jpg" />
4    </swiper-item>
5    <swiper-item>
6     <image src="/images/timg2.jpg" />
7    </swiper-item>
8    <swiper-item>
9     <image src="/images/timg3.jpg" />
10   </swiper-item>
```

```
11   <swiper-item>
12     <image src="/images/timg4.jpg" />
13   </swiper-item>
14 </swiper>
```

在上述代码中，第 1 行代码通过设置 swiper 组件的属性实现轮播图的切换效果。其中，轮播图面板中指示点的默认颜色为白色，当前选中的指示点颜色为#ff4c91；开启了轮播图自动切换，自动切换时间为 3.5 秒；开启了轮播图的无缝衔接滑动的效果；轮播图的滚动方向为纵向，滑动动画时长为 1 秒。

至此，"照片"页面的结构已经实现。

6. 实现"照片"页面的样式

在 pages/picture/picture.wxss 文件中编写"照片"页面的样式，使页面更加美观，具体代码如下。

```
1 swiper {
2   height: 100vh;
3 }
4 image {
5   width: 100vw;
6   height: 100vh;
7 }
```

在上述代码中，第 2 行代码设置 swiper 组件高度为 100vh，让它占满整个页面；第 5～6 行代码将背景图片的宽度设置为 100vw，高度设置为 100vh，让背景图片占满整个页面。

完成上述代码后，运行程序，"照片"页面的效果如图 2-13 所示。

至此，"照片"页面的结构和样式都已经实现。

7. 实现"美好时光"页面的结构

在 pages/video/video.wxml 文件中编写"美好时光"页面的结构，具体代码如下。

```
1  <view class="video">
2    <view class="video-title">标题：海边随拍</view>
3    <view class="video-time">拍摄日期：2022-01-01</view>
4    <video src="http://localhost:3000/01.mp4" objectFit="fill"></video>
5  </view>
6  <view class="video">
7    <view class="video-title">标题：勿忘初心</view>
8    <view class="video-time">拍摄日期：2022-01-10</view>
9    <video src="http://localhost:3000/02.mp4" objectFit="fill"></video>
10 </view>
11 <view class="video">
12   <view class="video-title">标题：十年之约</view>
13   <view class="video-time">拍摄日期：2022-01-20</view>
14   <video src="http://localhost:3000/03.mp4" objectFit="fill"></video>
15 </view>
```

在上述代码中，第 1～5 行代码、第 6～10 行代码和第 11～15 行代码分别定义了外层的 3 个 view 组件，组件内的结构是相同的，内容不同。以第 1 个 view 组件为例，第 2 行代码定义了标题区域；第 3 行代码定义了拍摄日期区域；第 4 行代码定义了视频区域。

至此，"美好时光"页面的结构已经实现。

8. 实现"美好时光"页面的样式

在 pages/video/video.wxss 文件中编写"美好时光"页面的样式，使页面更加美观，具体步骤如下。

① 编写"美好时光"页面中 3 个外层 view 组件的样式，具体代码如下。

```
1 .video {
2   box-shadow: 0 8rpx 17rpx 0 rgba(7, 17, 27, 0.1);
```

```
3    margin: 10rpx 25rpx;
4    margin-bottom: 30rpx;
5    padding: 20rpx;
6    border-radius: 10rpx;
7    background: #fff;
8  }
```

在上述代码中，第 2~7 行代码设置了阴影、外边距、下外边距、内边距、圆角边框和背景颜色样式。

② 编写标题和拍摄日期区域的样式，具体代码如下。

```
1  .video-title {
2    font-size: 35rpx;
3    color: #333;
4  }
5  .video-time {
6    font-size: 26rpx;
7    color: #979797;
8  }
```

在上述代码中，第 2~3 行代码设置了标题区域的字体大小和颜色；第 6~7 行代码设置了拍摄日期区域的字体大小和颜色。

③ 编写视频区域的样式，具体代码如下。

```
1  .video video {
2    width: 100%;
3    margin-top: 20rpx;
4  }
```

在上述代码中，第 2~3 行代码设置了视频区域的宽度，使其占满整个 view 组件，上外边距为 20rpx。

完成上述代码后，运行程序，"美好时光"页面的效果如图 2-14 所示。

至此，"美好时光"页面的结构和样式都已经实现。

9. 实现"宾客信息"页面的结构

在 pages/guest/guest.wxml 文件中编写"宾客信息"页面的结构，具体步骤如下。

① 实现"宾客信息"页面的背景图片，具体代码如下。

```
<image class="bg" src="/images/bj_2.png" />
```

在上述代码中，通过 image 组件引入了 images 目录下的 bj_2.png 图片。

② 编写内容区域的整体页面结构，具体代码如下。

```
1  <form>
2    <view class="content">
3      <!-- 姓名 -->
4      <view class="input"></view>
5      <!-- 手机号码 -->
6      <view class="input"></view>
7      <!-- 性别 -->
8      <view class="radio"></view>
9      <!-- 需要的点心 -->
10     <view class="check"></view>
11     <button>提交</button>
12   </view>
13 </form>
```

在上述代码中，第 1 行和第 13 行代码定义了 form 组件，用于搜集宾客输入的信息。form 组件中包含了 1 个 view 组件，代表"宾客信息"页面中的"表单内容"区域，该区域内部有 4 个 view 组件，分别代表页面中的姓名、手机号码、性别和需要的点心区域。第 11 行代码定义了 1 个 button 组件，用于实现页面上的

"提交"按钮。

　　③ 编写姓名区域的结构，具体代码如下。

```
1  <view class="input">
2    <input name="name" placeholder-class="phcolor" placeholder="输入您的姓名" />
3  </view>
```

　　在上述代码中，第2行代码定义了input组件，用于让宾客进行姓名的填写操作。

　　④ 编写手机号码区域的结构，具体代码如下。

```
1  <view class="input">
2    <input name="phone" placeholder-class="phcolor" placeholder="输入您的手机号码" />
3  </view>
```

　　在上述代码中，第2行代码定义了input组件，用于让宾客进行手机号码的填写操作。

　　⑤ 编写性别区域的结构，具体代码如下。

```
1  <view class="radio">
2    <text>请选择您的性别：</text>
3    <radio-group>
4      <radio>男</radio>
5      <radio>女</radio>
6    </radio-group>
7  </view>
```

　　在上述代码中，第2行代码定义了text组件，用于显示提示文字，提示宾客选择性别；第3~6行代码定义了radio-group组件，其内部有两个radio组件，用于性别单项选择，由于男、女是相同分组，所以嵌套在同一个radio-group组件中。

　　⑥ 编写需要的点心区域的结构，具体代码如下。

```
1  <view class="check">
2    <text>请选择您需要的点心：</text>
3    <checkbox-group>
4      <checkbox>蛋糕</checkbox>
5      <checkbox>甜甜圈</checkbox>
6      <checkbox>巧克力</checkbox>
7    </checkbox-group>
8  </view>
```

　　在上述代码中，第2行代码定义的text组件用于显示提示文字，提示宾客选择所需要的点心；第3~7行代码定义的checkbox-group组件中有3个checkbox组件，用于多项选择，由于蛋糕、甜甜圈、巧克力是相同分组，所以嵌套在同一个checkbox-group组件中。

　　至此，"宾客信息"页面的结构已经实现。

10. 实现"宾客信息"页面的样式

　　在pages/guest/guest.wxss文件中编写"宾客信息"页面的样式，使页面更加美观，具体实现步骤如下。

　　① 编写背景图片的样式，具体代码如下。

```
1  .bg {
2    width: 100vw;
3    height: 100vh;
4  }
```

　　在上述代码中，背景图片的宽度设置为100vw，高度设置为100vh，让背景图片占满整个页面。

　　② 编写内容区域中外层容器的样式，具体代码如下。

```
1  .content {
2    width: 80vw;
3    position: fixed;
```

```
4    left: 10vw;
5    bottom: 8vh;
6  }
```

　　在上述代码中，第 2～5 行代码设置了内容区域的宽度，并通过固定定位确定位置。

　　③ 编写姓名和手机号码区域的样式，具体代码如下。

```
1  .content .input {
2    font-size: large;
3    border: 1rpx solid #ff4c91;
4    border-radius: 10rpx;
5    padding: 1.5vh 40rpx;
6    margin-bottom: 1.5vh;
7    color: #ff4c91;
8  }
```

　　在上述代码中，第 2～7 行代码设置了字体大小、边框线、圆角边框、内边距、下外边距和颜色。

　　④ 编写性别区域的样式，具体代码如下。

```
1  .content .radio {
2    font-size: large;
3    margin-bottom: 1.5vh;
4    color: #ff4c91;
5    display: flex;
6  }
```

　　在上述代码中，第 2～4 行代码用于设置性别区域的页面样式，包括字体大小、下外边距和颜色；第 5 行代码设置该区域为 Flex 布局，让项目横向排列。

　　⑤ 编写需要的点心区域的样式，具体代码如下。

```
1  .content .check {
2    font-size: large;
3    margin-bottom: 1.5vh;
4    color: #ff4c91;
5  }
6  .check checkbox-group {
7    margin-top: 1.5vh;
8    color: #ff4c91;
9  }
10 .check checkbox-group checkbox {
11   margin-left: 20rpx;
12 }
13 .check checkbox-group checkbox:nth-child(1) {
14   margin-left: 0;
15 }
```

　　在上述代码中，第 2～4 行代码设置了需要的点心区域中的字体大小、颜色和下外边距样式；第 6～9 行代码设置了 checkbox-group 组件的上外边距和颜色；第 10～12 行代码设置了每个 checkbox 组件的左外边距；第 13～15 行代码设置了第 1 个 checkbox 组件的左外边距。

　　⑥ 编写"提交"按钮的样式，具体代码如下。

```
1  .content button {
2    font-size: large;
3    background: #ff4c91;
4    color: #fff;
5  }
6  .content .phcolor {
7    color: #ff4c91;
```

```
8  }
```

在上述代码中，第 2~4 行代码设置字体为大号，背景颜色为#ff4c91，文字颜色为#fff；第 6~8 行代码设置 input 组件中提示信息的文字颜色为#ff4c91。

完成上述代码后，运行程序，"宾客信息"页面的效果如图 2-15 所示。

至此，"宾客信息"页面的结构和样式都已经实现，并且"婚礼邀请函"微信小程序已经开发完成。

本章小结

本章通过开发"个人信息""本地生活""婚礼邀请函"微信小程序这 3 个案例讲解了微信小程序中的页面制作。通过本章的学习，读者可以对微信小程序的页面制作有一个整体的认识，能够灵活运用WXML中的各种组件和 WXSS 样式完成各种页面效果的制作。

课后练习

一、填空题

1. image 组件的_____属性用于设置图片的展示模式。

2. swiper 组件内部只可以放置_____组件。

3. 在 Flex 布局中，_____属性能够设置项目在主轴方向的排列方式。

4. text 组件的_____属性用于实现长按选中文本内容的效果。

5. 在实现底部标签栏时，tabBar 配置项应在_____文件中设置。

二、判断题

1. 给父元素设置 display:flex 后，可以使用 Flex 的相关属性，例如通过 flex-direction 属性设置主轴方向。（   ）

2. 微信小程序中样式文件为 WXSS 文件，只支持 rpx 一种尺寸单位。（   ）

3. swiper 组件可以实现页面的轮播图效果。（   ）

4. video 组件专门用于播放音频。（   ）

三、选择题

1. 下列选项中，用于配置微信小程序所有的页面地址的文件是（   ）

A. app.js   B. app.json   C. app.wxss   D. project.config.json

2. 下列选项中，不属于表单组件的是（   ）

A. input 组件   B. checkbox 组件   C. form 组件   D. swiper 组件

3. 下列选项中，不属于 Flex 布局的是（   ）

A. display:flex;   B. flex:1;   C. float:left;   D. flex-flow:column nowrap;

4. 下列选项中，app.json 文件中的 tabBar 配置项最多允许的页数为（   ）。

A. 3   B. 4   C. 5   D. 6

四、简答题

1. 简述 WXML 和 HTML 的区别。

2. 简述 WXSS 和 CSS 的区别。

3. 简述 Flex 布局的概念。

第**3**章

微信小程序页面交互

- ★ 熟悉 Page( )函数，能够归纳 Page( )函数及其各个参数的作用
- ★ 掌握数据绑定，能够运用数据绑定实现页面中数据的显示与修改
- ★ 掌握事件绑定，能够在组件触发时执行对应的事件处理函数
- ★ 熟悉事件对象，能够总结事件对象的属性及其作用
- ★ 掌握 this 关键字的使用，能够运用 this 关键字访问当前页面中的数据或者函数
- ★ 掌握 setData( )方法的使用，能够完成数据的设置与更改
- ★ 掌握条件渲染，能够运用条件渲染根据不同的判断结果显示不同的组件
- ★ 掌握<block>标签，能够运用<block>标签同时显示或隐藏多个组件
- ★ 熟悉 hidden 属性，能够区分其与 wx:if 控制属性的区别
- ★ 掌握 data-*自定义属性，能够完成 data-*自定义数据的设置与获取
- ★ 掌握模块的使用，能够完成模块的创建和引入
- ★ 掌握列表渲染，能够运用列表渲染将数组中的数据渲染到页面中
- ★ 掌握网络请求的实现，能够通过网络请求与服务器进行交互
- ★ 掌握提示框的实现，能够在页面中显示消息提示框
- ★ 掌握 WXS 的使用，能够运用 WXS 处理页面中的数据
- ★ 掌握上拉触底的实现，能够运用上拉触底实现数据的动态加载
- ★ 掌握下拉刷新的实现，能够运用下拉刷新实现数据的重新加载
- ★ 掌握双向数据绑定，能够运用双向绑定实现数据的动态更改

通过第 2 章的学习，读者已可以在微信小程序项目中实现页面结构和样式效果，但是这些页面并不能进行交互。在实际的微信小程序项目中，用户是可以与微信小程序页面发生交互的，即可以通过触摸、长按等操作实现各种各样的功能。本章将对微信小程序页面交互的相关知识进行详细讲解。

【案例3-1】比较数字大小

本案例将实现"比较数字大小"微信小程序，它的功能是当用户输入两个数字后，点击"比较"按钮可以自动比较这两个数字的大小。下面将对"比较数字大小"微信小程序进行详细讲解。

案例分析

"比较数字大小"微信小程序的页面效果如图3-1所示。

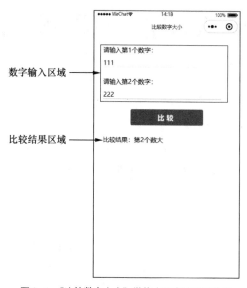

图3-1 "比较数字大小"微信小程序的页面效果

图3-1中有两个输入框，可以输入数字，输入后点击"比较"按钮，按钮下方会显示比较结果。比较结果有3种情况，如果第1个数字比第2个数字大，则比较结果为"第1个数大"；如果第2个数字比第1个数字大，则比较结果为"第2个数大"；如果第1个数字和第2个数字相等，则比较结果为"两数相等"。

知识储备

1. Page( )函数

在网页开发中，仅有页面结构和样式的静态页面缺少互动，难以吸引用户的关注，因而开发者常常会在页面中加入页面交互，使用户既能了解网页内容，又能增强其参与感，吸引用户驻足。在微信小程序中也存在类似的问题。

在微信小程序中，页面交互的代码写在页面的JS文件中，每个页面都需要通过Page( )函数进行注册。需要注意的是，Page( )函数只能写在微信小程序每个页面对应的JS文件中，并且每个页面只能注册一个。

Page( )函数的参数是一个对象，通过该对象可以指定页面初始数据、页面生命周期回调函数和页面事件处理函数。调用Page( )函数的示例代码如下。

```
Page({
  // 页面初始数据
  data: {},
  // 页面生命周期回调函数，以onLoad()为例
  onLoad: function () {
```

```
    console.log('onLoad()函数执行了')
  },
  // 页面事件处理函数, 以onPullDownRefresh()为例
  onPullDownRefresh: function () {
    console.log('onPullDownRefresh()函数执行了')
  }
})
```

上述代码在 Page( )函数的参数中定义了页面初始数据 data、页面生命周期回调函数 onLoad( )和页面事件处理函数 onPullDownRefresh( )。

了解了 Page( )函数的作用后, 下面对该函数中的页面初始数据、页面生命周期回调函数和页面事件处理函数分别进行讲解。

（1）页面初始数据

页面初始数据是指页面第一次渲染时所用到的数据。下面演示如何定义页面初始数据, 示例代码如下。

```
data: {
  msg1: 'Hello',
  msg2: 'World'
},
```

上述代码在 data 中定义了两个属性, 分别是 msg1 和 msg2, 这两个属性为页面初始数据。

（2）页面生命周期回调函数

在微信小程序中, 页面的生命周期是指每个页面"加载→渲染→销毁"的过程, 每个页面都有生命周期。如果想要在某个特定的时机进行特定的处理, 则可以通过页面生命周期回调函数来完成。

页面生命周期回调函数用于实现在特定的时间点执行特定的操作, 随着页面生命周期的变化, 页面生命周期回调函数会自动执行。常见的页面生命周期回调函数如表 3-1 所示。

表 3-1　常见的页面生命周期回调函数

函数名	说明
onLoad( )	监听页面加载, 且一个页面只会在创建完成后调用一次
onShow( )	监听页面显示, 只要页面显示就会调用此函数
onReady( )	监听页面初次渲染完成, 一个页面只会调用一次
onHide( )	监听页面隐藏, 只要页面隐藏就会调用此函数
onUnload( )	监听页面卸载, 只要页面被释放就会调用此函数

需要注意的是, 页面生命周期回调函数监听的是当前页面的状态。

（3）页面事件处理函数

在微信小程序中, 用户可能会在页面上进行一些操作, 例如上拉、下拉、滚动页面等, 如何在发生这些操作的时候进行处理呢? 可以通过页面事件处理函数来完成。

页面事件处理函数用于监听用户的行为, 常见的页面事件处理函数如表 3-2 所示。

表 3-2　常见的页面事件处理函数

函数名	说明
onPullDownRefresh( )	监听用户下拉刷新事件
onReachBottom( )	监听页面上拉触底事件
onPageScroll( )	页面滚动会连续调用
onShareAppMessage( )	用户点击页面右上角" ••• "按钮, 选择"转发给朋友"时调用

需要注意的是，使用onPullDownRefresh()函数前，需要在app.json配置文件中将enablePullDownRefresh配置项设为true。enablePullDownRefresh 配置项表示是否开启当前页面下拉刷新，如果该配置项值为 true，则当前页面开启下拉刷新，否则当前页面关闭下拉刷新。

2. 数据绑定

在微信小程序开发过程中，一般会将页面中的数据从WXML文件中分离出来，通过JS文件操作页面中的数据。那么，微信小程序为什么要将数据分离出来呢？下面我们来看一个例子。假如有一个电商类的微信小程序，里面有大量的商品，每个商品都有一个单独的商品详情页面。用户可以选择喜欢的商品进行查看，通过商品详情来确定是否需要购买该商品，不同的商品有不同的详情信息。商品详情页面示例如图3-2、图3-3所示。

图3-2　商品详情页面1　　　　　　　　　　图3-3　商品详情页面2

观察图3-2、图3-3可知，每个商品的详情页面的结构是相同的，区别是页面展示的数据不同。在实际开发中，开发者并不需要为每个商品单独编写一个详情页面，而是只编写一个页面，通过更改页面中的数据来实现不同的商品详情页面。这种开发方式是将页面中的数据分离出来，放到页面的JS文件中，通过程序控制页面中数据的展示。

将数据从页面中分离以后，如何将数据显示到页面中呢？这就需要将JS文件中的数据绑定到页面中。微信小程序提供了Mustache语法（又称为双大括号语法）用于实现数据绑定，可将data中的数据通过Mustache语法输出到页面上。

下面来演示如何通过数据绑定将数据显示在页面中。首先打开pages/index/index.js文件，在data中定义一个message数据，具体代码如下。

```
Page({
  data: {
    message: 'Hello World'
  }
```

```
})
```

接下来在 pages/index/index.wxml 文件中编写页面结构，具体代码如下。

```
<view>{{ message }}</view>
```

简单数据绑定的页面效果如图 3-4 所示。

在图 3-4 中，页面上显示了 message 变量对应的值，也就是把 "Hello World" 渲染到页面代码中{{ message }}所在的位置，实现了从逻辑层到视图层的数据显示。

图3-4　简单数据绑定的页面效果

3. 事件绑定

在微信小程序中，事件是视图层到逻辑层的通信方式，通过给组件绑定事件，可以监听用户的操作行为，然后在对应的事件处理函数中进行相应的业务处理。例如，为页面中的按钮绑定事件，当用户点击按钮时，就产生了事件。

在微信小程序中，常见的事件如表 3-3 所示。

表 3-3　常见的事件

类别	事件名称	触发条件
点击事件	tap	手指触摸后马上离开
长按事件	longpress	手指触摸后，超过 350ms 再离开，如果指定了事件回调函数并触发了这个事件，tap 事件将不被触发
触摸事件	touchstart	手指触摸动作开始
	touchmove	手指触摸后移动
	touchcancel	手指触摸动作被打断，例如来电提醒、弹窗
	touchend	手指触摸动作结束
其他事件	input	键盘输入时触发
	submit	携带 form 组件中的数据触发 submit 事件

需要注意的是，微信小程序中的事件分为冒泡事件和非冒泡事件。当一个组件上的事件被触发后，该事件会向父组件传递，这类事件为冒泡事件；当一个组件上的事件被触发后，该事件不会向父组件传递，这类事件为非冒泡事件。在表 3-3 中，点击事件、长按事件、触摸事件都属于冒泡事件，其他事件属于非冒泡事件。

若要为组件绑定事件，可以通过为组件添加 "bind+事件名称" 属性或 "catch+事件名称" 属性来完成，属性的值为事件处理函数，当组件的事件被触发时，会主动执行事件处理函数。bind 和 catch 的区别在于，bind 不会阻止冒泡事件向上冒泡，而 catch 可以阻止冒泡事件向上冒泡。

为组件绑定事件后，可以将事件处理函数定义在 Page({ })中，下面进行代码演示。

首先在 pages/index/index.wxml 文件中为 button 组件绑定 tap 事件，事件处理函数为 compare( )函数，具体代码如下。

```
<button bindtap="compare">比较</button>
```

在上述代码中，bindtap 表示绑定 tap 事件。在触屏手机中，tap 事件在用户手指触摸 button 组件离开后触发，而在微信开发者工具中，tap 事件在鼠标单击 button 组件时触发。

然后在 pages/index/index.js 文件的 Page({ })中定义 compare( )函数，具体代码如下。

```
compare: function () {
  console.log('比较按钮被单击了')
},
```

在上述代码中，compare( )函数用于在控制台输出 "比较按钮被单击了"。

单击 "比较" 按钮，控制台输出的结果如图 3-5 所示。

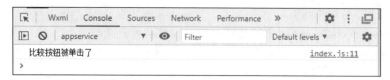

图3-5　控制台输出的结果（1）

从图3-5可以看出，compare( )函数执行成功了。

需要说明的是，由于compare( )函数是{ }对象的方法，所以可以将compare( )函数写成方法的简写形式，示例代码如下。

```
compare () {
  console.log('比较按钮被单击了')
},
```

从上述代码可以看出，compare后面省略了冒号和function关键字。

4. 事件对象

在微信小程序的开发过程中，有时需要获取事件发生时的一些信息，例如事件类型、事件发生的时间、触发事件的对象等，此时可以通过事件对象来获取。

当事件处理函数被调用时，微信小程序会将事件对象以参数的形式传给事件处理函数。事件对象的属性如表3-4所示。

表3-4　事件对象的属性

属性	类型	说明
type	string	事件类型
timeStamp	number	事件生成的时间戳
target	object	触发事件的组件的一些属性值集合
currentTarget	object	当前组件的一些属性值集合
mark	object	事件标记数据

接下来演示事件对象的使用。修改pages/index/index.js文件中的compare( )函数，通过参数接收事件对象，并将事件对象输出到控制台，具体代码如下。

```
compare: function (e) {
  console.log(e)
},
```

在上述代码中，函数参数e表示事件对象。单击"比较"按钮，控制台输出的结果如图3-6所示。

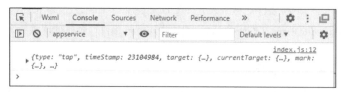

图3-6　控制台输出的结果（2）

从图3-6可以看出，控制台成功输出了事件对象的相关信息。

对于初学者来说，事件对象属性中的target和currentTarget较难理解。target表示获取触发事件的组件的一些属性值集合；而currentTarget表示获取当前组件的一些属性值集合。下面通过案例来演示事件对象属性中target和currentTarget的区别。

首先在pages/index/index.wxml文件中编写页面结构，具体代码如下。

```
<view bindtap="viewtap" id="outer">
  outer
  <view id="inner">
    inner
  </view>
</view>
```

在上述代码中，父元素 outer 绑定了 viewtap( )事件处理函数，而子元素没有绑定，但是由于子元素是父元素的一部分，因此点击子元素也会触发 viewtap( )事件处理函数。

然后在 pages/index/index.js 文件中添加 viewtap( )事件处理函数，具体代码如下。

```
viewtap: function (e) {
  console.log(e.target.id + '-' + e.currentTarget.id)
},
```

在上述代码中，使用 e.target.id 或 e.currentTarget.id 都可以获取发生事件的组件的 id，由于 outer 和 inner 的 id 不同，因此可以区分这两个组件。

运行程序测试，当单击 outer 时，控制台中的输出结果为 outer-outer，而单击 inner 时，控制台中的输出结果为 inner-outer。由此可见，e.target 获取的是子元素的属性值集合，而 e.currentTarget 获取的是父元素的属性值集合。

5. this 关键字

在微信小程序开发过程中，有时需要在函数中访问页面中定义的一些数据，或者调用页面中定义的一些函数，此时可以通过 this 关键字来实现。this 关键字代表当前页面对象。

下面通过代码演示 this 关键字的使用，具体代码如下。

```
Page({
  data: { num: 1 },                        // 定义 data 数据
  test: function () {                       // 定义 test( )函数
    console.log('test()函数执行了')
  },
  onLoad: function () {
    console.log(this.data.num)              // 通过 this 关键字访问 data 中的 num 数据
    this.test()                            // 通过 this 关键字调用 test( )函数
  }
})
```

上述代码演示了如何在 onLoad( )函数中通过 this 关键字访问 data 中的 num 数据并调用 test( )函数。程序运行后，在控制台中可以看到程序输出了 this.data.num 的值 "1" 和 "test( )函数执行了"。

6. setData( )方法

在微信小程序开发过程中，虽然通过数据绑定可以将 data 中定义的数据渲染到页面，但是如果数据发生了变化，页面并不会同步更新数据。为了实现在数据变化时使页面同步更新，微信小程序提供了 setData( )方法，该方法可以立即改变 data 中的数据，并通过异步的方式将数据渲染到页面上。

setData( )方法通过 this 关键字调用，该方法的基本语法格式如下。

```
this.setData(data[, callback])
```

在上述语法中，setData( )方法有 2 个参数，具体说明如表 3-5 所示。

表 3-5　setData( )方法的参数

参数	类型	说明
data	object	当前要改变的数据
callback	function	setData( )方法引起的页面更新渲染完毕后的回调函数

在表 3-5 中，第 1 个参数 data 是 object 类型的数据，以 key:value 的形式将 data 中的 key 对应值设置成 value；第 2 个参数 callback 是回调函数，可以省略。需要注意的是，当 data 中的数据是一个对象时，可以将 key 写成"对象名.属性名"的形式，例如，将 data: { obj:{ id:1 } }中 id 的值设为 2，可以通过 this.setData({ 'obj.id': 2 })进行设置。

下面通过案例演示 setData( )方法的使用。首先在 pages/index/index.js 文件中编写页面中所需的数据 message 和事件处理函数 changeText( )，具体代码如下。

```
Page({
  data: {
    message: 'Hello World'
  },
  changeText: function () {
    this.setData({
      message: 'hello 微信小程序'
    })
  }
})
```

然后在 pages/index/index.wxml 文件中编写页面结构，具体代码如下。

```
<view bindtap="changeText">{{ message }}</view>
```

在上述代码中，给 view 组件绑定了 tap 事件，事件处理函数为 changeText( )。运行代码，在微信开发者工具中单击前和单击后的页面效果如图 3-7 所示。

　　　　　　　单击前　　　　　　　　　　　　　　　　　单击后

图3-7　单击前和单击后的页面效果

在图 3-7 中，单击前页面中显示的文字为"Hello World"，单击后页面中显示的文字为"hello 微信小程序"。

7. 条件渲染

在微信小程序开发过程中，如果需要根据不同的判断结果显示不同的组件，可以使用条件渲染来实现。条件渲染通过标签的 wx:if 控制属性来完成。使用 wx:if="{{ val }}"来判断是否需要渲染标签对应的组件，如果变量 val 的值为 true，则渲染组件并输出；变量 val 的值为 false，则不渲染组件，示例代码如下。

```
<view wx:if="{{ condition }}">True</view>
```

上述代码通过<view>标签定义了 view 组件，并通过变量 condition 的值来控制是否渲染 view 组件。

给标签设置了 wx:if 控制属性后，可以为后面的标签设置 wx:elif、wx:else 控制属性。wx:elif 控制属性表示当前面标签的 if 条件不满足时，继续判断 elif（else if）的条件；wx:else 控制属性表示当前面的 if 条件不满足时，渲染 else 对应的组件。wx:else 控制属性也可以直接出现在 wx:if 控制属性的后面，示例代码如下。

```
<view wx:if="{{ count < 1 }}">0</view>
<view wx:elif="{{ count == 1 }}">1</view>
<view wx:else>2</view>
```

在上述代码中，通过 if 条件判断 count 的值来进行渲染，若 count<1，渲染第 1 个 view 组件；若 count==1，渲染第 2 个 view 组件；若 count>1，渲染第 3 个 view 组件。

8. <block>标签

当使用一个判断条件决定是否显示或者隐藏多个组件时，通常会在其外部包裹一个 view 组件，这样可直接控制这个外部 view 组件的显示或隐藏。但是这个外层的 view 组件只是一个单纯的容器，没有其他作用，而且它会被渲染出来，导致性能消耗。此时，可以通过<block>标签来创建一个容器，该标签并不是一个组件，它仅仅是一个包装元素，不会在页面中做任何渲染，只接收控制属性。<block>标签的示例代码如下。

```
<block wx:if="{{ true }}">
  <view>view1</view>
  <view>view2</view>
</block>
```

在上述代码中，<block>标签中 wx:if 控制属性的值为 true，在页面上会渲染出<block>组件内部的两个 view 组件。

9. hidden 属性

除 wx:if 控制属性外，hidden 属性也可以控制组件的显示与隐藏，条件为 true 时隐藏组件里面的内容，条件为 false 时显示组件里面的内容，示例代码如下。

```
<text hidden="{{ hidden }}">hidden 为 true 时不显示</text>
```

hidden 属性和 wx:if 控制属性不同之处在于，wx:if 控制属性的初始渲染条件为 false，只有条件第一次变为 true 的时候才开始渲染，而 hidden 属性所在的组件始终会被渲染，只是简单的控制显示与隐藏。一般来说，wx:if 控制属性有更大的切换开销而 hidden 属性有更高的初次渲染开销。因此，在需要频繁切换显示和隐藏的情境下用 hidden 属性更好，而如果运行时条件不太可能会改变则用 wx:if 控制属性更好。

案例实现

1. 准备工作

在开发本案例前，需要先完成一些准备工作，主要包括创建项目、配置导航栏和复制样式素材，具体步骤如下。

① 创建项目。在微信开发者工具中创建一个新的微信小程序项目，项目名称为"比较数字大小"，模板选择"不使用模板"。

② 配置导航栏。在 pages/index/index.json 文件中配置页面导航栏，具体代码如下。

```
{
  "navigationBarTitleText": "比较数字大小"
}
```

上述代码将导航栏标题设置为"比较数字大小"。"比较数字大小"导航栏的效果如图 3-8 所示。

③ 复制样式素材。从本书配套资源中找到本案例，复制 pages/index/index.wxss 文件到本项目中，该文件中保存了本项目的页面样式。

上述步骤操作完成后，"比较数字大小"微信小程序的目录结构如图 3-9 所示。

图3-8　"比较数字大小"导航栏的效果　　　图3-9　"比较数字大小"微信小程序的目录结构

至此，准备工作已经完成。

2. 实现"比较数字大小"微信小程序的页面结构

在 pages/index/index.wxml 文件中编写"比较数字大小"微信小程序的页面结构，具体代码如下。

```
1  <view>
2    <text>请输入第 1 个数字：</text>
3    <input type="number" />
4  </view>
5  <view>
6    <text>请输入第 2 个数字：</text>
7    <input type="number" />
8  </view>
9  <button>比较</button>
10 <view>
11   <text>比较结果：</text>
12 </view>
```

在上述代码中，第 1～4 行代码定义了第 1 个数字的输入区域，该区域内部有 text 组件和 input 组件；第 5～8 行代码定义了第 2 个数字的输入区域，该区域内部有 text 组件和 input 组件；第 9 行代码定义了 button 组件，用于创建"比较"按钮；第 10～12 行代码定义了比较结果区域，该区域内部有 1 个 text 组件，用于展示比较结果。

至此，"比较数字大小"微信小程序的页面结构已经实现。

3. 获取并保存用户输入的数字

在 pages/index/index.wxml 文件中找到第 1 个数字输入区域的 input 组件，为它的 input 事件绑定事件处理函数 num1Input()，具体代码如下。

```
<input type="number" bindinput="num1Input" />
```

在上述代码中，input 事件在输入框中输入数字时触发。

找到第 2 个数字输入区域的 input 组件，为它的 input 事件绑定事件处理函数 num2Input()，具体代码如下。

```
<input type="number" bindinput="num2Input" />
```

在 pages/index/index.js 文件的 Page({ })中编写事件处理函数 num1Input()和 num2Input()，用于获取并保存用户输入的数字，具体代码如下。

```
1  num1: 0, // 保存第 1 个数字
2  num2: 0, // 保存第 2 个数字
3  num1Input: function (e) {
4    this.num1 = Number(e.detail.value)
5  },
6  num2Input: function (e) {
7    this.num2 = Number(e.detail.value)
8  },
```

在上述代码中，第 1～2 行代码定义了两个属性 num1 和 num2，用于保存用户输入的第 1 个数字和第 2 个数字；第 3～5 行代码定义了 num1Input()事件处理函数，用于保存获取到的第 1 个数字，在第 4 行代码中，e.detail.value 用于获取用户输入的值，该值是字符串类型，Number()函数用于将值转换为数字类型，this.num1 用于将用户输入的值保存到 num1 属性中；第 6～8 行代码定义了 num2Input()事件处理函数，用于保存获取到的第 2 个数字。

至此，获取并保存用户输入的数字的功能已经实现。

4. 判断数字大小并显示结果

首先在 pages/index/index.wxml 文件中找到 button 组件，为它的 tap 事件绑定事件处理函数 compare()，具

体代码如下。

```
<button bindtap="compare">比较</button>
```

然后在 pages/index/index.js 文件的 Page({ })中编写页面所需的数据和事件处理函数 compare( )，用于实现当用户手指触摸"比较"按钮时对用户输入的 2 个数字进行比较，具体代码如下。

```
1  data: {
2    result: ''
3  },
4  compare: function () {
5    var str = ''
6    if (this.num1 > this.num2) {
7      str = '第 1 个数大'
8    } else if (this.num1 < this.num2) {
9      str = '第 2 个数大'
10   } else {
11     str = '两数相等'
12   }
13   this.setData({
14     result: str
15   })
16 }
```

在上述代码中，第 2 行代码中 result 属性的值为空字符串，用于存放比较结果。第 4~16 行代码定义了 compare( )事件处理函数，其中第 13~15 行代码调用了 setData( )方法，用于将比较结果显示在页面上，也就是将页面中 result 的值改为变量 str 的值。

最后在 pages/index/index.wxml 文件中找到比较结果显示的位置，通过条件渲染控制 text 组件的显示与隐藏，并绑定 result 显示比较结果，具体代码如下。

```
<text wx:if="{{ result }}">比较结果: {{ result }}</text>
```

上述代码定义了 text 组件，通过 wx:if 控制属性判断 text 组件是否在页面中显示，并通过数据绑定将比较结果 result 显示在页面上。

完成上述代码后，运行程序，"比较数字大小"微信小程序的实现效果如图 3-1 所示。

至此，"比较数字大小"微信小程序已经开发完成。

【案例 3-2】计算器

在日常生活中，计算器是人们广泛使用的工具，可以帮助我们快速且方便地计算金额、成本、利润等。下面将会讲解如何开发一个"计算器"微信小程序。

案例分析

"计算器"微信小程序的页面效果如图 3-10 所示。

在计算器中可以进行整数和小数的加（+）、减（-）、乘（×）、除（÷）运算。"C"按钮为清除按钮，表示将输入的数字全部清空；"DEL"按钮为删除按钮，表示删除前面输入的一个数字；"+/-"按钮为正负号切换按钮，用于实现正负数切换；"."按钮为小数点按钮，表示在计算过程中可以输入小数进行计算；"="按钮为等号按钮，表示对输入的数字进行计算。

图3-10　"计算器"微信小程序的页面效果

知识储备

1. data-*自定义属性

在组件中，有时需要为事件处理函数传递参数。在 Vue.js 中可以直接使用函数进行传参，但是这种写法在微信小程序中并不适用。微信小程序可以通过自定义属性来进行传参。

微信小程序中的 data-*是一个自定义属性，data-*自定义属性实际上是由 data-前缀加上一个自定义的属性名组成的，属性名中如果有多个单词，用连字符"–"连接。

data-*自定义属性的属性值表示要传参的数据。在事件处理函数中通过 target 或 currentTarget 对象的 dataset 属性可以获取数据。dataset 属性是一个对象，该对象的属性与 data-*自定义属性相对应。需要注意的是，自定义属性名的连字符写法会被转换成驼峰写法，并且大写字母会自动转换成小写字母，例如，data–element–type 会被转换为 dataset 对象的 elementType 属性，data–elementType 会被转换为 dataset 对象的 elementtype 属性。

下面演示如何通过设置 data-*自定义属性实现参数的传递。

首先在 pages/index/index.wxml 文件中编写页面结构，具体代码如下。

```
<view bindtap="demo" data-name="xiaochengxu" data-age="6">
获取姓名和年龄
</view>
<view>姓名: {{ name }}</view>
<view>年龄: {{ age }}</view>
```

在上述代码中，第 1 个 view 组件绑定了 tap 事件，事件处理函数为 demo( )函数，通过 data-*自定义属性传递了 name 和 age 两个参数，参数值分别为 xiaochengxu 和 6。

然后在 pages/index/index.js 文件中编写页面逻辑，具体代码如下。

```
1  Page({
2    data: {
3      name: '初始名字',
4      age: 0
5    },
6    demo: function (e) {
7      this.setData({
8        name: e.target.dataset.name,
9        age: e.target.dataset.age
10     })
11   }
12 })
```

在上述代码中，第 3～4 行代码定义了页面初始数据 name 和 age；第 6～11 行代码定义了事件处理函数 demo( )，用于实现数据的修改。其中，第 7～10 行代码通过 setData( )方法将自定义属性中 name 和 age 的值设置到页面中。

在微信开发者工具中，单击"获取姓名和年龄"前后的对比如图 3-11 所示。

图3-11　单击"获取姓名和年龄"前后的对比

在图 3-11 中，单击前，姓名为"初始名字"，年龄为"0"；单击后，姓名为"xiaochengxu"，年龄为"6"。

2. 模块

在微信小程序中，为了提高代码的可复用性，通常会将一些公共的代码抽离成单独的JS文件，作为模块使用，每个JS文件均为一个模块。

微信小程序提供了模块化开发的语法，可以使用 module.exports 语法对外暴露接口，然后在需要使用模块的地方通过 require( ) 函数引入模块。

下面通过代码演示如何创建和引入模块。

（1）创建模块

在项目的根目录下创建一个 utils 目录，用于保存项目中的模块，然后在该目录下创建 welcome.js 文件，示例代码如下。

```
module.exports = {
  message: 'welcome'
}
```

上述代码使用 module.exports 语法暴露了一个对象，该对象作为模块使用。

（2）引入模块

在页面的 JS 文件中使用 require( ) 函数将模块引入，示例代码如下。

```
var welcome = require('../../utils/welcome.js')
Page({
  onLoad: function () {
    console.log(welcome.message)
  }
})
```

在上述代码中，require( ) 函数的参数是模块的路径，并且需要使用相对路径，不能使用绝对路径，否则会报错。在模块路径中，文件扩展名 ".js" 可以省略。

保存代码，运行程序，会看到控制台中输出了 "welcome"，说明模块引入成功。

案例实现

1. 准备工作

在开发本案例前，需要先完成一些准备工作，主要包括创建项目、配置导航栏和复制素材，具体步骤如下。

① 创建项目。在微信开发者工具中创建一个新的微信小程序项目，项目名称为"计算器"，模板选择"不使用模板"。

② 配置导航栏。在 pages/index/index.json 文件中配置页面导航栏，具体代码如下。

```
{
  "navigationBarTitleText": "计算器"
}
```

上述代码将导航栏标题设置为为"计算器"。"计算器"导航栏的效果如图 3-12 所示。

③ 复制素材。从本书配套资源中找到本案例，复制 pages/index/index.wxss 文件和 utils 文件夹到本项目中。utils 文件夹保存了项目中用到的两个公共文件，分别是 math.js 和 calc.js。

图3-12　"计算器"导航栏的效果

math.js 文件实现了数字的精确计算，用于解决 JavaScript 浮点型数据计算精度不准确的问题；calc.js 文件提供了一个计算器对象，用于简化开发逻辑。

calc.js 文件中计算器对象的成员如表 3-6 所示。

表3-6　calc.js 文件中计算器对象的成员

类别	成员	说明
属性	target	表示当前正在输入哪个数字，取值为 num1、num2
	num1	表示第 1 个数字
	num2	表示第 2 个数字
	op	表示运算符，取值为 +、−、×、÷
方法	setNum( )	设置当前数字
	getNum( )	获取当前数字
	changeNum2( )	切换到第 2 个数字，即 num2
	reset( )	将所有属性重置
	getResult( )	获取计算结果

　　math.js 文件提供了 4 个方法——add( )、sub( )、mul( )和 div( )，分别用于实现数字之间的加、减、乘、除数学运算。在 calc.js 文件的 getResult( )方法中，通过调用 math.js 文件中的 4 个方法，可以实现数字的精确计算。

　　上述步骤操作完成后，"计算器"微信小程序的目录结构如图 3-13 所示。

　　至此，准备工作已经完成。

2. 实现"计算器"微信小程序的页面结构

　　在 pages/index/index.wxml 文件中编写"计算器"微信小程序的页面结构，具体步骤如下。

　　① 编写页面整体结构，具体代码如下。

```
1  <view class="result">
2    <!-- 结果区域 -->
3  </view>
4  <view class="btns">
5    <!-- 按钮区域 -->
6  </view>
```

　　在上述代码中，第 1～3 行代码是结果区域的容器，用于显示数字和运算符；第 4～6 行代码是按钮区域的容器，用于显示各种按钮。

图3-13　"计算器"微信小程序的目录结构

　　② 编写结果区域的结构，具体代码如下。

```
1  <view class="result-sub">{{ sub }}</view>
2  <view class="result-num">{{ num }}</view>
```

　　在上述代码中，sub 表示当前计算式，num 表示当前结果。

　　③ 编写按钮区域中第 1 行按钮的结构，具体代码如下。

```
1  <view>
2    <view hover-class="bg" hover-stay-time="50" bindtap="resetBtn">C</view>
3    <view hover-class="bg" hover-stay-time="50" bindtap="delBtn">DEL</view>
4    <view hover-class="bg" hover-stay-time="50" bindtap="negBtn">+/-</view>
5    <view hover-class="bg" hover-stay-time="50" bindtap="opBtn" data-val="÷">÷</view>
6  </view>
```

　　在上述代码中，第 2～5 行代码定义了 4 个 view 组件，分别代表不同的按钮。其中，通过设置 hover-class 类，实现手指按下去的样式类；通过设置 hover-stay-time 类，实现手指按下 50 毫秒之后出现效果；通过绑定 tap 事件，实现用户手指触摸按钮时，触发事件处理函数。为了让 +、−、×、÷ 这 4 个按钮共用一个事件处理函数 opBtn( )，第 5 行代码设置了 data-val 自定义属性，用于区分不同按钮。

④ 编写按钮区域中第 2 行按钮的结构，具体代码如下。

```
1  <view>
2   <view hover-class="bg" hover-stay-time="50" bindtap="numBtn" data-val="7">7</view>
3   <view hover-class="bg" hover-stay-time="50" bindtap="numBtn" data-val="8">8</view>
4   <view hover-class="bg" hover-stay-time="50" bindtap="numBtn" data-val="9">9</view>
5   <view hover-class="bg" hover-stay-time="50" bindtap="opBtn" data-val="×">×</view>
6  </view>
```

在上述代码中，第 2～5 行代码定义了 4 个 view 组件，并都设置了 data-val 自定义属性，用于表示按下按钮时的值分别为 7、8、9、×。

⑤ 编写按钮区域中第 3 行按钮的结构，具体代码如下。

```
1  <view>
2   <view hover-class="bg" hover-stay-time="50" bindtap="numBtn" data-val="4">4</view>
3   <view hover-class="bg" hover-stay-time="50" bindtap="numBtn" data-val="5">5</view>
4   <view hover-class="bg" hover-stay-time="50" bindtap="numBtn" data-val="6">6</view>
5   <view hover-class="bg" hover-stay-time="50" bindtap="opBtn" data-val="-">-</view>
6  </view>
```

在上述代码中，第 2～5 行代码定义了 4 个 view 组件，并都设置了 data-val 自定义属性，用于表示按下按钮时的值分别为 4、5、6、-。

⑥ 编写按钮区域中第 4 行按钮的结构，具体代码如下。

```
1  <view>
2   <view hover-class="bg" hover-stay-time="50" bindtap="numBtn" data-val="1">1</view>
3   <view hover-class="bg" hover-stay-time="50" bindtap="numBtn" data-val="2">2</view>
4   <view hover-class="bg" hover-stay-time="50" bindtap="numBtn" data-val="3">3</view>
5   <view hover-class="bg" hover-stay-time="50" bindtap="opBtn" data-val="+">+</view>
6  </view>
```

在上述代码中，第 2～5 行代码定义了 4 个 view 组件，并都设置了 data-val 自定义属性，用于表示按下按钮时的值分别为 1、2、3、+。

⑦ 编写按钮区域中第 5 行按钮的结构，具体代码如下。

```
1  <view>
2   <view hover-class="bg" hover-stay-time="50" bindtap="numBtn" data-val="0">0</view>
3   <view hover-class="bg" hover-stay-time="50" bindtap="dotBtn">.</view>
4   <view hover-class="bg" hover-stay-time="50" bindtap="execBtn">=</view>
5  </view>
```

在上述代码中，第 2 行代码给 view 组件设置了 data-val 自定义属性，用于表示按下该按钮时的值为 0；第 3 行代码定义了 "." 按钮；第 4 行代码定义了 "=" 按钮。

至此，"计算器" 微信小程序的页面结构已经实现。

3. 实现 "计算器" 微信小程序的页面逻辑

在 pages/index/index.js 文件的 Page({ }) 中编写页面逻辑，具体步骤如下。

① 在第 1 行代码的位置引入 calc.js 文件，获得计算器对象，具体代码如下。

```
const calc = require('../../utils/calc.js')
```

在上述代码中，将 calc.js 文件引入后，获得了 calc 计算器对象。

② 编写页面中所需的数据，具体代码如下。

```
1  data: {
2    sub: '',
3    num: '0'
4  },
```

```
5  // 设置 3 个变量标识
6  numChangeFlag: false,
7  execFlag: false,
8  resultFlag: false,
```

在上述代码中，第 1～4 行代码定义了 sub、num，分别表示当前计算式和计算结果；第 6 行代码设置变量标识 numChangeFlag 的值为 false，表示当前未发生数字切换，当值为 true 时，表示切换到第 2 个数字，切换后再将值设为 false；第 7 行代码设置变量标识 execFlag 的值为 false，表示未输入第 2 个数字，当值为 true 时，表示已输入第 2 个数字；第 8 行代码设置 resultFlag 的值为 false，表示当前处于等待输入状态，当值为 true 时，表示当前处于计算结果状态。

③ 编写数字按钮的事件处理函数 numBtn( )，具体代码如下。

```
1  numBtn: function (e) {
2    // 点击数字按钮，获取对应的数字，将其值赋给 num
3    var num = e.target.dataset.val
4    // 设置输入的数字
5    calc.setNum(this.data.num === '0' ? num : this.data.num + num)
6    // 在页面中显示输入的数字
7    this.setData({
8      num: calc.getNum()
9    })
10 },
```

在上述代码中，第 3 行代码用于获取数字按钮的 data-val 属性值，并将其值赋给变量 num；第 5 行代码调用了 setNum( ) 方法设置数字，通过三元表达式判断 data 中 num 的值，若 num 为 0，直接设置当前所输入的数字 num，否则将 num 拼接到 this.data.num 后面再进行设置；第 7～9 行代码调用 getNum( ) 方法获取输入的数字，并通过 setData( ) 方法将数字显示在页面上。

④ 编写运算符按钮的事件处理函数 opBtn( )，具体代码如下。

```
1  opBtn: function (e) {
2    calc.op = e.target.dataset.val
3    this.numChangeFlag = true
4    this.setData({
5      sub: calc.num1 + ' ' + calc.op + ' ',
6      num: calc.num1
7    })
8  },
```

在上述代码中，第 2 行代码用于获取运算符按钮的 data-val 属性值，并将其赋值给 calc.op 属性；第 3 行代码将 numChangeFlag 变量设为 true，表示之后输入第 2 个数字；第 4～7 行代码通过 setData( ) 方法将 sub、num 显示在页面中。

⑤ 完成前面的步骤后，还存在一个问题：在点击数字按钮之后点击运算符按钮，再次输入的数字会拼接到第 1 个数字后面，而不是输入第 2 个数字。为了解决这个问题，应该在数字按钮事件处理函数 numBtn( ) 中进行判断，具体代码如下。

```
1  numBtn: function (e) {
2    var num = e.target.dataset.val
3    if (this.numChangeFlag) {
4      this.numChangeFlag = false
5      this.execFlag = true          // 代表已输入第 2 个数字
6      this.data.num = '0'           // 将 num 设为 0，避免数字进行拼接
7      calc.changeNum2()             // 切换到第 2 个数字
8    }
9    原有代码……
10 },
```

在上述代码中，第 3～8 行代码为新增代码，使用 if 语句判断输入的数字是否为第 2 个数字，如果是，执行第 4～7 行代码。其中，第 4 行代码将 numChangeFlag 设置为 false，表示接下来输入的数字可以拼接到后面；第 5 行代码将 execFlag 设置为 true，表示第 2 个数字已输入；第 6 行代码将计算结果 num 设为 0，表示重新输入数字，否则会与第一个输入的数字进行拼接；第 7 行代码调用了 changeNum2( ) 方法，表示切换为第 2 个数字，后续调用 setNum( )、getNum( ) 方法时，都是在操作第 2 个数字。

⑥ 编写 "=" 按钮的事件处理函数 execBtn( )，具体代码如下。

```
1  execBtn: function () {
2    // 如果已经输入第 2 个数字，执行计算操作
3    if (this.execFlag) {
4      this.resultFlag = true
5      var result = calc.getResult()
6      this.setData({
7        sub: calc.num1 + ' ' + calc.op + ' ' + calc.num2 + ' = ',
8        num: result
9      })
10   }
11 },
```

在上述代码中，第 3～10 行代码通过 if 语句判断 execFlag 变量的值，若值为 true，表示第 2 个数字已经输入，可以计算结果，否则不能进行结果计算。其中，第 4 行代码将 resultFlag 设置为 true，表示当前处于计算结果状态；第 5 行代码调用 getResult( ) 方法完成结果计算；第 6～9 行代码通过调用 setData( ) 方法将 sub 和 num 显示在页面上。

⑦ 编写 "C" 按钮（重置按钮）的事件处理函数 resetBtn( )，具体代码如下。

```
1  resetBtn: function () {
2    calc.reset()                      // 调用 reset() 实现数字、运算符的重置
3    this.execFlag = false
4    this.numChangeFlag = false
5    this.resultFlag = false
6    this.setData({
7      sub: '',
8      num: '0'
9    })
10 },
```

在上述代码中，resetBtn( ) 函数将所有的数据还原回原始状态，进行了重置操作。

⑧ 编写 "." 按钮（小数点按钮）的事件处理函数 dotBtn( )，具体代码如下。

```
1  dotBtn: function () {
2    // 如果当前是计算结果状态，则重置计算器
3    if (this.resultFlag) {
4      this.resetBtn()
5    }
6    // 如果等待输入第 2 个数字且还没有输入第 2 个数字，设为 "0."
7    if (this.numChangeFlag) {
8      this.numChangeFlag = false
9      calc.setNum('0.')
10   } else if (this.data.num.indexOf('.') < 0) {
11     // 如果当前数字中没有 "."，需要加上 "."
12     calc.setNum(this.data.num + '.')
13   }
14   this.setData({
15     num: calc.getNum()
```

```
16   })
17 },
```

在上述代码中，第 3~5 行代码进行 if 判断，如果当前为计算结果状态，则重置计算器；第 7 行代码用于判断 numChangeFlag 的值是否为 true，如果 numChangeFlag 的值为 true，执行第 8~9 行代码，将 numChangeFlag 的值设为 false 并将当前数字设置为 "0."。如果 numChangeFlag 的值为 false，执行第 10 行代码，判断当前数字中是否有 "."，如果当前数字中没有 "."，执行第 12 行代码，为当前数字加上 "."。第 14~16 行代码通过调用 setData() 方法将数字渲染在页面上。

⑨ 编写 "DEL" 按钮（删除按钮）的事件处理函数 delBtn()，具体代码如下。

```
1  delBtn: function () {
2    // 如果当前是计算结果状态，则重置计算器
3    if (this.resultFlag) {
4      return this.resetBtn()
5    }
6    // 非计算结果状态，删除当前数字中最右边的一个字符
7    var num = this.data.num.substr(0, this.data.num.length - 1)
8    calc.setNum(num === '' || num === '-' || num === '-0.' ? '0' : num)
9    this.setData({
10     num: calc.getNum()
11   })
12 },
```

在上述代码中，第 3~5 行代码进行 if 判断，如果当前是计算结果状态，则重置计算器；第 7 行代码通过 substr() 方法删除字符串中最右边的一个字符；第 8 行代码表示通过三元表达式判断当 num 为''（空字符串）、'-'或'-0.'时，将当前数字设为 0，否则将当前数字设为 num；第 9~11 行代码通过调用 getNum() 方法将数字渲染在页面上。

⑩ 编写 "+/–" 按钮（正负切换按钮）的事件处理函数 negBtn()，具体代码如下。

```
1  negBtn: function () {
2    // 如果是 0，不加正负号
3    if (this.data.num === '0' || this.data.num === '0.') {
4      return
5    }
6    // 如果当前是计算结果状态，则重置计算器
7    if (this.resultFlag) {
8      this.resetBtn()
9    } else if (this.data.num.indexOf('-') < 0) {
10     // 当前没有负号，加负号
11     calc.setNum('-' + this.data.num)
12   } else {
13     // 当前有负号，去掉负号
14     calc.setNum(this.data.num.substr(1))
15   }
16   this.setData({
17     num: calc.getNum()
18   })
19 }
```

在上述代码中，第 3~5 行代码用于判断数字是否为 0，如果为 0 则不加正负号；第 7~15 行代码先判断当前是否为计算结果状态，如果是则重置计算器，否则判断当前数字有没有负号，如果没有则加负号，否则去掉负号。

完成上述代码后，即可进行简单的算术运算。结果区域 "4×9" 的实现效果如图 3-14 所示。

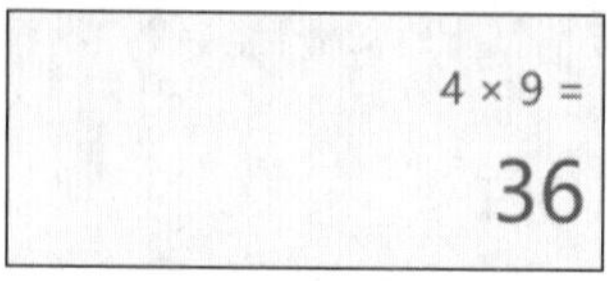

4 × 9 =

36

图3-14　结果区域 "4×9" 的实现效果

4. 特殊情况处理

当前的计算器程序会出现一些特殊情况，例如，当处于计算结果状态时，按下"="按钮不能进行连等计算；当处于计算结果状态时按下数字按钮，会发生数字拼接；没有输入第 2 个数字时，不能按"="按钮执行计算；无法通过运算符按钮实现连续计算。下面分别处理这些特殊情况。

（1）解决不能进行连等计算的问题

在计算器中输入"2+3="后，计算结果显示为"5"，再次点击"="按钮时，计算结果不会发生变化，如图 3–15 所示。

为了实现连等计算，应该在用户再次点击"="按钮时，执行"5+3"的计算，也就是将上一步的运算结果作为第一个数字进行计算。

图3–15　"2+3="后再次点击"="按钮的页面效果

在 execBtn()函数中找到判断 this.execFlag 的 if 语句，添加一行代码，具体如下。

```
1  if (this.execFlag) {
2    原有代码……
3    calc.num1 = result
4  }
```

在上述代码中，第 3 行代码为新增代码，表示将计算之后的结果作为第一个数字，从而实现连等操作。执行"2+3=="连等操作后的页面效果如图 3–16 所示。

从图 3–16 可以看出，执行"2+3=="后，计算器显示了"5+3=8"的结果。

（2）解决数字拼接的问题

在计算器中输入"2+3="后，计算结果显示为"5"，再次输入"2"时，计算结果显示为"52"。数字拼接问题的页面效果如图 3–17 所示。

图3–16　执行"2+3=="连等操作后的页面效果

图3–17　数字拼接问题的页面效果

为了避免出现上述问题，可以将计算器进行重置。

在 numBtn()事件处理函数中进行计算结果状态的判断，具体代码如下。

```
1  numBtn: function (e) {
2    var num = e.target.dataset.val
3    if (this.resultFlag) {
4      this.resetBtn()
5    }
6    原有代码……
7  },
```

在上述代码中，第 3～5 行代码为新增代码，用于对 resultFlag 进行判断，如果当前是计算结果状态，则将计算器重置。

下面进行测试。在计算器中输入"2+3="后，计算结果显示为"5"，再次点击"2"时，只显示数字"2"，如图 3–18 所示。

（3）解决没有输入第 2 个数字时不能按"="按钮执行计算的问题

在计算器中输入"1+="后，计算结果不出现，页面效果如图 3–19 所示。

图3-18　只显示数字"2"的页面效果

图3-19　计算结果不出现的页面效果

为了解决上述问题，可以将第 1 个数字作为第 2 个数字进行运算。

当输入"1+"时，numChangeFlag 的值为 true，表示即将输入第 2 个数字，并且第 2 个数字还没有输入，此时如果按下"="按钮，那么 execBtn()函数执行时 numChangeFlag 的值为 true，应该将第 1 个数字设为第 2 个数字，具体代码如下。

```
1  execBtn: function () {
2    if (this.numChangeFlag) {
3      this.numChangeFlag = false
4      this.execFlag = true
5      calc.num2 = this.data.num
6    }
7    原有代码……
8  },
```

在上述代码中，第 2~6 行代码为新增代码，判断 numChangeFlag 是否为 true，为 true 时，第 3 行代码将 numChangeFlag 设置为 false，表示已输入第 2 个数字；第 4 行代码将 execFlag 设置为 true，表示可以进行结果计算；第 5 行代码将第 1 个数字的值赋给第 2 个数字。

在计算器中输入"1+="后，计算结果显示为"2"，页面效果如图 3-20 所示。

（4）解决无法通过运算符按钮实现连续计算的问题

在计算器中输入"1+2+"的页面效果如图 3-21 所示。

图3-20　计算结果显示为"2"的页面效果

图3-21　计算器中输入"1+2+"的页面效果

从图 3-21 可以看出，当前连续计算会出现错误。为了解决这个问题，可以将之前输入的两个数字的和作为下个运算的第 1 个数字进行连续计算。

当第 2 个数字输入之后，execFlag 的值为 true，如果再按运算符按钮，那么在 opBtn()函数执行时，execFlag 的值为 true，此时就需要进行连续计算。在 opBtn()函数中新增代码，判断 execFlag 的值，实现连续计算，具体代码如下。

```
1  opBtn: function (e) {
2    calc.op = e.target.dataset.val
3    this.numChangeFlag = true
4    // 判断是否已经输入第 2 个数字
5    if (this.execFlag) {
6      this.execFlag = false
7      // 已经输入第 2 个数字，再判断当前是否为计算结果状态
8      if (this.resultFlag) {
9        // 当前是计算结果状态，需要在计算结果的基础上计算
10       this.resultFlag = false
11     } else {
```

```
12        // 连续计算，将计算结果作为第 1 个数字
13        calc.num1 = calc.getResult()
14    }
15   }
16   原有代码……
17 },
```

在上述代码中，第 4～15 行代码为新增代码，先判断 execFlag 的值，如果当前输入了第 2 个数字，接着判断当前是否为计算结果状态，当 resultFlag 的值为 true 时，表示当前是计算结果状态，此时需要在计算结果的基础上计算，否则就执行连续计算的操作，将计算结果作为第 1 个数字再次进行计算。

完成上述代码后，在计算器中输入"1+2+"，页面效果如图 3-22 所示。

从图 3-22 可以看出，当前已经将"1+2"的计算结果"3"作为第 1 个数字实现连续计算。

至此，"计算器"微信小程序已经开发完成。

图3-22　修改代码后在计算器中输入"1+2+"的页面效果

【案例 3-3】美食列表

"美食列表"微信小程序是一个展示美食名称、美食图片及美食商家的电话、地址和营业时间等信息的微信小程序。下面将对"美食列表"微信小程序进行详细讲解。

案例分析

"美食列表"微信小程序的页面效果如图 3-23 所示。

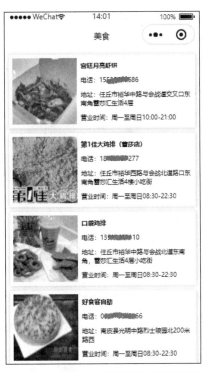

图3-23　"美食列表"微信小程序页面效果

在图 3-23 中，美食列表包含多条美食信息，每条美食信息左侧为美食图片，右侧为美食详细信息，包括美食名称、电话、地址和营业时间。该页面具有上拉触底加载数据和下拉刷新两个功能，即当用户上拉美食列表页时，如果页面即将到达底部，会自动加载更多数据；当用户下拉页面时，如果到达顶部后进行下拉操作，可以刷新页面。

知识储备

1. 列表渲染

为了方便用户查找美食信息，微信小程序的页面通常以列表的形式展示美食信息。由于页面中显示的列表数据比较多，在实际开发中，通常将列表数据保存为数组或对象，然后在页面中通过列表渲染的方式输出数据。

列表渲染通过 wx:for 控制属性来实现。微信小程序进行列表渲染时，会根据列表中数据的数量渲染相应数量的内容。在 wx:for 控制属性所在标签的内部，可以使用 item 变量获取当前项的值，使用 index 变量获取当前项的数组索引或对象属性名。如果不想使用 item 和 index 这两个变量名，还可以通过 wx:for-item 控制属性更改 item 的变量名；通过 wx:for-index 控制属性更改 index 的变量名。

wx:for 控制属性通常搭配 wx:key 控制属性使用，wx:key 控制属性用于为每一项设置唯一标识，这样可以在数据改变后页面重新渲染时，使原有组件保持自身的状态，而不是重新创建，这样可以提高列表渲染的效率。

在设置 wx:key 的值时，如果 item 本身就是一个具有唯一性的字符串或数字，则可以将 wx:key 的值设置为*this，*this 表示 item 本身；如果给定的数据是一个由对象作为数组元素构成的数组，那么可以将 wx:key 的值设置为对象中一个 "值具有唯一性" 的属性的名称。例如，服务器返回的数据中经常包含 id 属性，该属性是数据库中每条记录的唯一标识，在微信小程序中可以使用 id 作为 wx:key 的值。

为了让读者更好地理解列表渲染，下面分别讲解如何实现数组的列表渲染和数组中包含对象情况下的列表渲染。

（1）数组的列表渲染

首先在 pages/index/index.js 文件的 Page({ })中编写页面数据，具体代码如下。

```
data: {
  arr: [ 'a', 'b', 'c']
}
```

接下来在 pages/index/index.wxml 文件中编写页面结构，通过列表渲染的方式将 arr 数组渲染到页面中，具体代码如下。

```
<view wx:for="{{ arr }}" wx:key="*this">
  {{ index }} {{ item }}
</view>
```

上述代码在 view 组件中使用 wx:for 控制属性绑定了 arr 数组，即可使用 arr 数组中的各项数据渲染 view 组件。

数组的列表渲染的页面效果如图 3-24 所示。

（2）数组中包含对象情况下的列表渲染

首先在 pages/index/index.js 文件的 Page({ })中编写页面数据，具体代码如下。

图3-24　数组的列表渲染的页面效果

```
data: {
  list: [
    { message: '梅' , id: 1 }, { message: '兰' , id: 2 },
    { message: '竹' , id: 3 }, { message: '菊' , id: 4 }
  ]
}
```

上述代码在 data 中定义了页面的初始数据 list 数组，数组中的每一项中包含两条数据，包括 message 和 id，id 是每条数据的唯一标识。

接下来在 pages/index/index.wxml 文件中编写页面结构，将 list 数组中的数据在页面中显示出来，具体代码如下。

```
<view wx:for="{{ list }}" wx:key="id">
{{ index }}-----{{ item.message }}======={{ item.id }}
</view>
```

上述代码通过 wx:for 控制属性绑定数组 list，使用数组中的各项数据渲染 view 组件。

数组中包含对象情况下的列表渲染的页面效果如图 3-25 所示。

接下来演示如何通过 wx:for-item、wx:for-index 更改 item 和 index 的变量名，具体代码如下。

图3-25　数组中包含对象情况下的列表渲染的页面效果

```
<view wx:for="{{ list }}" wx:for-item="item2" wx:for-index="index2" wx:key="id">
{{ index2 }}: {{ item2.message }}
</view>
```

上述代码通过 wx:for-item 更改 item 的变量名为 item2，通过 wx:for-index 更改 index 的变量名为 index2。

更名后列表渲染的页面效果如图 3-26 所示。

2. 网络请求

客户端与服务器进行交互时，客户端请求服务器的过程称为网络请求。例如，获取用户的头像信息，需要客户端向服务器发送请求，服务器查询到数据后把数据传递给客户端。在微信小程序中实

图3-26　更名后列表渲染的页面效果

现网络请求时，需要服务器给微信小程序提供服务器接口。为了方便读者学习，本书已在配套资源中提供了搭建服务器所需的环境和代码。

出于安全性方面的考虑，微信小程序官方对服务器接口的请求做了如下两个限制。

① 只能请求 HTTPS 协议的服务器接口。

② 必须登录微信小程序管理后台，将服务器接口的域名添加到信任列表中。

当服务器接口不满足以上两个条件时，可以在微信开发者工具的本地设置中勾选"不校验合法域名、web-view（业务域名）、TLS 版本以及 HTTPS 证书"复选框，跳过对服务器接口的校验。但是此做法仅限在开发与调试阶段使用。

在微信小程序中发起网络请求可以通过调用 wx.request( )方法来实现。wx.request( )方法的常见选项如表 3-7 所示。

表 3-7　wx.request( )方法的常见选项

选项	类型	说明
url	string	开发者服务器接口地址，默认值为""
data	string/object/ArrayBuffer	请求的参数，默认值为""
header	object	设置请求的 header，默认值为""
method	string	HTTP 请求方式，默认值为 GET
dataType	string	返回的数据格式，默认值为 json

续表

选项	类型	说明
responseType	string	响应的数据类型，默认值为 text
success	function	接口调用成功的回调函数
fail	function	接口调用失败的回调函数
complete	function	接口调用结束的回调函数

在表 3-7 中，method 选项的合法值包括 OPTIONS、GET、HEAD、POST、PUT、DELETE、TRACE 和 CONNECT，具体使用哪个，以服务器接口的要求为准。

每个 wx.request( )方法都是一个请求任务，可以通过 abort( )方法将其取消，示例代码如下。

```
1   // 发起网络请求
2   var requestTask = wx.request({
3     url: 'URL 地址',
4     // wx.request()的常见选项……
5   })
6   // 取消请求任务
7   requestTask.abort()
```

在上述代码中，第 2~5 行代码通过调用 wx.request( )方法发起网络请求，第 7 行代码通过调用 abort( )方法取消请求任务。

下面演示如何通过 wx.request( )方法发起一个 GET 方式的请求，示例代码如下。

```
1   wx.request({
2     url: 'URL 地址',
3     method: 'GET',
4     data: {
5       name: 'zs'
6     },
7     success: res => {
8       console.log(res)
9     }
10  })
```

在上述代码中，第 2 行代码表示服务器接口地址；第 3 行代码表示 HTTP 请求方式为 GET；第 4~6 行代码设置了请求参数 name；第 7~9 行代码定义了接口调用成功的回调函数 success，此处是箭头函数的写法，其中第 8 行代码用于将服务器返回的数据输出。

3. 提示框

在微信小程序中，如果想实现点击一个按钮弹出一个提示框的效果，可以使用以下 2 种方式。

（1）wx.showLoading( )方法

wx.showLoading( )方法用于弹出加载提示框，加载提示框弹出后，不会自动关闭，需要手动调用 wx.hideLoading( )方法才能关闭提示框。

wx.showLoading( )方法的常用选项如表 3-8 所示。

表 3-8　wx.showLoading( )方法的常用选项

选项	类型	说明
title	string	提示的内容
mask	boolean	是否显示透明蒙层，防止触摸穿透，默认值为 false

续表

选项	类型	说明
success	function	接口调用成功的回调函数
fail	function	接口调用失败的回调函数
complete	function	接口调用结束的回调函数（调用成功、失败都会执行）

接下来演示 wx.showLoading( )方法的具体用法，具体代码如下。

```
1  wx.showLoading({
2    title: '加载中',
3  })
4  setTimeout(function () {
5    wx.hideLoading()
6  }, 2000)
```

在上述代码中，第 1～3 行代码用于弹出加载提示框，提示内容为"加载中"；第 4～6 行代码用于在 2 秒后关闭加载提示框。

（2）wx.showToast( )方法

wx.showToast( )方法用于显示消息提示框，该方法的常用选项如表 3-9 所示。

表 3-9　wx.showToast( )方法的常用选项

选项	类型	说明
title	string	提示的内容
icon	string	图标，默认值为 success
duration	number	提示的停留时间，单位为毫秒，默认值为 1500
mask	boolean	是否显示透明蒙层，防止触摸穿透，默认值为 false
fail	function	接口调用失败的回调函数
complete	function	接口调用结束的回调函数（调用成功、失败都会执行）

在表 3-9 中，icon 选项的合法值包括 success（成功图标）、error（失败图标）、loading（加载图标）和 none（无图标）。当 icon 的值为 success、error、loading 时，title 选项中文本最多显示 7 个汉字长度；当 icon 的值为 none 时，title 选项中文本最多可显示两行。

接下来演示 wx.showToast( )方法的具体用法，示例代码如下。

```
wx.showToast({
  title: '成功',
  icon: 'success',
  duration: 2000
})
```

上述代码将消息提示框的内容设置为"成功"，图标为 success，提示的停留时间为 2 秒。

4. WXS

WXS（WeiXin Script）是微信小程序独有的一套脚本语言，可以结合 WXML 构建出页面结构。WXS 的典型应用场景是"过滤器"，所谓的过滤器是指在渲染数据之前，对数据进行处理，过滤器处理的结果最终会显示在页面上。

WXS 有以下 4 个特点。

（1）WXS 与 JavaScript 不同

为了降低 WXS 的学习成本，WXS 在设计时借鉴了 JavaScript 的语法，但是 WXS 和 JavaScript 本质上是完全不同的两种语言，在使用 WXS 时应该注意以下 3 点。

① WXS 有 8 种数据类型，包括 number（数值）、string（字符串）、boolean（布尔）、object（对象）、function（函数）、array（数组）、date（日期）、regexp（正则）。

② WXS 不支持 let、const、解构赋值、展开运算符、箭头函数、对象属性简写等语法，WXS 支持 var 定义变量、普通 function 函数等语法。

③ WXS 遵循 CommonJS 规范。在每个模块内部，module 变量代表当前模块，这个变量是一个对象，它的 exports 属性（即 module.exports）是对外的接口。在使用 require()函数引用其他模块时，得到的是被引用模块中 module.exports 所指的对象。

（2）WXS 不能作为组件的事件回调

WXS 经常与 Mustache 语法配合使用，但是在 WXS 中定义的函数不能作为组件的事件回调函数。

（3）具有隔离性

隔离性是指 WXS 代码的运行环境和其他 JavaScript 代码是隔离的，体现在以下两个方面。

① 在 WXS 代码中不能调用页面的 JS 文件定义的函数。

② 在 WXS 代码中不能调用微信小程序提供的 API。

（4）在 iOS 设备上效率高

在 iOS 设备上，微信小程序内 WXS 代码的执行速度比 JavaScript 代码快 2～20 倍；在 Android 设备上，两者的运行效率无差异。

WXS 代码可以写在页面的 WXML 文件的<wxs>标签内（内嵌 WXS 脚本），也可以写在以.wxs 为后缀名的文件中（外联 WXS 脚本）。每一个.wxs 文件和<wxs>标签均为一个单独的模块，有自己独立的作用域，即在一个模块内定义的变量和函数默认为私有的，对其他模块不可见。一个模块想要对外暴露其内部的变量和函数，只能通过 module.exports 实现。

在页面的 WXML 文件中使用<wxs>双标签语法时，必须提供 module 属性，用于指定当前 WXS 的模块名称，以便于在 WXML 中访问模块中的成员；当<wxs>标签为单闭合标签或标签中内容为空时需提供 src 属性，src 属性的属性值为引用的.wxs 文件的相对路径。

在页面的 WXML 文件中引入外联 WXS 脚本时，必须为<wxs>标签添加 module 和 src 属性，其中 module 用于指定模块的名称，src 用于指定要引入的脚本的路径，且必须是相对路径。

接下来演示如何使用内嵌 WXS 脚本和外联的 WXS 脚本。

（1）内嵌 WXS 脚本

在 pages/index/index.wxml 文件中编写页面结构并内嵌 WXS 脚本，具体代码如下。

```
1  <wxs module="m1">
2    function toUpper(str) {
3      return str.toUpperCase()
4    }
5    module.exports = {
6      toUpper: toUpper
7    }
8  </wxs>
9  <view>
10   {{ m1.toUpper('weixin') }}
11 </view>
```

在上述代码中，第 1～8 行代码定义了<wxs>标签，通过 module 属性指定模块名称为 m1，其中，第 2～4 行代码定义了 toUpper()函数，实现将小写字母转换为大写字母的功能；第 5～7 行代码通过 module.exports 将该模块中的 toUpper()函数暴露出来。第 10 行代码调用了 m1 模块中的 toUpper()函数。

保存代码并运行程序后，内嵌 WXS 脚本页面效果如图 3-27 所示。

从图 3-27 可以看出，页面中的"weixin"被转换成"WEIXIN"，说明在页面的 WXML 文件中可以使用内嵌 WXS 脚本。

图3-27　内嵌WXS脚本

（2）外联 WXS 脚本

通常情况下，将以.wxs 为后缀名的文件存放在 utils 目录下，该目录用于存放工具类函数或公共模块。首先在 utils/tool.wxs 文件中编写外联 WXS 脚本，示例代码如下。

```
1  var msg = 'hello world'
2  module.exports = {
3    message: msg
4  }
```

在上述代码中，第 1～4 代码用于定义一个模块，其中，第 1 行代码定义了 msg 变量，变量值为"hello world"；第 2～4 行代码通过 module.exports 将该模块中的 message 属性暴露出来，属性值为 msg。

在 pages/index/index.wxml 文件中编写页面结构，示例代码如下。

```
1  <wxs module="m2" src="../../utils/tool.wxs"></wxs>
2  <view>
3    {{ m2.message }}
4  </view>
```

在上述代码中，第 1 行代码定义了<wxs>标签，将外链 WXS 脚本文件作为模块导入，模块名为 m2，路径地址为 tool.wxs 文件的相对路径；第 3 行代码将 m2 模块中的数据显示在页面上。

保存代码并运行程序后，外联 WXS 脚本页面效果如图 3-28 所示。

从图 3-28 可以看出，已成功将 tools.wxs 文件中定义的 msg 展示在页面上，说明在页面的 WXML 文件中可以使用外联 WXS 脚本。

图3-28　外联WXS脚本

5. 上拉触底

在原生应用或者网页的交互中，经常会有上拉加载这个功能。用户在浏览列表页面时，手指在手机屏幕上进行上拉滑动操作，通过上拉加载请求数据，增加列表数据。微信小程序提供了 onReachBottom( )事件处理函数，即页面上拉触底事件处理函数，用于监听当前页面的上拉触底事件。onReachBottom( )事件处理函数的示例代码如下。

```
onReachBottom: function () {
    console.log('触发了上拉触底的事件')
},
```

在默认情况下，触发上拉触底事件时，滚动条距离页面底部的距离为 50px，即上拉触底距离为 50px。在实际开发中，开发人员可以根据实际需求，在全局或页面的 JSON 配置文件中，通过 onReachBottomDistance 属性修改上拉触底的距离。

例如，在页面的 JSON 文件中配置上拉触底的距离为 200px，示例代码如下。

```
{
    "onReachBottomDistance": 200
}
```

6. 下拉刷新

在原生应用的交互中，经常会有下拉刷新操作，即当用户下拉页面到达顶部时，再进行下拉可以将数据重新加载。在微信小程序中，也可以实现下拉刷新的效果。启用下拉刷新有 2 种方式，具体如下。

（1）全局开启下拉刷新

在 app.json 文件的 window 节点中，将 enablePullDownRefresh 设置为 true。

（2）局部开启下拉刷新

在页面的 JSON 文件中，将 enablePullDownRefresh 设置为 true。

开启下拉刷新后，当下拉操作执行时，就会触发 onPullDownRefresh( )事件处理函数。

onPullDownRefresh()事件处理函数的示例代码如下。

```
onPullDownRefresh: function () {
  console.log('触发了下拉刷新的事件')
}
```

当执行了下拉刷新操作后，页面顶部会出现加载提示，并且页面需要延迟一段时间才会弹回去。为了优化用户体验，可以在完成下拉刷新的数据加载后，立即调用 wx.stopPullDownRefresh( )方法停止使用当前页面的下拉刷新加载效果，示例代码如下。

```
wx.stopPullDownRefresh()
```

案例实现

1. 准备工作

在开发本案例前，需要先完成一些准备工作，主要包括创建项目、配置页面、配置导航栏、复制样式素材和启动服务器，具体步骤如下。

① 创建项目。在微信开发者工具中创建一个新的微信小程序项目，项目名称为"美食列表"，模板选择"不使用模板"。

② 配置页面。项目创建完成后，在 app.json 文件中配置一个 shoplist 页面，具体代码如下。

```
"pages": [
  "pages/shoplist/shoplist"
],
```

③ 配置导航栏。在 pages/shoplist/shoplist.json 文件中配置页面导航栏，具体代码如下。

```
{
  "navigationBarTitleText": "美食"
}
```

上述代码将导航栏标题设置为"美食"。"美食"导航栏的效果如图 3-29 所示。

④ 复制样式素材。从本书配套资源中找到本案例，复制 pages/shoplist/shoplist.wxss 文件到本项目中，该文件中保存了本项目的页面样式。

上述步骤操作完成后，"美食列表"微信小程序的目录结构如图 3-30 所示。

图3-29 "美食"导航栏的效果   图3-30 "美食列表"微信小程序的目录结构

⑤ 启动服务器。从本书配套资源中找到本案例的源代码，进入"服务器端"文件夹，该文件夹下的内

容为 Node.js 本地 HTTP 服务器程序。打开命令提示符，切换工作目录到当前目录，然后在命令提示符中执行如下命令，启动服务器。

```
node index.js
```

至此，准备工作已经完成。

2. 获取初始数据

在 pages/shoplist/shoplist.js 文件的 Page({ })中编写页面逻辑，具体步骤如下。

① 编写页面所需的数据，具体代码如下。

```
1  data: {
2    shopList: [],            // 保存美食列表信息
3  },
4  listData: {
5    page: 1,                 // 默认请求第 1 页的数据
6    pageSize: 10,            // 默认每页请求 10 条数据
7    total: 0                 // 数据总数，默认为 0
8  },
```

在上述代码中，第 2 行代码定义了 shopList 数组，用于保存美食列表信息；第 5 行代码定义了 page，表示请求第几页的数据，默认请求第一页的数据；第 6 行代码定义了 pageSize，表示每页请求几条数据，默认为 10 条；第 7 行代码定义了 total，表示数据总数，该数据从服务器接口中获取。

② 编写 getShopList( )函数，实现以分页的形式获取美食列表数据，并利用 wx.request( )方法向服务器发送 GET 请求，具体代码如下。

```
1  getShopList: function () {
2    // 请求数据之前，展示加载效果，接口调用结束后，停止加载效果
3    wx.showLoading({
4      title: '数据加载中...'
5    })
6    wx.request({
7      url: 'http://127.0.0.1:3000/data',
8      method: 'GET',
9      data: {
10       page: this.listData.page,
11       pageSize: this.listData.pageSize
12     },
13     success: res => {
14       console.log(res)
15       this.setData({
16         shopList: [...this.data.shopList, ...res.data],
17       })
18       this.listData.total = res.header['X-Total-Count'] - 0
19     },
20     complete: () => {
21       // 隐藏加载效果
22       wx.hideLoading()
23     }
24   })
25 },
```

在上述代码中，第 3~5 行代码通过 wx.showLoading( )方法展示加载效果；第 6~24 行代码调用 wx.request( )方法发起网络请求，其中，第 7 行代码为本地 URL 地址；第 8 行代码定义了请求方式为 GET 请求；第 9~12 行代码定义了请求参数；第 13~19 行代码定义了接口调用成功的回调函数 success( )，其参数 res 表示服务器响应信息，其中第 15~17 行代码为 shopList 数组赋值，通过扩展运算符将原来 shopList 中的数据

与服务器中获取的数据拼接在一起；第20~23行代码定义了接口调用结束的回调函数complete( )，通过调用wx.hideLoading( )方法隐藏加载效果。

③ 编写onLoad( )生命周期函数，实现页面加载完成时调用getShopList( )函数，具体代码如下。

```
1  onLoad: function () {
2    this.getShopList()
3  },
```

在上述代码中，第2行代码调用getShopList( )方法来显示页面数据。

④ 在微信开发者工具的本地设置中勾选"不校验合法域名、web-view（业务域名）、TLS版本以及HTTPS证书"复选框。

保存代码并运行程序，控制台中输出的美食列表信息如图3-31所示。

图3-31　控制台中输出的美食列表信息

在图3-31中，接口调用成功之后返回的data数据为数组，数组中的每一项表示美食列表中的每一个美食信息，包括address、id、image等。在微信小程序中，可以通过列表渲染将数组中的数据循环渲染到页面上。

3. 实现页面渲染

前面的步骤已经实现了当页面加载完成时获取美食列表数据，并将数据保存到了shopList数组中。接下来可以通过列表渲染将shopList数组中的数据渲染到页面上。

在pages/shoplist/shoplist.wxml文件中进行页面渲染，具体代码如下。

```
1  <view class="shop-item" wx:for="{{ shopList }}" wx:key="id">
2    <view class="thumb">
3      <image src="{{ item.image }}" />
4    </view>
5    <view class="info">
6      <text class="shop-title">{{ item.name }}</text>
7      <text>电话: {{ item.phone }}</text>
8      <text>地址: {{ item.address }}</text>
9      <text>营业时间: {{ item.businessHours }}</text>
10   </view>
11 </view>
```

在上述代码中，第1~11行代码用于实现美食列表中的每条数据的显示，通过wx:for实现根据shopList数组重复渲染view组件，展示出美食列表。其中，第2~4行代码定义了图片区域，图片区域内有image组件，该组件用于显示图片；第5~10行代码定义了信息区域，信息区域内有4个text组件，分别用于显示美食商家的名称、电话、地址和营业时间信息。

4. 处理电话格式

"美食列表"微信小程序中的每一项为一家美食商家的信息，其中包含美食商家的电话。该电话是从服务器端返回的，不适合直接显示在页面上，需要对电话进行处理之后显示在页面上。例如，将"12345678901"转换成"123-4567-8901"，以便于阅读。下面将通过 WXS 来实现电话格式的处理，具体实现步骤如下。

① 在项目根目录下创建 utils 文件夹，将处理电话函数封装到 utils/tools.wxs 文件中，具体代码如下。

```
1  function splitPhone(str) {
2    if (str.length !== 11) {
3      return str
4    }
5    var arr = str.split('')
6    arr.splice(3, 0, '-')
7    arr.splice(8, 0, '-')
8    return arr.join('')
9  }
10 module.exports = {
11   splitPhone: splitPhone
12 }
```

在上述代码中，第 1~9 行代码定义了 splitPhone() 函数，实现对电话的处理。其中，第 5 行代码中调用 split() 方法，将字符串分割成子字符串，返回一个子字符串数组 arr；第 6~7 行代码通过调用 splice() 方法为 arr 数组中对应的位置添加"-"；第 8 行代码通过调用 join() 方法将 arr 数组中的所有元素转换成一个字符并返回。第 10~12 行代码通过 module.exports 将 splitPhone() 函数暴露出来。

② 在 pages/shoplist/shoplist.wxml 文件中引入 WXS 脚本，具体代码如下。

```
<wxs src="../../utils/tools.wxs" module="tools"></wxs>
```

在上述代码中，通过<wxs>标签在 shoplist.wxml 文件中引入脚本，模块名称为 tools。

③ 在 pages/shoplist/shoplist.wxml 文件中修改电话的代码，将电话经过处理之后再输出，具体代码如下。

```
<text>电话: {{ tools.splitPhone(item.phone) }}</text>
```

保存并运行代码，电话格式即可被正确转换。

5. 实现上拉触底

在本案例中，上拉触底就是用户在进行上拉操作时，当页面即将到达底部时加载下一页数据，具体实现步骤如下。

① 在 pages/shoplist/shoplist.json 文件中配置上拉触底的距离为 200px，具体代码如下。

```
"onReachBottomDistance": 200
```

② 在页面上拉触底事件处理函数 onReachBottom() 中，让页码自增，并调用 getShopList() 方法请求下一页的数据，具体代码如下。

```
1  onReachBottom: function () {
2    // 页码自增
3    ++this.listData.page
4    // 请求下一页数据
5    this.getShopList()
6  },
```

在上述代码中，第 3 行代码通过自增运算使页码加 1，第 5 行代码通过调用 getShopList() 方法请求下一页数据。

③ 当前的上拉触底功能存在一个问题，就是在网速慢的情况下，当数据还没有加载完成时，如果用户再次执行下拉触底操作，会导致数据重复加载。为了解决这个问题，需要设置一个节流阀，只有当阀门打开时允许加载数据。在 Page({ }) 中增加一个 isLoading 属性，表示当前是否正在加载数据，具体代码如下。

```
    isLoading: false,            // 当前是否正在加载数据
```

④ 修改 getShopList( )函数，在函数的开始处将 isLoading 设为 true，具体代码如下。

```
1  getShopList() {
2    this.isLoading = true
3    原有代码……
4  }
```

在上述代码中，第 2 行代码为新增代码，表示当前正在加载数据。

⑤ 找到 getShopList( )函数中 wx.request( )方法的 complete 回调函数，在此回调函数中将 isLoading 设为 false，具体代码如下。

```
1  complete: () => {
2    原有代码……
3    this.isLoading = false
4  }
```

在上述代码中，第 3 行代码为新增代码，表示数据已经加载完成，允许下次加载请求。

⑥ 在 onReachBottom( )函数的开始处判断 isLoading 的值，如果 isLoading 为 true，则阻止重复加载数据，具体代码如下。

```
1  onReachBottom: function () {
2    if (this.isLoading) {
3      return
4    }
5    原有代码……
6  }
```

在上述代码中，第 2~4 行代码为新增代码，第 3 行代码通过 return 阻止函数向后执行。

⑦ 在 onReachBottom( )函数的开始处判断数据是否加载完毕，当没有数据时不进行网络请求，具体代码如下。

```
1  onReachBottom: function () {
2    if (this.listData.page * this.listData.pageSize >= this.listData.total) {
3      // 没有下一页的数据了
4      return wx.showToast({
5        title: '数据加载完毕! ',
6        icon: 'none'
7      })
8    }
9    原有代码……
10 },
```

在上述代码中，第 2~8 行代码为新增代码，其中第 2 行代码通过计算"页码值×每页显示几条数据"的结果是否大于等于总数据条数，来判断是否已经没有下一页的数据了；第 4~7 行代码通过 wx.showToast( )方法设置消息提示，提示内容为"数据加载完毕!"，图标为空。

6. 实现下拉刷新

当用户进行下拉操作时，如果到达了顶部，再进行下拉，可以刷新页面。接下来在页面中实现下拉刷新的效果，具体步骤如下。

① 在 pages/shoplist/shoplist.json 文件中开启下拉刷新并配置相关样式，具体代码如下。

```
1  {
2    原有代码……
3    "enablePullDownRefresh": true,
4    "backgroundColor": "#efefef",
5    "backgroundTextStyle": "dark"
6  }
```

在上述代码中，第 3~5 行代码为新增代码，其中第 3 行代码将 enablePullDownRefresh 设置为 true，开启下拉刷新；第 4 行代码将下拉刷新时背景颜色更改为#efefef；第 5 行代码将 3 个小圆点样式设置为 dark。

② 通过 onPullDownRefresh( )函数监听用户下拉动作，实现用户进行下拉操作时重置数据，并重新发起网络请求，具体代码如下。

```
1  onPullDownRefresh: function () {
2    // 需要重置的数据
3    this.setData({
4      shopList: []
5    })
6    this.listData.page = 1
7    this.listData.total = 0
8    // 重新发起数据请求
9    this.getShopList()
10 },
```

③ 当前下拉刷新功能还存在一个问题，就是当数据加载完成后，被下拉的页面需要很长时间才能弹回去。为了解决这个问题，应该在数据加载完成后停止下拉刷新。为了能够在数据加载完成后执行特定操作，需要修改 getShopList( )函数，为该函数添加参数 cb，cb 表示数据加载完成后的回调函数，具体代码如下。

```
1  getShopList: function (cb) {
2    原有代码……
3  }
```

④ 找到 getShopList( )函数中 wx.request( )方法的 complete( )回调函数，在此回调函数中调用 cb( )函数，具体代码如下。

```
1  complete: () => {
2    原有代码……
3    cb && cb()
4  }
```

在上述代码中，第 3 行代码先判断当前有没有传入 cb( )函数，如果传入了就调用该函数，否则不进行调用。

⑤ 修改 onPullDownRefresh( )函数中调用 getShopList( )函数的代码，为 getShopList( )函数传入回调函数，具体代码如下。

```
1  // 重新发起数据请求
2  this.getShopList(() => {
3    wx.stopPullDownRefresh()
4  })
```

在上述代码中，通过调用 wx.stopPullDownRefresh( )方法实现了停止下拉刷新。

至此，"美食列表"微信小程序已经开发完成。

【案例 3-4】调查问卷

调查问卷又称调查表或询问表，是以问题的形式系统地记载调查内容的一种印件。传统的调查问卷是纸质的，发布和收集都不太方便，而通过微信小程序制作调查问卷，可以在短时间内快速收集反馈信息，相比纸质调查问卷极大地提高了效率。

假设有一位大学老师，想通过调查问卷来了解同学们的专业技能、对开设公开课的意见等信息，从而根据同学们的建议制订下一步的教学计划。本节将会根据老师的需求，完成"调查问卷"微信小程序的制作。

案例分析

"调查问卷"微信小程序的页面效果如图3-32所示。

在图3-32中，调查问卷需要填写的信息包括姓名、性别、专业技能和您的意见。其中，"姓名"通过单行输入框填写，"性别"通过单选框选择；"专业技能"通过多选框选择；"您的意见"通过多行输入框填写。页面底部的"提交"按钮用于将用户输入的信息提交。

知识储备

双向数据绑定

在之前的学习中，普通属性的绑定都是单向的，示例代码如下。

```
<input value="{{ value }}" />
```

如果使用this.setData({ value:'leaf' })来更新value，则this.data.value和输入框中显示的值都会被更新为leaf；但是如果用户在页面中修改了输入框里的值，则this.data.value的值不会发生改变，这个现象就是单向数据绑定。

图3-32　"调查问卷"微信小程序的页面效果

如果需要在用户输入数据的同时改变this.data.value，则可以通过双向数据绑定来实现。双向数据绑定的实现方式是在对应属性之前添加model:前缀，示例代码如下。

```
<input model:value="{{ value }}" />
```

此时，如果输入框的值被更改了，this.data.value也会随之更改。同时，页面的WXML文件中所有绑定了value的位置也会被一同更新，数据监听器也会被正常触发。

案例实现

1. 准备工作

在开发本案例前，需要先完成一些准备工作，主要包括创建项目、配置页面、配置导航栏、复制样式素材和启动服务器，具体步骤如下。

① 创建项目。在微信开发者工具中创建一个新的微信小程序项目，项目名称为"调查问卷"，模板选择"不使用模板"。

② 配置页面。项目创建完成后，在app.json文件中配置1个form页面，具体代码如下。

```
"pages": [
  "pages/form/form"
],
```

③ 配置导航栏。在pages/form/form.json文件中配置页面导航栏，具体代码如下。

```
{
  "navigationBarTitleText": "调查问卷"
}
```

上述代码将导航栏标题设置为"调查问卷"。"调查问卷"导航栏的效果如图3-33所示。

④ 复制样式素材。从本书配套资源中找到本案例，复制pages/form/form.wxss文件到本项目中，该文件中保存了本项目的页面样式。

上述步骤完成后，"调查问卷"微信小程序的目录结构如图3-34所示。

图3-33　"调查问卷"导航栏的效果　　　　图3-34　"调查问卷"微信小程序的目录结构

⑤ 启动服务器。从本书配套资源中找到本案例的源代码，进入"服务器端"文件夹，该文件夹下的内容为 Node.js 本地 HTTP 服务器程序。打开命令提示符，切换工作目录到当前目录，然后在命令提示符中执行如下命令，启动服务器。

```
node index.js
```

至此，准备工作已经完成。

2. 获取初始数据

在"调查问卷"微信小程序开发前，需要提前获取页面的初始数据，才能保证页面结构的正常渲染，获取初始数据的具体步骤如下。

① 在 pages/form/form.js 文件的 onLoad( )事件处理函数中实现页面加载完成时自动向服务器发送请求，获取表单中的初始数据，具体代码如下。

```
1  onLoad: function () {
2    wx.showLoading({
3      title: '数据加载中'
4    })
5    wx.request({
6      url: 'http://127.0.0.1:3000/',
7      success: res => {
8        // statusCode 为 HTTP 状态码，200 表示网络请求成功，数据获取成功
9        if (res.statusCode === 200) {
10         this.setData(res.data)
11         console.log(res.data)
12       } else {
13         wx.showModal({
14           title: '服务器异常'
15         })
16       }
17       setTimeout(() => {
18         wx.hideLoading()
19       }, 500)
20     },
21     fail: function () {
22       wx.hideLoading()
23       wx.showModal({
24         title: '网络异常，无法请求服务器'
25       })
26     },
```

```
27  })
28 },
```

在上述代码中，第5~27行代码通过wx.request()方法向服务器发送请求，success表示请求成功之后的回调函数，fail表示请求失败之后的回调函数。

② 在微信开发者工具的本地设置中勾选"不校验合法域名、web-view（业务域名）、TLS版本以及HTTPS证书"复选框。

保存代码并运行程序，从服务器中获取的初始数据如图3-35所示。

图3-35　从服务器中获取的初始数据

3. 实现页面渲染

在前面的步骤中，已经实现了在页面加载完成时获取表单数据，接下来需要将表单数据渲染到页面上，具体步骤如下。

① 在pages/form/form.wxml文件中编写内容区域的整体结构，具体代码如下。

```
1  <view class="container">
2    <!-- 姓名区域 -->
3    <view>
4      <text>姓名：</text>
5      <input type="text" model:value="{{ name }}" />
6    </view>
7    <!-- 性别区域 -->
8    <view></view>
9    <!-- 专业技能区域 -->
10   <view></view>
11   <!-- 意见区域 -->
12   <view>
13     <text>您的意见：</text>
14     <textarea model:value="{{ opinion }}" />
15   </view>
16   <button type="primary" bindtap="submit">提交</button>
17 </view>
```

在上述代码中，第2~15行代码用于创建一个表单。在表单中，已经完成了姓名区域和意见区域的结构代码，而性别区域和专业技能区域的代码比较复杂，将在后面的步骤中完成。第16行代码定义了button组件，并给该组件绑定了 tap 事件，用于提交表单。

② 在 pages/form/form.wxml 文件中编写性别区域代码，具体如下。

```
1  <view>
2    <text>性别: </text>
3    <radio-group bindchange="radioChange">
4      <label wx:for="{{ gender }}" wx:key="value">
5        <radio value="{{ item.value }}" checked="{{ item.checked }}" />
6        {{ item.name }}
7      </label>
8    </radio-group>
9  </view>
```

在上述代码中，第 3～8 行代码中定义了 radio-group 组件，将其包裹的所有 radio 组件当成一个单选框组，组内只有一个 radio 组件可以被选中。其中，第 3 行代码给 radio-group 组件绑定了 radioChange( )事件处理函数；第 4～7 行代码中定义了 label 组件，用于改进表单组件的可用性，其作用类似于 HTML 中的<label>标签，实现了点击文本时也可以选中对应的单选框或复选框；第 5 行代码定义了 radio 组件，其 value 属性表示该项选中时提交的值，checked 属性表示该项为选中状态。

③ 在 pages/form/form.js 文件的 Page({ })中编写事件处理函数 radioChange( )，实现切换单选框时 checked 的改变，具体代码如下。

```
1  radioChange: function (e) {
2    var val = e.detail.value
3    this.data.gender.forEach((v) => {
4      v.value === val ? v.checked = true : v.checked = false
5    })
6  },
```

在上述代码中，第 2 行代码通过 e.detail.value 获取点击单选框时的 value 值；第 3～5 行代码遍历 gender 数组，通过三元表达式判断 data 中的 value 和获取到的 value 是否相等，若相等，则将 data 中 checked 的值设置为 true，否则设置为 false。

④ 在 pages/form/form.wxml 文件中编写专业技能区域代码，具体如下。

```
1  <view>
2    <text>专业技能: </text>
3    <checkbox-group bindchange="checkboxChange">
4      <label wx:for="{{ skills }}" wx:key="value">
5        <checkbox value="{{ item.value }}" checked="{{ item.checked }}" />
6        {{ item.name }}
7      </label>
8    </checkbox-group>
9  </view>
```

在上述代码中，第 3～8 行代码定义了 checkbox-group 组件，将其包裹的所有 checkbox 组件当成一个复选框组。其中，第 3 行代码给 checkbox-group 组件绑定了 checkboxChange( )事件处理函数。

⑤ 在 pages/form/form.js 文件的 Page({ })中编写事件处理函数 checkboxChange( )，实现选择多选框时 checked 的改变，具体代码如下。

```
1  checkboxChange: function (e) {
2    var val = e.detail.value
3    this.data.skills.forEach((v) => {
4      val.includes(v.value) ? v.checked = true : v.checked = false
5    })
6  },
```

在上述代码中，第 3～5 行代码将从服务器中获取的 skills 进行循环遍历，通过三元运算符设置 checked 为 true 或者 false。

⑥ 编写事件处理函数 submit( )，实现表单数据的提交，具体代码如下。

```
1  submit: function () {
2    wx.request({
3      url: 'http://127.0.0.1:3000',
4      method: 'POST',
5      data: this.data,
6      success: res => {
7        wx.showModal({
8          title: '提交完成',
9          showCancel: false
10       })
11     }
12   })
13 },
```

在上述代码中，第 2～12 行代码通过 wx.request( )方法向本地 HTTP 服务器发送 POST 请求，将数据提交到服务器。

完成上述代码后，运行程序，"调查问卷"微信小程序的实现效果如图 3-32 所示。

至此，"调查问卷"微信小程序已经开发完成。

本章小结

本章讲解了微信小程序的页面交互，内容主要包括 Page( )函数、数据绑定、事件绑定、条件渲染、列表渲染、网络请求、WXS、上拉触底、下拉刷新和双向数据绑定等。通过"比较数字大小""计算器""美食列表""问卷调查"这 4 个案例的开发，读者对本章的知识进行了综合运用。通过本章的学习，读者能够掌握微信小程序页面交互效果的开发。

课后练习

一、填空题

1. 在页面结构渲染过程中，通过_____控制属性完成页面的条件渲染。

2. 在列表渲染中，通过_____控制属性可以循环数组中的每一项。

3. 在列表渲染中，使用_____控制属性可以更改 item 的变量名。

4. 在 JS 文件中，通过_____获取 data-*自定义属性的值。

5. 在微信小程序中，页面加载完成后执行的生命周期函数为_____。

二、判断题

1. 在微信小程序中，可以通过 data-*自定义属性进行传参。（　　）

2. 所有绑定的数据都必须在 data 中进行初始化。（　　）

3. 设置 enablePullDownRefresh 为 false 时，表示禁止下拉。（　　）

4. 通过调用 wx.request( )方法可以发起网络请求。（　　）

5. 通过调用 wx.showLoading( )方法可以弹出加载提示框。（　　）

三、选择题

1. 下列选项中，关于列表渲染说法正确的是（　　　）。

A. 在设置 wx:key 的唯一标识时，如果 item 本身就是一个具有唯一性的字符串或数字，则可以使用 this 作为唯一标识

B. wx:for 控制属性通常搭配 wx:key 使用

C. wx:key 控制属性用于为每一项设置标识，但不唯一

D. 在 wx:for 控制属性所在标签的内部，可以使用 index 变量获取当前项的值

2. 下列选项中，用于监听页面初次渲染成功的回调函数是（　　　）。

A. onHide　　　　　　B. onLoad　　　　　　C. onShow　　　　　　D. onReady

3. 下列选项中，可以在 wx:for 中指定当前项索引的变量名的一项是（　　　）。

A. wx:for-i　　　　　B. wx:for-j　　　　　C. wx:for-item　　　　D. wx:for-index

4. 下列选项中，wx.showToast( )函数的参数属性中包含的回调函数有（　　　）。

A. title、icon 和 mask　　　　　　　　　B. success、fail 和 title

C. duration、mask 和 success　　　　　　D. success、fail 和 complete

5. 下列选项中，将页面的 JS 文件中定义的数据绑定到页面上的语法是（　　　）。

A. {{ }}　　　　　　　B. [ ]　　　　　　　C. { }　　　　　　　D. [[ ]]

四、简答题

1. 简述页面生命周期函数包括哪些。

2. 简述 wx:if 控制属性和 hidden 属性的区别。

3. 简述微信小程序如何实现下拉刷新。

4. 简述微信小程序如何实现上拉触底。

第4章

微信小程序常用API（上）

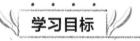
★ 掌握 scroll-view 组件，能够运用 scroll-view 组件完成视图区域的横向滚动或者纵向滚动

★ 掌握 slider 组件，能够运用 slider 组件完成滑动选择器的制作

★ 掌握<include>标签，能够运用<include>标签引用其他文件中的代码

★ 掌握背景音频 API，能够运用背景音频 API 实现音频后台播放、音频暂停等功能

★ 掌握录音 API，能够运用录音 API 实现录音功能

★ 掌握音频 API，能够运用音频 API 实现音频播放、暂停等功能

★ 掌握选择媒体 API，能够运用 wx.chooseMedia( )方法选择图片或视频

★ 掌握图片预览 API，能够运用 wx.previewImage( )方法预览图片

★ 掌握文件上传 API，能够运用 wx.uploadFile( )方法实现将本地资源上传到服务器中

★ 掌握文件下载 API，能够运用 wx.downloadFile( )方法实现资源文件的下载

★ 掌握 canvas 组件，能够灵活运用 canvas 组件创建画布

★ 掌握画布 API，能够运用画布 API 完成图形的绘制

微信小程序为开发者提供了大量的 API。开发者通过 API 可以获得微信底层封装的高级特性，同时可以很方便地调用微信提供的各种能力，例如网络请求、获取用户信息、本地存储等能力。由于微信小程序中常用的 API 比较多，下面将用第 4 章和第 5 章共两章的篇幅进行详细讲解，本章讲解上半部分内容。

【案例 4-1】音乐播放器

"音乐播放器"微信小程序可以让用户随时随地享受音乐，给用户带来了便捷的音乐体验，且支持后台播放，用户可以在听音乐的同时进行其他操作。下面将对"音乐播放器"微信小程序进行详细讲解。

案例分析

"音乐播放器"微信小程序的页面由上、中、下共 3 个部分组成，这 3 个部分分别是标签栏区域、内容区域和播放器区域。"音乐播放器"微信小程序的页面效果如图 4-1 所示。

标签栏区域 ——▶

内容区域 ——▶

播放器区域 ——▶

图4-1　"音乐播放器"微信小程序的页面效果

下面对标签栏区域、内容区域和播放器区域分别进行介绍，具体如下。

① 标签栏区域：该区域有音乐推荐、播放器和播放列表 3 个标签按钮，通过点击标签按钮可以进行标签页的切换。

② 内容区域：通过左右滑动可以实现音乐推荐、播放器和播放列表 3 个标签页的切换。这 3 个标签页的具体说明如下。

● 音乐推荐：用于向用户推荐一些歌曲。

● 播放器：用于显示当前播放音乐的信息、专辑封面、播放进度和时间。其中，音乐信息包括当前播放音乐的标题和歌手。

● 播放列表：用于显示当前播放的曲目列表，用户可以进行曲目切换。

③ 播放器区域：显示当前播放的音乐信息，并且提供了 3 个按钮，按钮的功能依次为"切换到播放列表""播放/暂停""下一曲"。

在初始状态下，"音乐播放器"微信小程序默认显示第 1 个标签页，也就是"音乐推荐"标签页。通过点击标签栏区域中的标签或者左右滑动内容区域可以切换标签页。

"播放器"标签页的页面效果如图 4-2 所示。

在图 4-2 中，圆形的图片是专辑封面，在音乐播放时会旋转，音乐暂停时图片暂停旋转。下方是滑动选择器，用于显示或更改音乐的播放进度，滑动选择器左边的时间表示当前播放音乐的时长，右边的时间表示当前曲目的总时长。

"播放列表"标签页的页面效果如图 4-3 所示。

图4-2　"播放器"标签页的页面效果

图4-3　"播放列表"标签页的页面效果

图 4-3 展示了当前播放列表中的曲目信息，点击其中某一个曲目项可以切换成该曲目。每个曲目项的左侧显示专辑封面、曲目标题和歌手；右侧显示播放状态，如果当前曲目正在播放则显示"正在播放"。

知识储备

1. scroll-view 组件

当一个容器中的内容有很多时，如果容器无法完整显示内容，则可以通过滚动操作来查看完整内容。在微信小程序中，可以通过 scroll-view 组件来实现滚动效果，它支持横向滚动和纵向滚动，默认是不滚动的，需要通过 scroll-x 和 scroll-y 属性允许横向和纵向滚动。

scroll-view 组件通过<scroll-view>标签来定义，示例代码如下。

```
<scroll-view>实现可滚动视图区域</scroll-view>
```

scroll-view 组件的常用属性如表 4-1 所示。

表 4-1　scroll-view 组件的常用属性

属性	类型	说明
scroll-x	boolean	允许横向滚动，默认值为 false
scroll-y	boolean	允许纵向滚动，默认值为 false
scroll-top	number/string	设置竖向滚动条的位置，默认值为空
scroll-left	number/string	设置横向滚动条的位置，默认值为空
scroll-into-view	string	当前可在哪个方向滚动，则在哪个方向滚动到该元素。值为某子元素 id（id 不能以数字开头）
scroll-with-animation	boolean	在设置滚动条位置时是否使用动画过渡，默认值为 false
bindscrolltoupper	eventhandle	滚动到顶部/左边时触发的事件
bindscrolltolower	eventhandle	滚动到底部/右边时触发的事件
bindscroll	eventhandle	滚动时触发的事件

在表 4-1 中，当允许横向滚动、纵向滚动后，还需要使 scroll-view 组件中内容的宽度和高度大于 scroll-view 组件本身的宽度和高度，这样才能滚动。在实际开发中，由于 scroll-view 组件的默认宽度为 100%，会占满整个屏幕，所以当内容的宽度超出屏幕宽度显示范围时，即可横向滚动。若要实现纵向滚动，则需要在样式中为 scroll-view 组件设置一个固定高度，否则 scroll-view 组件会被内容撑大，导致无法纵向滚动。

学习了 scroll-view 组件的常用属性之后，接下来演示 scroll-view 组件的使用。在 pages/index/index.wxml 文件中编写如下代码。

```
<scroll-view scroll-x="{{ true }}" scroll-y="{{ true }}" style="height: 200px;" bindscroll="scroll">
    <view style="width: 200%; height: 400px; background-image: linear-gradient(to bottom right, red, yellow);"></view>
</scroll-view>
```

在上述代码中，scroll-view 组件设置了允许横向滚动和纵向滚动，当发生滚动时就会触发事件处理函数 scroll。在 scroll-view 组件内有一个 view 组件，且 view 组件的宽度和高度都大于 scroll-view 组件，从而使滚动条出现。

在 pages/index/index.js 文件中添加 scroll( )事件处理函数并输出 e.detail 的值，示例代码如下。

```
scroll: function (e) {
  console.log(e.detail)
}
```

在上述代码中，通过 e.detail 可以获取滚动时的位置信息。运行程序后，拖曳滚动条使 scroll( )函数执行，然后在控制台中查看输出结果，如图 4-4 所示。

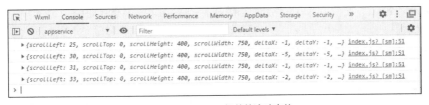

图4-4　scroll-view组件的滚动事件

e.detail 为自定义事件所携带的数据，下面对图 4-4 中获取到的信息进行讲解，具体如下。

- scrollLeft：横向滚动条左侧到视图左边的距离。
- scrollTop：纵向滚动条上端到视图顶部的距离。
- scrollHeight：纵向滚动条在 y 轴上最大滚动距离。
- scrollWidth：横向滚动条在 x 轴上最大的滚动距离。
- deltaX：横向滚动条的滚动状态。
- deltaY：纵向滚动条的滚动状态。

2. slider 组件

在开发中，有时需要在一个固定区间内控制数值的变化，例如音乐的播放进度、音量的大小、亮度的高低等，这些需求可以利用滑动选择器来实现。

在微信小程序中，通过 slider 组件可以定义一个滑动选择器。slider 组件是微信小程序表单组件中的一种，用于滑动选择某一个值。用户可以通过拖曳滑块在一个固定区间内进行选择。

slider 组件通过<slider>标签来定义，<slider>标签属于单标签，示例代码如下。

```
<slider />
```

slider 组件的常用属性如表 4-2 所示。

表 4-2 slider 组件的常用属性

属性	类型	说明
min	number	最小值，默认值为 0
max	number	最大值，默认值为 100
step	number	步长，取值大于 0，可被 max-min 整除，默认值为 1
value	number	当前取值，默认值为 0
activeColor	color	已选择的颜色，默认值为#1aad19
backgroundColor	color	背景条的颜色，默认值为#e9e9e9
block-size	number	滑块的大小，取值范围为 12～28，默认值为 28
block-color	color	滑块的颜色，默认值为#ffffff
show-value	boolean	是否显示当前值，默认值为 false
bindchange	eventhandle	完成一次拖曳后触发的事件
bindchanging	eventhandle	拖曳过程中触发的事件

接下来演示 slider 组件的使用方法。

在 pages/index/index.wxml 文件中编写页面结构，具体代码如下。

```
<slider bindchanging="sliderChanging" show-value="true" />
```

在上述代码中，当拖曳 slider 组件的滑块时，会执行 sliderChanging()事件处理函数。通过设置 show-value 属性可将当前值显示出来。

在 pages/index/index.js 文件中编写事件处理函数 sliderChanging()，具体代码如下。

```
sliderChanging: function (e){
  console.log(e.detail.value)
}
```

在上述代码中，e.detail.value 表示当前 slider 组件的值。

保存代码后，会看到页面中显示了一个滑动选择器。拖曳滑块到 13 的页面效果如图 4-5 所示。

在控制台中可以看到 sliderChanging()函数执行时输出的当前 slider 组件的值，如图 4-6 所示。

图4-5 拖曳滑块到13的页面效果

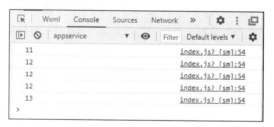

图4-6 当前slider组件的值

3. \<include\>标签

\<include\>标签用于引用其他文件的代码，相当于把引用的代码复制到\<include\>标签的位置。\<include\>标签的用途主要有以下两点，具体如下。

* 当一个WXML页面中的代码过多时，会给代码的维护带来麻烦，有时为了找到某一处代码可能需要翻阅几百行。这时可以利用\<include\>标签将代码拆分到多个文件中，从而可以更方便地查找代码。

* 当多个WXML页面中有相同的部分时，可以将这些公共部分抽取出来，保存到一个单独的WXML文件中，然后在用到的地方通过\<include\>标签引入。这样可以减少重复的代码，并且修改时只需要修改一次。

接下来演示\<include\>标签的使用。

假设在 index.wxml 文件中，页面的头部和尾部是公共部分，可将头部代码抽取到 header.wxml 文件中、尾部代码抽取到 footer.wxml 文件中，然后在 index.wxml 文件中使用<include>标签进行引入，具体步骤如下。

① 在 pages/index/index.wxml 文件中编写页面结构，具体代码如下。

```
<!-- index.wxml -->
<include src="header.wxml" />
<view>body</view>
<include src="footer.wxml" />
```

② 在 pages/index/header.wxml 文件中编写头部的页面结构，具体代码如下。

```
<view>header</view>
```

③ 在 pages/index/footer.wxml 文件中编写尾部的页面结构，具体代码如下。

```
<view>footer</view>
```

当上述代码运行后，实际得到的 pages/index/index.wxml 文件的页面结构如下所示。

```
<view>header</view>
<view>body</view>
<view>footer</view>
```

4. 背景音频 API

在微信小程序中，使用背景音频 API 可以实现音频的后台播放。在使用背景音频 API 前，需要在 app.json 文件中配置 requiredBackgroundModes 属性，开启微信小程序后台音频播放功能，示例代码如下。

```
"requiredBackgroundModes": ["audio"]
```

在上述代码中，requiredBackgroundModes 属性值为数组类型，在数组中添加 audio 项表示开启后台音频播放功能。

背景音频 API 的使用方法是，先通过 wx.getBackgroundAudioManager()方法获取到一个 BackgroundAudioManager 实例，然后通过该实例的相关属性和方法实现背景音频的播放。获取 BackgroundAudioManager 实例的示例代码如下。

```
var audioGbam = wx.getBackgroundAudioManager()
```

在上述代码中，audioGbam 是一个 BackgroundAudioManager 实例，也就是一个对象，利用这个对象可以完成具体的工作。下面通过表 4-3 列举 BackgroundAudioManager 实例常用的属性和方法。

表 4-3　BackgroundAudioManager 实例常用的属性和方法

类型	名称	说明
属性	src	背景音频的数据源，默认值为空字符串，当设置了新的 src 时，会自动开始播放，目前支持的格式有 M4A、AAC、MP3、WAV
	startTime	背景音频开始播放的位置（单位：秒）
	title	背景音频标题，用于原生音频播放器的背景音频标题
	playbackRate	播放速率，范围 0.5~2.0 倍，默认值为 1 倍
	duration	当前背景音频的长度（单位：秒），只有在有合法 src 时有效（只读）
	currentTime	当前背景音频的播放位置（单位：秒），只有在有合法 src 时有效（只读）
	paused	当前是否暂停或停止（只读）
方法	play()	播放背景音频
	pause()	暂停背景音频
	seek()	跳转到指定位置
	stop()	停止背景音频
	onCanplay()	背景音频进入可以播放状态的事件（参数为回调函数）

续表

类型	名称	说明
方法	onWaiting( )	监听背景音频加载中事件，当背景音频因为数据不足需要停下来加载时会触发
	onError( )	监听背景音频播放错误事件
	onPlay( )	监听背景音频播放事件
	onPause( )	监听背景音频暂停事件
	onSeeking( )	监听背景音频开始跳转操作事件
	onSeeked( )	监听背景音频完成跳转操作事件
	onEnded( )	监听背景音频自然播放结束事件
	onStop( )	监听背景音频停止事件
	onTimeUpdate( )	监听背景音频播放进度更新事件，只有微信小程序在前台时会回调

接下来演示背景音频 API 的使用方法。在 pages/index/index.js 文件的 onReady( )函数中编写如下代码。

```
1  onReady: function () {
2    // 创建 BackgroundAudioManager 实例
3    var audio = wx.getBackgroundAudioManager()
4    // 当开始播放音乐时，输出调试信息
5    audio.onPlay(function () {
6      console.log('开始播放')
7    })
8    // 设置背景音频的标题
9    audio.title = '音乐标题'
10   // 设置背景音频的资源地址
11   audio.src = 'http://127.0.0.1:3000/1.mp3'
12 }
```

在上述代码中，第 11 行代码为背景音频的资源地址，需要填写一个 URL 地址，读者可以自行准备一个 URL 地址，也可以用配套源代码附送的文档搭建一个本地服务器，填写本地服务器的音频 URL 地址。

案例实现

1. 准备工作

在开发本案例前，需要先完成一些准备工作，主要包括创建项目、配置页面、配置导航栏、复制素材和启动服务器，具体步骤如下。

① 创建项目。在微信开发者工具中创建一个新的微信小程序项目，项目名称为"音乐播放器"，模板选择"不使用模板"。

② 配置页面。本项目中的页面文件如表 4-4 所示。

表 4-4　本项目中的页面文件

文件路径	说明
pages/index/index.js	index 页面的逻辑文件
pages/index/index.json	index 页面的配置文件
pages/index/index.wxss	index 页面的样式文件
pages/index/index.wxml	index 页面的结构文件
pages/index/info.wxml	"音乐推荐"标签页的结构文件
pages/index/play.wxml	"播放器"标签页的结构文件
pages/index/playlist.wxml	"播放列表"标签页的结构文件

在表 4-4 中，实际只有一个页面，即 pages/index/index 页面，整体的页面结构在 index.wxml 文件中编写。由于内容区域中 3 个标签页的内容较多，为了避免页面嵌套层级过多，所以拆分到 info.wxml、play.wxml、playlist.wxml 文件中，使代码容易阅读、便于维护。

③ 配置导航栏。在 pages/index/index.json 文件中配置页面导航栏，具体代码如下。

```
{
  "navigationBarTitleText": "音乐",
  "navigationBarBackgroundColor": "#17181a",
  "navigationBarTextStyle": "white"
}
```

上述代码将导航栏标题设置为"音乐"，导航栏背景颜色为#17181a，文字颜色为 white。"音乐"导航栏的效果如图 4-7 所示。

④ 复制素材。从本书配套资源中找到本案例，复制以下素材到本项目中。

● pages/index/index.wxss 文件，该文件中保存了本项目的页面样式素材。

● images 文件夹，该文件夹保存了本项目所用的图片素材。

上述步骤操作完成后，"音乐播放器"微信小程序的目录结构如图 4-8 所示。

图4-7　"音乐"导航栏的效果　　　　　图4-8　"音乐播放器"微信小程序的目录结构

⑤ 启动服务器。从本书配套资源中找到本案例的源代码，进入"服务器端"文件夹。该文件夹下的内容为 Node.js 本地 HTTP 服务器程序。打开命令提示符，切换工作目录到当前目录，然后在命令提示符中执行如下命令，启动服务器。

```
node index.js
```

至此，准备工作已经全部完成。

2. 实现"音乐播放器"微信小程序的页面结构

在 pages/index/index.wxml 文件中编写"音乐播放器"微信小程序的页面结构，具体步骤如下。

① 编写标签栏区域的页面结构，具体代码如下。

```
1  <view class="tab">
2    <view class="tab-item">音乐推荐</view>
3    <view class="tab-item">播放器</view>
4    <view class="tab-item">播放列表</view>
5  </view>
```

在上述代码中，第 2～4 行代码定义了 3 个 view 组件，分别用于实现"音乐推荐"标签按钮、"播放器"

标签按钮和"播放列表"标签按钮。

② 使用 swiper 组件实现标签页切换。虽然通过配置 tabBar 配置项的属性也可以实现标签页切换，但考虑到 swiper 组件的切换效果更流畅、用户体验更好，因此本项目使用 swiper 组件实现标签页切换效果。接下来编写内容区域的页面结构，具体代码如下。

```
1  <view class="content">
2   <swiper>
3    <swiper-item>
4     <!-- 音乐推荐 -->
5     <include src="info.wxml" />
6    </swiper-item>
7    <swiper-item>
8     <!-- 播放器 -->
9     <include src="play.wxml" />
10   </swiper-item>
11   <swiper-item>
12    <!-- 播放列表 -->
13    <include src="playlist.wxml" />
14   </swiper-item>
15  </swiper>
16 </view>
```

在上述代码中，第 2～15 行代码定义了 swiper 组件，用于实现标签页的切换。其中，第 5 行、第 9 行和第 13 行代码通过<include>标签将音乐推荐、播放器和播放列表这 3 个标签页对应的 WXML 文件引入当前文件中。

③ 编写播放器区域的结构，具体代码如下。

```
<view class="player"></view>
```

在上述代码中，定义了 1 个 view 组件，用于展示播放器区域。

④ 为了方便测试标签页切换效果，在每个标签页文件中编写一些简单的代码。

pages/index/info.wxml 文件中的代码如下。

```
1  <view style="background: #ccc; height: 100%; color: #000;">
2   info
3  </view>
```

pages/index/play.wxml 文件中的代码如下。

```
1  <view style="background: #ccc; height: 100%; color: #000;">
2   play
3  </view>
```

pages/index/playlist.wxml 文件中的代码如下。

```
1  <view style="background: #ccc; height: 100%; color: #000;">
2   playlist
3  </view>
```

完成上述代码后，"音乐播放器"微信小程序的页面结构效果如图 4-9 所示。

3. 实现标签页切换

在"音乐播放器"微信小程序中，可以通过点击标签栏区域的标签按钮切换到对应的标签页，具体实现步骤如下。

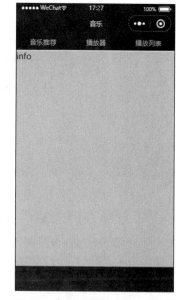

图4-9　"音乐播放器"微信小程序的
页面结构效果

① 在 pages/index/index.wxml 文件中修改标签栏区域，具体代码如下。

```
1  <view class="tab-item" bindtap="changeItem" data-item="0">音乐推荐</view>
```

```
2  <view class="tab-item" bindtap="changeItem" data-item="1">播放器</view>
3  <view class="tab-item" bindtap="changeItem" data-item="2">播放列表</view>
```

　　在上述代码中，给每个 view 组件绑定 tap 事件，事件处理函数为 changeItem()；设置了 data-item 自定义属性，表示按下标签栏区域中标签按钮时的值分别为 0、1、2，这 3 个数字是 swiper 组件中对应的 swiper-item 组件的索引。

　　② 修改内容区域，具体代码如下。

```
<swiper current="{{ item }}"></swiper>
```

　　在上述代码中，给 swiper 组件添加了 current 属性，属性值为 item，表示当前显示索引为 item 的 swiper-item 组件。

　　③ 在 pages/index/index.js 文件中编写页面中所需的数据和 changeItem() 事件处理函数，具体代码如下。

```
1  Page({
2    data: {
3      item: 0
4    },
5    changeItem: function (e) {
6      this.setData({
7        item: e.target.dataset.item
8      })
9    }
10 })
```

　　在上述代码中，第 3 行代码定义了属性 item，属性值为 0，表示默认显示 swiper 组件中的第 1 个 swiper-item 组件；第 5~9 行代码定义了 changeItem() 事件处理函数，将页面中 item 的值设置为 data-item 自定义属性的值。

　　上述代码完成后，即可实现点击标签按钮切换到对应的标签页的功能。

　　④ 在切换标签页后，还需要改变当前标签页对应的标签栏中标签按钮的样式，将当前标签页对应的标签按钮设为 active 样式。为此，需要修改 pages/index/index.wxml 文件中的内容区域，通过给 swiper 组件绑定 change 事件感知到标签页的变化，具体代码如下。

```
<swiper current="{{ item }}" bindchange="changeTab">
```

　　在上述代码中，给 swiper 组件绑定的事件处理函数为 changeTab()，该函数会在 swiper 组件的 current 属性发生变化即标签页切换时调用。

　　⑤ 在 pages/index/index.js 文件的 data 数据中添加 tab 属性，并通过 changeTab() 事件处理函数设置 tab 属性的值，具体代码如下。

```
1  data: {
2    item: 0,
3    tab: 0
4  },
5  changeTab: function (e) {
6    this.setData({
7      tab: e.detail.current
8    })
9  }
```

　　在上述代码中，tab 属性的初始值为 0，表示默认情况下应为第 1 个标签按钮添加 active 样式。第 5~9 行代码为 changeTab() 事件处理函数，其中，第 6~8 行代码用于将 tab 属性的值更改为当前切换的标签页的索引。

　　⑥ 修改 pages/index/index.wxml 文件中的标签栏区域，具体代码如下。

```
1  <view class="tab-item {{ tab == 0 ? 'active' : '' }}" bindtap="changeItem" data-item=
"0">音乐推荐</view>
2  <view class="tab-item {{ tab == 1 ? 'active' : '' }}" bindtap="changeItem" data-item=
"1">播放器</view>
```

```
3  <view class="tab-item {{ tab == 2 ? 'active' : '' }}" bindtap="changeItem" data-item=
"2">播放列表</view>
```

在上述代码中，通过判断 tab 属性的值，实现为当前标签按钮添加 active 样式。

完成上述代码后，标签页的切换功能已经实现。

4．实现"音乐推荐"标签页

"音乐推荐"是内容区域中的第 1 个标签页，对应 swiper-item 组件的索引为 0，该页面由 3 个部分组成，分别是轮播图、功能按钮、推荐歌曲。由于内容区域的可视高度是有限的，而"音乐推荐"标签页的实际页面内容可能会超出内容区域的可视高度，因此需要将"音乐推荐"标签页放入可滚动的容器中，具体实现步骤如下。

① 在 pages/index/info.wxml 文件中删除原有代码，然后创建一个滚动区域，具体代码如下。

```
1  <scroll-view scroll-y class="content-info">
2    <view style="height: 1000px;background: #fff;"></view>
3    <view style="background: #ccc;color: red;">到达底部</view>
4  </scroll-view>
```

在上述代码中，第 1～4 行代码定义了 scroll-view 组件，实现当实际内容高度超过内容区域的显示范围后，可以上下滚动的效果。其中，第 2 行代码定义了 1 个 view 组件，高度为 1000px，用于将内容区域的页面撑起来，从而使滚动条出现；第 3 行代码用于提示当前是否已经滚动到底部。

完成上述代码，运行程序，将滚动区域滚动到底部，页面效果如图 4-10 所示。

从图 4-10 可以看出，当前滚动区域已经可以滚动，并且当滚动到达底部时，底部"到达底部"内容可以正确显示出来。

图4-10　将滚动区域滚动到底部

② "音乐推荐"标签页的顶部区域为轮播图，切换效果通过 swiper 组件实现。在 pages/index/info.wxml 文件中编写轮播图的页面结构，首先需删除原有代码，然后再进行编写，具体代码如下。

```
1  <swiper class="content-info-slide" indicator-color="rgba(255,255,255,.5)" indicator-
active-color="#fff" indicator-dots circular autoplay>
2    <swiper-item>
3      <image src="/images/banner.jpg" />
4    </swiper-item>
5    <swiper-item>
6      <image src="/images/banner.jpg" />
7    </swiper-item>
8    <swiper-item>
9      <image src="/images/banner.jpg" />
10   </swiper-item>
11 </swiper>
```

在上述代码中，第 1 行代码给 swiper 组件将指示点的颜色设置为白色半透明、当前选中的指示点颜色设置为白色并显示指示点、采用衔接滑动和自动切换图片。

完成上述代码后，运行程序，轮播图的实现效果如图 4-11 所示。

图4-11　轮播图的实现效果

③ 在轮播图代码段下方编写功能按钮的页面结构，具体代码如下。

```
1  <view class="content-info-portal">
2   <view>
3    <image src="/images/04.png" />
4    <text>私人 FM</text>
5   </view>
6   <view>
7    <image src="/images/05.png" />
8    <text>每日歌曲推荐</text>
9   </view>
10   <view>
11    <image src="/images/06.png" />
12    <text>云音乐新歌榜</text>
13   </view>
14  </view>
```

在上述代码中，第 2～5 行代码定义了"私人 FM"区域；第 6～9 行代码定义了"每日歌曲推荐"区域；第 10～13 行代码定义了"云音乐新歌榜"区域。

功能按钮的实现效果如图 4–12 所示。

④ 在功能按钮代码段下方编写推荐歌曲的页面结构，具体代码如下。

图4-12　功能按钮的实现效果

```
1  <view class="content-info-list">
2   <view class="list-title">推荐歌曲</view>
3   <view class="list-inner">
4    <view class="list-item">
5     <image src="/images/cover.jpg" />
6     <view>山水之间</view>
7    </view>
8    <view class="list-item">
9     <image src="/images/cover.jpg" />
10     <view>惊鸿一面</view>
11    </view>
12    <view class="list-item">
13     <image src="/images/cover.jpg" />
14     <view>稻香</view>
15    </view>
16    <view class="list-item">
17     <image src="/images/cover.jpg" />
18     <view>如果当时</view>
19    </view>
20    <view class="list-item">
21     <image src="/images/cover.jpg" />
22     <view>清明雨上</view>
23    </view>
24    <view class="list-item">
25     <image src="/images/cover.jpg" />
26     <view>有何不可</view>
27    </view>
28   </view>
29  </view>
```

在上述代码中，第 2 行代码定义了推荐歌曲列表的标题；第 3～28 行代码定义了推荐歌曲列表，其中第 4～7 行代码定义了推荐歌曲列表中的"山水之间"项，内部有 image 组件和 view 组件，分别用于展示推荐歌曲的封面图片和标题，其余列表项的页面结构与之类似。

图4-13　推荐歌曲的实现效果

　　完成上述代码后，运行程序，推荐歌曲的实现效果如图 4-13
所示。

　　至此，"音乐推荐"标签页已实现。

5. 实现"播放器"标签页

　　"播放器"是内容区域中的第 2 个标签页，对应 swiper-item
组件的索引为 1，该页面由 3 个部分组成，分别是音乐信息、专
辑封面和播放进度，具体实现步骤如下。

　　① 在 pages/index/index.js 文件的 data 对象中定义播放列表数
组 playlist，具体代码如下。

```
1  playlist: [{
2    id: 1,
3    title: '祝你生日快乐',
4    singer: '小丽',
5    src: 'http://127.0.0.1:3000/1.mp3',
6    coverImgUrl: '/images/cover.jpg'
7  }, {
8    id: 2,
9    title: '劳动最光荣',
10   singer: '小朋',
11   src: 'http://127.0.0.1:3000/2.mp3',
12   coverImgUrl: '/images/cover.jpg'
13 }, {
14   id: 3,
15   title: '龙的传人',
16   singer: '小华',
17   src: 'http://127.0.0.1:3000/3.mp3',
18   coverImgUrl: '/images/cover.jpg'
19 }, {
20   id: 4,
21   title: '小星星',
22   singer: '小红',
23   src: 'http://127.0.0.1:3000/4.mp3',
24   coverImgUrl: '/images/cover.jpg'
25 }],
```

　　在上述代码中，id 是每条记录的唯一标识，title 为曲目标题，singer 为演唱者，src 为音频文件的链接地
址，coverImgUrl 为专辑封面图片的链接地址。

　　② 在 data 中定义一些状态属性，用于记录音乐的播放状态等信息，具体代码如下。

```
1  state: 'running',
2  playIndex: 0,
3  play: {
4    currentTime: '00:00',
5    duration: '00:00',
6    percent: 0,
7    title: '',
8    singer: '',
9    coverImgUrl: '/images/cover.jpg',
10 }
```

　　在上述代码中，第 1 行代码定义了属性 state，保存了音乐播放状态，其默认值 running 表示正在播放，如果改为 paused 则表示暂停，默认值为 running；第 2 行代码定义了属性 playIndex，表示当前播放的曲目在播放列表数组中的索引值；第 3～10 行代码定义了 play 对象，保存了当前播放曲目的信息，其中，currentTime 表示播放时长，duration 表示总时长，percent 表示播放进度，title、singer、coverImgUrl 分别表示当前播放的曲目标题、演唱者和封面。

③ 在 pages/index/index.js 文件中编写代码，实现在页面初次渲染时，自动选择播放列表中的第 1 个曲目，具体代码如下。

```
1  audioBam: null,
2  onReady: function () {
3    this.audioBam = wx.getBackgroundAudioManager()
4    // 默认选择第 1 曲
5    this.setMusic(0)
6  },
7  setMusic: function (index) {
8    // 设置当前播放的曲目，在后面的步骤中实现
9  }
```

在上述代码中，第 1 行代码定义了 audioBam 属性，属性值为 null；第 3 行代码通过调用 wx.getBackground AudioManager()方法获取 audioBam 对象；第 5 行代码通过 this 关键字调用页面中的 setMusic()函数，参数为 0，用于实现在页面初始渲染完成时，自动播放第 1 个曲目的效果，0 是第 1 个曲目的索引值。

④ 编写 setMusic()函数，实现设置当前播放的曲目，具体代码如下。

```
1  setMusic: function (index) {
2    var music = this.data.playlist[index]
3    this.audioBam.src = music.src
4    this.audioBam.title = music.title
5    this.setData({
6      playIndex: index,
7      'play.title': music.title,
8      'play.singer': music.singer,
9      'play.coverImgUrl': music.coverImgUrl,
10     'play.currentTime': '00:00',
11     'play.duration': '00:00',
12     'play.percent': 0,
13     state:'running'
14   })
15 },
```

在上述代码中，setMusic()函数的参数 index 表示播放列表数组中某项的索引值；第 2 行代码将 playlist 数组中第 index 项取出歌曲信息赋值给属性 music；第 3～4 行代码将 src、title 赋值给 audioBam 对象的相应属性；第 5～14 行代码调用 setData()方法对 playIndex 变量、play 对象和 state 变量进行赋值。

⑤ 在 app.json 文件中添加 requiredBackgroundModes 配置项，具体代码如下。

```
"requiredBackgroundModes": ["audio"],
```

在上述代码中，通过 requiredBackgroundModes 配置项申请需要后台运行的能力，类型为数组，在数组中添加 audio 项表示启用后台音频播放功能。

⑥ 在 pages/index/play.wxml 文件中删除原有代码，然后编写"播放器"标签页的页面结构，具体代码如下。

```
1  <view class="content-play">
2    <!-- 音乐信息 -->
3    <view class="content-play-info">
4      <text>{{ play.title }}</text>
5      <view>— {{ play.singer }} —</view>
6    </view>
7    <!-- 专辑封面 -->
```

```
 8    <view class="content-play-cover">
 9      <image src="{{ play.coverImgUrl }}" style="animation-play-state:{{ state }}" />
10    </view>
11    <!-- 播放进度和时间 -->
12    <view class="content-play-progress"></view>
13 </view>
```

在上述代码中，第3~6行代码定义了音乐信息区域；第8~10行代码定义了专辑封面区域，其中第9
行代码中的 animation-play-state 属性用于控制专辑封面旋转动画的播放与暂停，当 state 属性的值为 running
时，说明音乐正在播放，此时封面开始旋转，当 state 属性的值为 pause 时，说明音乐暂停了，此时封面也暂
停旋转；第12行代码定义了播放进度和时间区域，由于播放进度的控制实现起来较为复杂，将在后面的小
节中进行讲解。

6. 实现播放器区域

首先编写播放器区域的整体结构，然后实现播放、暂停、下一曲的功能，其中播放和暂停功能使用同一
个按钮实现，具体步骤如下。

① 在 pages/index/index.wxml 文件中编写页面播放器区域的代码，将当前播放的曲目信息显示在播放器
中，具体代码如下。

```
 1  <view class="player">
 2    <image class="player-cover" src="{{ play.coverImgUrl }}" data-item="1" bindtap=
"changeItem" />
 3    <view class="player-info">
 4      <view class="player-info-title" data-item="1" bindtap="changeItem">{{ play.title }}
</view>
 5      <view class="player-info-singer" data-item="1" bindtap="changeItem">{{ play.singer }}
</view>
 6    </view>
 7    <view class="player-controls">
 8      <!-- 切换到播放列表 -->
 9      <image src="/images/01.png" data-item="2" bindtap="changeItem" />
10      <!-- 播放 -->
11      <image src="/images/02.png" />
12      <!-- 下一曲 -->
13      <image src="/images/03.png" />
14    </view>
15 </view>
```

在上述代码中，第2行代码展示了专辑封面图片，第4~5行代码展示了歌曲的标题和歌手；第9、11、
13行代码分别定义了1个 image 组件，分别表示切换到播放列表、播放、下一曲按钮；第2、4、5、9行代
码中绑定了 tap 事件，事件处理函数为 changeItem()，添加了 data-item 自定义属性，用于实现点击切换到
data-item 自定义属性对应的标签页。

② 为了实现点击播放按钮播放音乐，再次点击为暂停音乐的效果，修改播放器区域中的播放区域，具
体代码如下。

```
 1  <!-- 播放/暂停 -->
 2  <image wx:if="{{ state == 'paused' }}" src="/images/02.png" bindtap="play" />
 3  <image wx:else src="/images/02stop.png" bindtap="pause" />
```

在上述代码中，第2~3行代码分别给 image 组件的 tap 事件绑定了 play()、pause()事件处理函数。通过
wx:if 控制属性判断 state 属性的值，若 state 属性的值为 paused，则显示第2行代码中的 image 组件；若 state
属性的值为 running，则显示第3行代码中的 image 组件。

③ 在 pages/index/index.js 文件中编写事件处理函数 play()和 pause()，具体代码如下。

```
1 play: function () {
2   this.audioBam.play()
3   this.setData({
4     state: 'running'
5   })
6 },
7 pause: function () {
8   this.audioBam.pause()
9   this.setData({
10     state: 'paused'
11   })
12 },
```

在上述代码中，第 1～6 行代码定义了 play()函数，实现播放音乐的功能，其中第 2 行代码调用 audioBam 对象的 play()函数来实现音乐播放功能，第 3～5 行代码调用了 setData()方法，设置 state 属性的值为 running；第 7～12 行代码定义了 pause()函数，实现暂停音乐的功能，其中第 8 行代码调用 audioBam 对象的 pause()函数来实现音乐的暂停功能，第 9～11 行代码调用了 setData()方法，设置 state 属性的值为 paused。

④ 修改"下一曲"图片按钮的代码，具体代码如下。

```
<image src="/images/03.png" bindtap="next" />
```

在上述代码中，给 image 组件的 tap 事件绑定了 next()事件处理函数。

⑤ 编写事件处理函数 next()函数，实现点击播放下一曲的操作，具体代码如下。

```
1 next: function () {
2   var index = this.data.playIndex >= this.data.playlist.length - 1 ? 0 : this.data.
playIndex + 1
3   this.setMusic(index)
4 },
```

在上述代码中，第 2 行代码通过三元表达式判断当前正在播放曲目的索引值是否大于等于播放列表的长度，若为 true，则 index 值为 0；若为 false，则将当前正在播放曲目的索引值+1；第 3 行代码调用 setMusic() 方法实现音频的播放。

7. 实现播放进度的控制

在"播放器"标签页的底部有播放进度和时间区域，用于显示播放进度，实现该功能具体步骤如下。

① 在 pages/index/play.wxml 文件中编写播放进度和时间区域的页面结构，具体代码如下。

```
1 <view class="content-play-progress">
2   <text>{{ play.currentTime }}</text>
3   <view>
4     <slider bindchanging="sliderChanging" bindchange="sliderChange" activeColor=
"#d33a31" block-size="12" backgroundColor="#dadada" value="{{ play.percent }}" />
5   </view>
6   <text>{{ play.duration }}</text>
7 </view>
```

在上述代码中，通过 slider 组件定义进度条，其值为 play.percent；在 slider 组件上绑定了 changing 和 change 事件，事件处理函数分别为 sliderChanging()和 sliderChange()。

② 在 pages/index/index.js 文件中控制进度条的进度和时间的显示，具体代码如下。

```
1 onReady: function () {
2   this.audioBam = wx.getBackgroundAudioManager()
3   // 默认选择第 1 曲
```

```
4    this.setMusic(0)
5    // 播放失败检测
6    this.audioBam.onError(() => {
7      console.log('播放失败: ' + this.audioBam.src)
8    })
9    // 播放完成自动换下一曲，监听音频自然播放结束的事件
10   this.audioBam.onEnded(() => {
11     this.next()
12   })
13   // 监听音频播放进度更新事件，获取音乐状态信息
14   var updateTime = 0   // 记录上次更新的时间，用于限制 1 秒只能更新 1 次进度
15   this.audioBam.onTimeUpdate(() => {
16     var currentTime = parseInt(this.audioBam.currentTime)
17     if (!this.sliderChangeLock && currentTime !== updateTime) {
18       updateTime = currentTime
19       this.setData({
20         'play.duration': formatTime(this.audioBam.duration || 0),
21         'play.currentTime': formatTime(currentTime),
22         'play.percent': currentTime / this.audioBam.duration * 100
23       })
24     }
25   })
26 },
```

在上述代码中，第 6～8 行代码通过调用 audioBam 对象的 onError()方法监听音乐播放错误事件；第 10～12 行代码通过调用 audioBam 对象的 onEnded()方法，实现音频自然播放结束之后播放下一首歌曲；第 15～25 行代码通过调用 audioBam 对象的 onTimeUpdate()方法，获取音乐状态信息，更新播放进度，其中第 17 行代码中的 this.sliderChangeLock 表示用户当前是否正在操作 slider 组件，如果正在操作，则阻止自动更新播放进度；第 20 行和第 21 行代码调用了 formatTime()函数，用于将秒数转换为"分:秒"时间格式，该函数将在下一步中编写。

③ 在 Page()函数前定义一个 formatTime()函数，具体代码如下。

```
1  // 格式化时间
2  function formatTime(time) {
3    var minute = Math.floor(time / 60) % 60;
4    var second = Math.floor(time) % 60
5    return (minute < 10 ? '0' + minute : minute) + ':' + (second < 10 ? '0' + second : second)
6  }
```

④ 在 Page({ })中编写 sliderChangeLock 属性、sliderChanging()函数和 sliderChange()函数，具体代码如下。

```
1  sliderChangeLock: false,
2  sliderChanging: function (e) {
3    var second = e.detail.value * this.audioBam.duration / 100
4    this.sliderChangeLock = true
5    this.setData({
6      'play.currentTime': formatTime(second),
7    })
8  },
9  sliderChange: function (e) {
10   var second = e.detail.value * this.audioBam.duration / 100
11   this.audioBam.seek(second)
12   setTimeout(() => {
13     this.sliderChangeLock = false
14   }, 1000)
15 },
```

在上述代码中，第 2～8 行代码用于在用户操作 slider 组件时阻止播放进度自动更新，并显示用户选择的时间；第 3 行代码和第 10 行代码用于获取用户选择的时间；第 11 行代码用于调节音乐的播放进度；第 12～14 行代码用于在延迟 1 秒后允许播放进度自动更新。

至此，播放进度的控制已经实现。

8. 实现"播放列表"标签页

"播放列表"是内容区域中的第 3 个标签页，对应 swiper-item 组件的索引为 2，该页面显示当前播放的曲目列表，具体实现步骤如下。

① 在 pages/index/playlist.wxml 文件中编写"播放列表"标签页的页面结构，具体代码如下。

```
1  <scroll-view class="content-playlist" scroll-y>
2    <view class="playlist-item" wx:for="{{ playlist }}" wx:key="id" bindtap="change"
data-index="{{ index }}">
3      <image class="playlist-cover" src="{{ item.coverImgUrl }}" />
4      <view class="playlist-info">
5        <view class="playlist-info-title">{{ item.title }}</view>
6        <view class="playlist-info-singer">{{ item.singer }}</view>
7      </view>
8      <view class="playlist-controls">
9        <text wx:if="{{ index == playIndex }}">正在播放</text>
10     </view>
11   </view>
12 </scroll-view>
```

在上述代码中，第 1～12 行代码定义了 scroll-view 组件，通过设置 scroll-y 属性实现播放列表的纵向滚动，其中第 2～11 行代码通过列表渲染将 playlist 数组渲染到页面上，给 view 组件绑定 tap 事件，事件处理函数为 change()。第 9 行代码判断当前索引是否与当前播放的曲目在播放列表数组中的索引相同，如果相同说明该曲目是正在播放的状态，该 text 组件显示。

② 在 pages/index/index.js 文件中编写 change() 函数，实现点击播放列表中的某一项时进行该曲目的播放，具体代码如下。

```
1  change: function (e) {
2    this.setMusic(e.currentTarget.dataset.index)
3  }
```

在上述代码中，当用户点击播放列表中的某一项后会触发 change() 函数，实现对应曲目的播放。

完成上述代码后，运行程序，"音乐播放器"微信小程序的实现效果如图 4-1～图 4-3 所示。

至此，"音乐播放器"微信小程序已开发完成。

【案例 4-2】录音机

录音机是生活中的常用工具，它可以在开会的时候记录说话人的声音，也可以在生活中留下一段美妙歌声。录音机可以记录声音和播放声音，因此其成为新闻工作者工作的重要器材。本案例将对"录音机"微信小程序的开发进行详细讲解。

案例分析

"录音机"微信小程序的页面效果如图 4-14 所示。

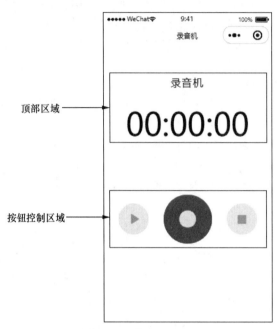

图4-14   "录音机"微信小程序的页面效果

在图 4-14 中，"录音机"微信小程序页面分为顶部区域和按钮控制区域。其中，顶部区域展示录音时长，按钮控制区域中从左到右的 3 个按钮分别是"播放录音"按钮、"开始/暂停录音"按钮和"停止录音"按钮，这 3 个按钮分别实现了播放录音、开始或暂停录音、停止录音的功能。

知识储备

1. 录音 API

录音功能在日常生活中使用很广泛，使用该功能可以记录重要的工作内容、优美的歌声等。那么在微信小程序中如何实现录音功能呢？微信小程序为开发者提供了录音 API，使用录音 API 首先需要通过 wx.getRecorderManager() 方法获取到一个 RecorderManager 实例，该实例是一个全局唯一的录音管理器，用于实现录音功能。

获取 RecorderManager 实例的示例代码如下。

```
var recorderManager = wx.getRecorderManager()
```

在上述代码中，recorderManager 是一个 RecorderManager 实例，也就是一个对象，利用这个对象可以完成具体的工作。下面通过表 4-5 列举 RecorderManager 实例的常用方法。

表 4-5   RecorderManager 实例的常用方法

方法名称	说明
start( )	开始录音
pause( )	暂停录音
resume( )	继续录音
stop( )	停止录音
onStart( )	监听录音开始事件
onResume( )	监听录音继续事件
onPause( )	监听录音暂停事件

方法名称	说明
onStop( )	监听录音结束事件
onFrameRecored( )	监听已录制完指定帧大小的文件事件。如果设置了 frameSize，则会回调此事件
onError( )	监听录音错误事件
onInterruptionBegin( )	监听录音因为系统占用而被中断开始事件。以下场景会触发此事件：微信语音聊天、微信视频聊天，此事件触发后，录音会被暂停。pause 事件在此事件后触发
onInterruptionEnd( )	监听录音中断结束事件。在收到 interruptionBegin 事件后，微信小程序内所有录音会暂停，收到此事件之后才可再次录音成功

接下来通过下面代码演示如何使用 RecorderManager 实例实现录音功能。在 pages/index/index.js 文件的 onReady( )函数中编写如下代码。

```
1  // 获取全局唯一的录音管理器 RecorderManager
2  var recorderManager = wx.getRecorderManager()
3  // 监听录音开始事件
4  recorderManager.onStart(() => {
5    console.log('录音开始');
6  })
7  // 监听录音停止事件
8  recorderManager.onStop(res => {
9    console.log('录音停止')
10   console.log(res.tempFilePath)
11 })
12 // 开始录音
13 recorderManager.start()
14 // 5 秒后自动停止录音
15 setTimeout(() => {
16   recorderManager.stop()
17 }, 5000)
```

在上述代码中，第 10 行代码用于在录音完成后，使用 res.tempFilePath 获取音频文件的临时保存路径。

2. 音频 API

在微信小程序中，除了背景音频 API 可以实现播放音频的功能外，还可以通过音频 API 来播放音乐。背景音频 API 与音频 API 的区别在于背景音频 API 支持后台播放，而音频 API 不支持后台播放。

在使用音频 API 时，需要通过以下代码创建一个 InnerAudioContext 实例，示例代码如下。

```
var audioCtx = wx.createInnerAudioContext()
```

在上述代码中，audioCtx 是一个 InnerAudioContext 实例，也就是一个对象，利用这个对象可以完成具体的工作。InnerAudioContext 实例常用的属性和方法与表 4-3 中 BackgroundAudioManager 实例常用的属性和方法相同，但是 InnerAudioContext 实例没有 title 属性。InnerAudioContext 实例特有的属性和方法如表 4-6 所示。

表 4-6　InnerAudioContext 实例特有的属性和方法

类型	名称	说明
属性	autoplay	是否自动开始播放，默认值为 false
	loop	是否循环播放，默认值为 false
	volume	音量，范围 0~1，默认值为 1
方法	destroy( )	销毁当前实例

接下来演示 InnerAudioContext 实例的使用。在 pages/index/index.js 文件的 onReady( )函数中编写如下代码。

```
1  // 创建 InnerAudioContext 实例
2  var audioCtx = wx.createInnerAudioContext()
3  // 设置音频资源地址
4  audioCtx.src = 'http://127.0.0.1:3000/1.mp3'
5  // 当开始播放音频时，输出调试信息
6  audioCtx.onPlay(() => {
7    console.log('开始播放')
8  })
9  // 开始播放
10 audioCtx.play()
```

在上述代码中，第 4 行代码为音频资源地址；第 10 行代码调用了 play() 方法播放音频，当页面初次渲染完成时，音频会自动播放。

案例实现

1. 准备工作

在开发本案例前，需要先完成一些准备工作，主要包括创建项目、配置导航栏和复制素材，具体步骤如下。

① 创建项目。在微信开发者工具中创建一个新的微信小程序项目，项目名称为"录音机"，模板选择"不使用模板"。

② 配置导航栏。在 pages/index/index.json 文件中配置页面导航栏，具体代码如下。

```
{
    "navigationBarTitleText": "录音机"
}
```

上述代码将导航栏标题设置为"录音机"。"录音机"导航栏的效果如图 4-15 所示。

③ 复制素材。从本书配套资源中找到本案例，复制以下素材到本项目中。

- pages/index/index.wxss 文件，该文件中保存了本项目的页面样式素材。
- utils 文件夹，该文件夹保存了本项目所用的公共模块素材。

上述步骤操作完成后，"录音机"微信小程序的目录结构如图 4-16 所示。

图4-15　"录音机"导航栏的效果　　　　图4-16　"录音机"微信小程序的目录结构

至此，准备工作已经全部完成。

2. 初始化录音功能

在 pages/index/index.js 文件的 Page( )函数前编写获取 RecorderManager 实例并监听录音结束事件的代码，具体如下。

```
1 var rec = wx.getRecorderManager()
2 var tempFilePath = null
3 rec.onStop(res => {
4   tempFilePath = res.tempFilePath
5   console.log('录音成功: ' + tempFilePath)
6 })
```

在上述代码中，第 1 行代码调用了 wx.getRecorderManager( )方法获取 RecorderManager 实例；第 2 行代码定义了 tempFilePath 变量，用于保存录音文件的临时路径；第 3～6 行代码调用了 rec 对象的 onStop( )方法，用于监听录音结束事件，在录音停止时，将录音文件的路径保存在 tempFilePath 变量中。

在 Page({ })中定义页面中所需的数据，具体代码如下。

```
1 data: {
2   time: '00:00:00',    // 录音时长
3   state: 0,            // 录音状态，0 表示停止，1 表示开始，2 表示暂停
4 }
```

在上述代码中，第 2 行代码定义了 time 属性，属性值为 00:00:00，表示初始录音时长为 00:00:00；第 3 行代码定义了 state 属性，用于保存录音状态，其值为 0 表示停止，值为 1 表示开始，值为 2 表示暂停，默认值为 0。

3. 实现"录音机"微信小程序的页面结构

在 pages/index/index.wxml 文件中编写页面结构，具体代码如下。

```
1 <view class="top">
2   <view class="top-title">录音机</view>
3   <view class="top-time">{{ time }}</view>
4 </view>
5 <view class="control">
6   <view class="btn btn-play" bindtap="play" hover-class="btn-hover" hover-stay-time="50"></view>
7   <view class="btn btn-rec {{ state === 1 ? 'btn-rec-pause' : 'btn-rec-normal' }}" bindtap="rec" hover-class="btn-hover" hover-stay-time="50"></view>
8   <view class="btn btn-stop" bindtap="stop" hover-class="btn-hover" hover-stay-time="50"></view>
9 </view>
```

在上述代码中，第 1～4 行代码定义了顶部区域，其中第 3 行代码定义了 view 组件展示了录制时长。第 5～9 行代码定义了按钮控制区域，其中，第 6 行代码表示"播放录音"按钮，为 view 组件绑定 tap 事件，事件处理函数为 play( )；第 7 行代码表示"开始/暂停录音"按钮，为 view 组件绑定 tap 事件，事件处理函数为 rec( )，且通过三元表达式判断 state 属性的值是否等于 1，若为 true，说明此时正在录音，则为用户提供"暂停"按钮，若为 false，说明此时处于停止或暂停状态，则为用户提供"开始"按钮；第 8 行代码表示"停止录音"按钮，为 view 组件绑定 tap 事件，事件处理函数为 stop( )。

至此，"录音机"微信小程序的页面结构已经实现。

4. 实现录音功能

"录音机"微信小程序为用户提供了开始或暂停录音、停止录音、播放录音的功能。因为播放录音功能需要提供音频，所以先完成开始或暂停、停止录音功能的编写。接下来将分别实现这些功能，具体步骤如下。

① 在 pages/index/index.js 文件的开头位置引入 timer 模块，用于对录音时间进行计时，具体代码如下。

```
const timer = require('../../utils/timer.js')
```

在上述代码中，timer 是一个对象，该对象的 start( )方法用于开始计时；pause( )方法用于暂停计时；reset( )方法用于停止计时并复位。该对象有一个 onTimeUpdate 事件，该事件会在计时开始后每秒自动触发一次。

② 在 Page({ })中编写 rec( )函数，实现开始或暂停录音，具体代码如下。

```
1  rec: function () {
2    switch (this.data.state) {
3      case 0:
4        rec.start()
5        timer.onTimeUpdate(time => {
6          this.setData({ time })
7        })
8        timer.start()
9        this.setData({ time: '00:00:00', state: 1 })
10       break
11     case 1:
12       rec.pause()
13       timer.pause()
14       this.setData({ state: 2 })
15       break
16     case 2:
17       rec.resume()
18       timer.start()
19       this.setData({ state: 1 })
20       break
21   }
22 },
```

在上述代码中，第 2~21 行代码通过 switch 语句实现根据不同条件执行不同的代码。第 3~10 行代码为第 1 个条件，state 属性值为 0，表示此时录音处于未开始或停止状态，执行开始录音的操作，其中，第 5~7 行代码设置了 onTimeUpdate( )事件处理函数，用于实现当时间更新后将时间更新到页面中；第 11~15 行代码为第 2 个条件，state 属性值为 1，表示此时录音处于开始状态，执行暂停录音的操作；第 16~20 行代码为第 3 个条件，state 属性值为 2，表示此时录音处于暂停状态，执行继续录音的操作。

③ 在 Page({ })中编写 stop( )函数，实现停止录音，具体代码如下。

```
1  stop: function () {
2    rec.stop()
3    timer.reset()
4    this.setData({ state: 0 })
5  },
```

在上述代码中，第 2 行代码调用了 rec 对象的 stop( )方法，用于停止录音；第 3 行代码调用了 timer 对象的 reset( )方法，用于重置录音时间；第 4 行代码调用了 setData( )方法，将 state 设置为 0，表示当前状态为停止录制。

5. 实现播放录音功能

在按钮控制区域中，实现点击"播放录音"按钮播放录音，具体步骤如下。

① 在 pages/idnex/index.js 文件的开头位置获取 InnerAudioContext 实例，具体代码如下。

```
var audioCtx = wx.createInnerAudioContext()
```

在上述代码中，调用 wx.createInnerAudioContext( )方法获取 InnerAudioContext 实例，用于实现音频播放功能。

② 在 Page({ })中编写 play( )函数，实现播放录音，具体代码如下。

```
1  play: function () {
2    if (this.data.state > 0) {
3      // 第 1 种情况，录音尚未完成（在后面的步骤中实现）
4    } else if (tempFilePath) {
```

```
5    // 第 2 种情况，录音已完成
6    audioCtx.src = tempFilePath
7    audioCtx.play()
8    this.setData({ time: '播放录音' })
9  } else {
10   // 第 3 种情况，尚未录音
11   this.setData({ time: '暂无录音' })
12 }
13 }
```

在上述代码中，第 2～12 行代码进行了条件判断，若 this.data.state > 0，表示处于开始录制或者暂停录制状态，录音尚未完成，此时先不做任何处理；若属性 tempFilePath 属性值为 true，表示录音已完成，则将 audioCtx 对象的 src 设置为 tempFilePath，调用 play( )方法实现录音的播放；否则为尚未录音状态，调用 setData( )方法将 time 设置为"暂无录音"。

③ 当录音处于开始录制或者暂停录制时，应该先自动停止录音，并在停止录音后，执行播放录音的代码。找到 rec.onStop( )代码进行修改，修改后的代码如下。

```
1  var onStopCallBack = null
2  rec.onStop(res => {
3    tempFilePath = res.tempFilePath
4    console.log('录音成功: ' + tempFilePath)
5    onStopCallBack && onStopCallBack(tempFilePath)
6  })
```

在上述代码中，第 1 行和第 5 行代码为新增代码。第 1 行代码定义了变量 onStopCallBack，该变量的值为 null；第 2～6 行代码为监听录音结束之后的事件，在录音结束之后获取录音文件路径，并调用了 onStopCallBack( )函数，该函数用于播放录音。onStopCallBack( )函数将在接下来的步骤中实现。

④ 在 play( )函数中编写第 1 种情况的代码，具体代码如下。

```
1  // 第 1 种情况，录音尚未完成
2  onStopCallBack = tempFilePath => {
3    onStopCallBack = null
4    audioCtx.src = tempFilePath
5    audioCtx.play()
6    this.setData({ time: '播放录音' })
7  }
8  this.stop()
```

在上述代码中，第 2～7 行代码将 onStopCallBack 变量赋值为函数，其中，第 3 行代码将 onStopCallBack 变量赋值为 null，这样可以避免每次停止录音时都调用 onStopCallBack( )函数；第 4 行代码将录音文件的临时路径保存在 audioCtx 对象的 src 属性中；第 5 行代码调用 play( )方法播放录音；第 6 行代码将 time 赋值为播放录音。第 8 行代码调用 stop( )方法停止录音。录音停止后会执行 onStop( )事件处理函数中的代码。

完成上述代码后，运行程序，"录音机"微信小程序的实现效果如图 4-14 所示。

至此，"录音机"微信小程序已开发完成。

【案例 4-3】头像上传下载

头像上传下载是微信小程序开发中常见的一个功能，一般会出现在用户中心模块中，用于设置用户的头像。为了方便读者学习相关技术，下面将会开发一个专门用于实现头像上传下载的微信小程序。

案例分析

"头像上传下载"微信小程序的页面效果如图 4-17 所示。

在图 4-17 中，"头像上传下载"微信小程序展示了头像信息，并提供了 3 个按钮，依次为"更改头像""头像上传""头像下载"。点击"更改头像"按钮，可以重新选择头像图片；点击"头像上传"按钮，可以将头像上传到服务器；点击"头像下载"按钮，可以从服务器中下载头像图片并预览。

知识储备

1. 选择媒体 API

微信小程序提供了选择媒体 API，其用于选择图片或视频，一般用于上传头像、上传照片和上传视频等功能中。通过调用 wx.chooseMedia( )方法即可使用选择媒体 API，该方法执行后，会提示用户拍摄图片或视频，或从手机相册中选择图片或视频。

图4-17　"头像上传下载"微信小程序的页面效果

wx.chooseMedia( )方法的常用选项如表 4-7 所示。

表 4-7　wx.chooseMedia( )方法的常用选项

选项	类型	说明
count	number	最多可以选择的文件个数，默认值为 9
mediaType	Array.<string>	文件类型，默认值为['image', 'video']
sourceType	Array.<string>	图片和视频选择的来源，默认值为['album', 'camera']
maxDuration	number	拍摄视频最长拍摄时间，单位秒。时间范围为 3～60 秒之间。不限制相册，默认值为 10
camera	string	仅在 sourceType 为 camera 时生效，可设置使用前置或后置摄像头，默认值为 back
success	function	接口调用成功的回调函数
fail	function	接口调用失败的回调函数
complete	function	接口调用结束的回调函数（调用成功或失败都会执行）

在表 4-7 中，mediaType 选项的合法值有 3 个，分别是 image（只能拍摄图片或从相册选择图片）、video（只能拍摄视频或从相册选择视频）和 mix（可同时选择图片和视频）；sourceType 选项的合法值有 2 个，分别是 album（从相册选择）和 camera（使用相机拍摄）。

接下来演示如何使用 wx.chooseMedia( )方法从手机相册中选择图片。先准备一个按钮，在 pages/index/index.wxml 文件中编写如下代码。

```
<button bindtap="test">选择图片</button>
```

编写 test( )事件处理函数，具体代码如下。

```
test: function () {
  wx.chooseMedia({
    count: 9,                        // 最多可以选择 9 个文件
    mediaType: ['image'],            // 文件类型为只能拍摄图片或从相册中选图片
    sourceType: ['album', 'camera'], // 图片来源为从相册选择和使用相机拍摄
```

```
  success (res) {
    // 获取用户选择的文件
    const tempFilePath = res.tempFiles[0].tempFilePath
    console.log(tempFilePath)
  }
})
}
```

在上述代码中，通过 wx.chooseMedia( )方法从手机中选择图片，调用成功之后，在 success 回调函数中保存 tempFilePath 临时文件路径，并在控制台中输出。

2. 图片预览 API

微信小程序提供了图片预览 API，通过图片预览 API 可以预览图片，且在预览过程中用户可以进行保存图片、发送给朋友等操作。通过调用 wx.previewImage( )方法即可使用图片预览 API，该方法的常用选项如表 4-8 所示。

表 4-8　wx.previewImage( )方法的常用选项

选项	类型	说明
urls	Array.<string>	需要预览的图片链接，为必填项，默认值为""
showmenu	boolean	是否显示长按菜单，默认值为 true
current	string	当前显示图片的链接，默认值为 urls 的第一张
success	function	接口调用成功的回调函数
fail	function	接口调用失败的回调函数
complete	function	接口调用结束的回调函数（调用成功、失败都会执行）

在表 4-8 中，urls 选项支持 http 或者 https 协议的网络图片地址，如果使用本地图片进行预览，会出现黑屏加载不出图片的情况。

接下来演示如何通过 wx.previewImage( )方法预览图片。

在 pages/index/index.js 文件的 Page({ })中定义页面所需的数据，具体代码如下。

```
data: {
  url: 'http://127.0.0.1:3000/tree.jpg'
},
```

上述代码定义了 url 属性，该属性用于表示图片地址，该图片来自本地服务器，读者可通过本书配套源代码搭建本地服务器。

在 pages/index/index.wxml 文件中编写页面结构，具体代码如下。

```
<image src="{{ url }}" bindtap="previewImage" />
```

上述代码为 image 组件绑定 tap 事件，事件处理函数为 previewImage( )函数，点击按钮可实现图片的预览。

在 pages/index/index.js 文件的 Page({ })中添加 previewImage( )函数，实现图片的预览，具体代码如下。

```
previewImage() {
  wx.previewImage({
    urls: [
      this.data.url          // 需要预览的图片链接列表
    ]
  })
}
```

上述代码通过调用 wx.previewImage( )方法来实现图片的预览操作。

上述代码完成后，运行程序，单击图片前后的对比如图 4-18 所示。

单击图片前　　　　　　　　　　单击图片后

图4-18　单击图片前后的对比

3. 文件上传 API

在生活中，经常需要进行文件上传操作，例如更改头像需要将新的头像上传到服务器中。微信小程序提供了文件上传 API，使用文件上传 API 可以在微信小程序中发起一个 POST 请求，将本地资源上传到服务器。通过调用 wx.uploadFile( )方法即可使用文件上传 API，该方法的常用选项如表 4-9 所示。

表4-9　wx.uploadFile( )方法的常用选项

选项	类型	说明
url	string	开发者服务器地址，该项为必填项
header	object	HTTP 请求的 Header，Header 中不能设置 Referer
timeout	number	超时时间，单位为毫秒
name	string	文件对应的 key，开发者在服务器端可以通过这个 key 获取文件的二进制内容，该项为必填项
filePath	string	要上传的文件资源的路径（本地路径），该项为必填项
success	function	接口调用成功的回调函数
fail	function	接口调用失败的回调函数
complete	function	接口调用结束的回调函数（接口调用成功、失败都会执行）

接下来演示 wx.uploadFile( )方法的使用，示例代码如下。

```
wx.uploadFile({
  filePath: '文件路径',
  name: 'image',
  url: 'http://127.0.0.1:3000/upload',
  success: res => {
    console.log(res)
  }
})
```

上述代码通过调用 wx.uploadFile( )方法将本地资源上传到开发者服务器上，接口调用成功之后在控制台输出返回结果。filePath 设置的文件路径可通过 wx.chooseMedia( )方法或其他方式获取。

4. 文件下载 API

在生活中，经常需要下载一些文件，例如将网络中某个参考资料下载到本地进行查看。微信小程序提供了文件下载 API，使用文件下载 API 可以实现文件下载功能。通过调用 wx.downloadFile( )方法即可使用文件下载 API，该方法的常用选项如表 4-10 所示。

表 4-10　wx.downloadFile( )方法的常用选项

选项	类型	说明
url	string	下载资源 url，该项为必填项
header	object	HTTP 请求的 Header，Header 中不能设置 Referer
timeout	number	超时时间，单位为毫秒
filePath	string	指定文件下载后存储的路径（本地路径）
success	function	接口调用成功的回调函数
fail	function	接口调用失败的回调函数
complete	function	接口调用结束的回调函数（接口调用成功、失败都会执行）

接下来演示 wx.downloadFile( )方法的使用，示例代码如下。

```
wx.downloadFile({
  url: 'http://127.0.0.1:3000/tree.jpg',
  success: res => {
    // 判断服务器响应的状态码
    if (res.statusCode === 200) {
      console.log(res.tempFilePath)
    }
  }
})
```

在上述代码中，通过调用 wx.downloadFile( )方法将文件资源下载到本地，接口调用成功之后判断服务器的状态码，状态码为 200 时在控制台输出文件下载后的路径。

案例实现

1. 准备工作

在开发本案例前，需要先完成一些准备工作，主要包括创建项目、配置导航栏、复制素材和启动服务器，具体步骤如下。

① 创建项目。在微信开发者工具中创建一个新的微信小程序项目，项目名称为"头像上传下载"，模板选择"不使用模板"。

② 配置导航栏。在 pages/index/index.json 文件中配置页面导航栏，具体代码如下。

```
{
  "navigationBarTitleText": "头像上传下载"
}
```

上述代码将导航栏标题设置为"头像上传下载"。"头像上传下载"导航栏的效果如图 4-19 所示。

③ 复制素材。从本书配套资源中找到本案例，复制以下素材到本项目中。

- pages/index/index.wxss 文件，该文件中保存了本项

图4-19　"头像上传下载"导航栏的效果

目的页面样式素材。

- images 文件夹，该文件夹保存了本项目所用图片的素材。

④ 启动服务器。从本书配套资源中找到本案例的源代码，进入"服务器端"文件夹，该文件夹下的内容为 Node.js 本地 HTTP 服务器程序。打开命令提示符，切换工作目录到当前目录，然后在命令提示符中执行如下命令，启动服务器。

```
node index.js
```

上述步骤操作完成后，"头像上传下载"微信小程序的目录结构如图 4–20 所示。

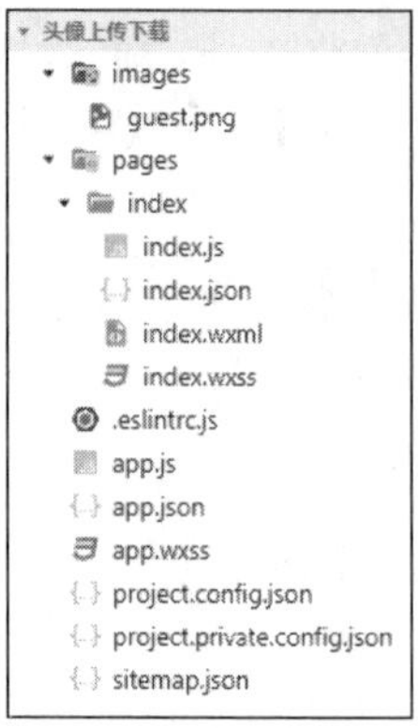

至此，准备工作已经全部完成。

图4-20　"头像上传下载"微信小程序的目录结构

2. 实现"头像上传下载"微信小程序的页面结构

在 pages/index/index.wxml 文件中编写页面结构，具体代码如下。

```
1  <view class="imgbox">
2    <image src="{{ imgUrl }}" mode="aspectFit" />
3    <button type="primary" size="mini" bindtap="changeImg">更改头像</button>
4    <button type="primary" size="mini" bindtap="upload">头像上传</button>
5    <button type="primary" size="mini" bindtap="download">头像下载</button>
6  </view>
```

在上述代码中，第 3 行代码为"更改头像"按钮绑定了 changeImg( )函数，当用户点击"更改头像"按钮时会触发 changeImg( )事件处理函数；第 4 行代码为"头像上传"按钮绑定了 upload( )函数；第 5 行代码为"头像下载"按钮绑定了 download( )函数。

至此，"头像上传下载"微信小程序的页面结构已经实现。

3. 实现"头像上传下载"微信小程序的页面逻辑

在 pages/index/index.js 文件的 Page({ })中编写逻辑代码，具体步骤如下。

① 在 data 中定义初始数据，具体代码如下。

```
1  data: {
2    imgUrl: '/images/guest.png',
3    tempFilePath: null
4  },
5  uploadFileUrl: null,
```

在上述代码中，第 2 行代码中的 imgUrl 为头像的初始显示图片；第 3 行代码定义了 tempFilePath 属性，属性值为 null，用于保存图片文件临时路径；第 5 行代码定义了 uploadFileUrl 属性，用于保存图片上传之后的图片路径。

② 编写事件处理函数 changeImg( )，实现图片选择，具体代码如下。

```
1  changeImg: function () {
2    wx.chooseMedia({
3      count: 1,
4      mediaType: ['image'],
5      sourceType: ['album', 'camera'],
6      success: res => {
7        var tempFilePath = res.tempFiles[0].tempFilePath
8        this.setData({
9          tempFilePath: tempFilePath,
10         imgUrl: tempFilePath
11       })
12     }
```

```
13   })
14 },
```

在上述代码中，第 2～13 行代码通过 wx.chooseMedia( ) 方法进行图片选择。其中，第 3 行代码定义了 count 属性，属性值为 1，表示最多可以选择的文件个数为 1；第 4 行代码定义了 mediaType 属性，属性值为 image，表示文件类型只能是拍摄的图片或从相册选择的图片；第 5 行代码定义了 sourceType 属性，属性值为 album 和 camera，表示图片的选择来源为从相册选择和使用相机拍摄；第 6～12 行代码定义了接口调用成功的回调函数 success( )，将文件路径保存在 tempFilePath 属性和 imgUrl 属性中。

③ 编写事件处理函数 upload( )，实现头像的上传，具体代码如下。

```
1  upload: function () {
2    // 如果没有更改照片提示更改后再上传
3    if (!this.data.tempFilePath) {
4      wx.showToast({
5        title: '请您更改头像之后再进行上传操作',
6        icon: 'none',
7        duration: 2000
8      })
9      return
10   }
11   // 确认更改头像之后再上传
12   wx.uploadFile({
13     filePath: this.data.tempFilePath,
14     name: 'image',
15     url: 'http://localhost:3000/upload',
16     success: res => {
17       this.uploadFileUrl = JSON.parse(res.data).file
18       console.log('上传成功')
19     }
20   })
21 },
```

在上述代码中，第 3～9 行代码通过 if 判断是否更改头像，当图片文件临时路径 tempFilePath 为 false 时，表示没有更改头像，通过 wx.showToast( ) 方法弹出消息提示框，提示 "请您更改头像之后再进行上传操作"；第 12～20 行代码通过 wx.uploadFile( ) 方法将本地资源上传到开发者服务器，其中第 15 行代码为服务器地址，第 17 行代码将服务器返回的图片地址保存到 uploadFileUrl 属性中，用于后续开发下载图片的功能。

④ 在微信开发者工具的本地设置中勾选 "不校验合法域名、web-view（业务域名）、TLS 版本以及 HTTPS 证书" 复选框。

⑤ 编写事件处理函数 download( )，实现图片的下载，具体代码如下。

```
1  download: function () {
2    if (!this.uploadFileUrl) {
3      wx.showToast({
4        title: '请您上传头像之后再进行下载操作',
5        icon: 'none',
6        duration: 2000
7      })
8      return
9    }
10   wx.showLoading({
11     title: '图片下载中，请稍后……',
12   })
13   wx.downloadFile({
```

```
14    url: this.uploadFileUrl,
15    success: res => {
16     wx.hideLoading()
17     console.log('下载完成')
18     wx.previewImage({
19       urls: [ res.tempFilePath ]
20     })
21    }
22   })
23 }
```

在上述代码中，第2～9行代码用于判断上传的图片路径是否存在，若!this.uploadFileUrl为true，则通过wx.showToast()方法弹出消息提示框，提示"请您上传头像之后再进行下载操作"；第10～12行代码用于提示用户图片正在下载；第13～22行代码通过wx.downloadFile()方法将图片下载到本地，其中第14行代码设置了url地址，第18～20行代码用于在图片下载完成后通过wx.previewImage()预览图片。

完成上述代码后，运行程序，"头像上传下载"微信小程序的实现效果如图4-17所示。

至此，"头像上传下载"微信小程序已经开发完成。

【案例4-4】模拟时钟

"模拟时钟"微信小程序是一个简约风格的动态时钟，该时钟时间与系统时间一致，且时针、分针、秒针会与系统时间同步更新，用户可以很方便地查看时间。下面将对"模拟时钟"微信小程序进行详细讲解。

案例分析

"模拟时钟"微信小程序利用canvas组件绘制时钟，刻度为12个刻度，需要分别画出中心圆、外层大圆、时针、分针、秒针。"模拟时钟"微信小程序的页面效果如图4-21所示。

知识储备

1. canvas组件

图4-21　"模拟时钟"微信小程序的页面效果

在HTML中，<canvas>标签可用于图形的绘制，也可用于创建图片特效和动画。在微信小程序中，canvas组件也起着类似作用，可用于自定义绘制图形，该组件支持2D和WebGL的绘图。

canvas组件通过<canvas>标签来定义，示例代码如下。

```
<canvas></canvas>
```

canvas组件的常用属性如表4-11所示。

表4-11　canvas组件的常用属性

属性	类型	说明
type	string	指定canvas组件的类型，支持2D和WebGL
canvas-id	string	canvas组件的唯一标识符，若指定了type属性则无须再指定该属性
disable-scroll	boolean	当在canvas组件中移动时且有绑定手势事件时，禁止屏幕滚动及下拉刷新，默认值为false

续表

属性	类型	说明
bindtouchstart	eventhandle	手指触摸动作开始
bindtouchmove	eventhandle	手指触摸后移动
bindtouchend	eventhandle	手指触摸动作结束
bindtouchcancel	eventhandle	手指触摸动作被打断，例如来电提醒、弹窗等
bindlongtap	eventhandle	手指长按 500 毫秒之后触发，触发了长按事件后进行移动不会触发屏幕的滚动
binderror	eventhandle	当发生错误时触发 error 事件

接下来演示 canvas 组件的使用。在 pages/index/index.wxml 文件中编写页面结构，具体代码如下。

```
<canvas id="myCanvas" type="2d"></canvas>
```

上述代码定义了 canvas 组件，用于创建画布。其中，type 属性值为 2d，表示使用 Canvas 2D 接口。

在 pages/index/index.wxss 文件中编写 canvas 组件的页面样式，具体代码如下。

```
#myCanvas {
  display: block;
  width: 300px;
  height: 150px;
  position: relative;
  border: 1px solid red;
}
```

上述代码为了方便查看默认 canvas 组件的大小，设置了 1px 的红色实心边框，页面效果如图 4-22 所示。

从图 4-22 可以看出，页面是空白的。要想在页面中绘制图形，必须要在 JS 中控制 canvas 组件，后续将会讲解如何使用 canvas 组件绘制图形。

图4-22　查看默认canvas组件大小的页面效果

2. 画布 API

通过 canvas 组件创建画布后，要想在画布中绘制图案，需要通过画布 API 来完成。若要使用画布 API，需要先获取 Canvas 实例，然后通过 Canvas 实例获取 RenderingContext（渲染上下文）实例，最后通过 RenderingContext 实例的属性和方法完成绘图操作。获取 Canvas 实例的示例代码如下。

```
1  wx.createSelectorQuery()
2  .select('#myCanvas') // 页面中<canvas>标签的 id
3  .fields({ node: true, size: true })
4  .exec(res => {
5    // 获取 Canvas 实例
6    const canvas = res[0].node
7    // 调用 getContext()方法获取 RenderingContext 实例
8    const ctx = canvas.getContext('2d')
9  })
```

在上述代码中，第 1 行代码的 wx.createSelectorQuery( )方法用于创建一个选择器，通过选择器可以选择页面中的节点；第 2 行代码用于通过 id 选择器获取 id 为 myCanvas 的节点；第 3 行代码用于控制需要返回的节点信息，其中 node 表示返回节点对应的 Node 实例，size 表示返回节点尺寸（width、height）；第 4～9 行代码表示执行所有的请求，其中，回调函数参数 res 是执行结果，它是一个按请求次序构成的数组，通过 res[0].node 即可获取 Canvas 实例；第 8 行代码用于获取 RenderingContext 实例。

RenderingContext 实例的常用属性和方法如图 4-12 所示。

表 4-12　RenderingContext 实例的常用属性和方法

类型	名称	说明
属性	width	画布宽度
	height	画布高度
	fillStyle	设置或返回用于填充绘画的颜色、渐变或模式
	strokeStyle	设置描边颜色
	lineWidth	设置或返回当前的线条宽度
	font	设置或返回文本内容的当前字体属性
	textBaseline	设置或返回在绘制文本时使用的当前文本基线
方法	rect( )	创建矩形
	fillRect( )	绘制"被填充"的矩形
	strokeRect( )	绘制矩形（无填充）
	clearRect( )	在给定的矩形内清除指定的像素
	stroke( )	绘制已定义的路径
	beginPath( )	开始创建一个路径
	closePath( )	创建从当前点回到起始点的路径
	moveTo( )	把路径移动到画布中的指定点，不创建线条
	arc( )	创建一条弧线
	rotate( )	以原点为中心顺时针旋转当前坐标轴。多次调用旋转的角度会叠加。原点可以用 translate( )方法修改，旋转角度为正数，顺时针旋转，否则逆时针旋转
	translate( )	对当前坐标系的原点(0, 0)进行变换。默认的坐标系原点为页面左上角
	fillText( )	在画布上绘制被填充的文本
	restore( )	恢复之前保存的绘图上下文
	save( )	保存绘图上下文

下面以绘制矩形和笑脸为例，演示使用 canvas 组件绘制图案的基本步骤。

① 在 pages/index/index.wxml 文件中编写页面结构，具体代码如下。

```
<canvas id="draw" type="2d"></canvas>
```

② 在 pages/index/index.js 文件中编写代码获取 Canvas 实例，具体如下。

```
1  onReady: function () {
2    wx.createSelectorQuery()
3    .select('#draw')
4    .fields({ node: true, size: true })
5    .exec(res => {
6      const canvas = res[0].node
7      const ctx = canvas.getContext('2d')
8      this.drawRect(ctx)
9      this.drawSmile(ctx)
10   })
11 },
12 drawRect: function (ctx) {
13   // 绘制矩形，在后面的步骤中实现
14 },
15 drawSmile: function (ctx) {
16   // 绘制笑脸，在后面的步骤中实现
17 }
```

在上述代码中，第 1～11 行代码在 onReady( )函数中获取 Canvas 实例和 RenderingContext 实例，后续的绘制通过 RenderingContext 实例中的属性和方法加以实现。其中，第 8 行代码调用了 drawRect( )方法，用于绘制矩形，第 9 行代码调用了 drawSmile( )方法，用于绘制笑脸，这两个方法在后续的步骤中实现。

③ 编写绘制矩形函数 drawRect( )，具体代码如下。

```
1  drawRect: function (ctx) {
2    ctx.fillStyle = 'rgba(0, 0, 200, 0.5)'
3    ctx.fillRect(10, 10, 150, 50)
4  },
```

在上述代码中，第 2 行代码用于设置填充的颜色为 rgba(0, 0, 200, 0.5)；第 3 行代码用于从左上角（10，10）坐标开始，绘制一个 150px × 50px 的矩形。

保存并执行上述代码，矩形的绘制效果如图 4-23 所示。

从图 4-23 可以看出，当前已经成功完成了矩形的绘制。

④ 接下来绘制笑脸，先把调用绘制矩形的方法注释起来，如下所示。

图4-23　矩形的绘制效果

```
// this.drawRect(ctx)
```

⑤ 编写绘制笑脸函数 drawSmile( )，具体代码如下。

```
1   drawSmile: function (ctx) {
2     // 设置线条颜色为红色，线条宽度为2px
3     ctx.strokeStyle = '#f00'
4     ctx.lineWidth = '2'
5     // 移动画笔坐标位置，绘制外部大圆
6     ctx.moveTo(160, 80)
7     ctx.arc(100, 80, 60, 0, 2 * Math.PI, true)
8     // 移动画笔坐标位置，绘制外部嘴巴线条
9     ctx.moveTo(140, 80)
10    ctx.arc(100, 80, 40, 0, Math.PI, false)
11    // 移动画笔坐标位置，绘制左眼圆圈
12    ctx.moveTo(85, 60)
13    ctx.arc(80, 60, 5, 0, 2 * Math.PI, true)
14    // 移动画笔坐标位置，绘制右眼圆圈
15    ctx.moveTo(125, 60)
16    ctx.arc(120, 60, 5, 0, 2 * Math.PI, true)
17    ctx.stroke()
18  }
```

在上述代码中，第 6 行代码用于将画笔位置移动到坐标（160，80）处；第 7 行代码表示以坐标（100，80）为圆心绘制一个半径为 60px 的圆，绘制时的起始弧度为 0，终止弧度为 2*Math.PI，true 表示逆时针方向。

执行完上述代码后，笑脸的绘制效果如图 4-24 所示。

从图 4-24 可以看出，当前已经成功完成了笑脸的绘制。

案例实现

1. 准备工作

在开发本案例前，需要先完成一些准备工作，主要包括创建项目和配置导航栏，具体步骤如下。

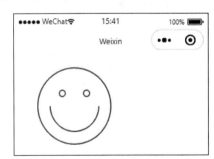

图4-24　笑脸的绘制效果

　　① 创建项目。在微信开发者工具中创建一个新的微信小程序项目，项目名称为"模拟时钟"，模板选择"不使用模板"。

　　② 配置导航栏。在 pages/index/index.json 文件中配置页面导航栏，具体代码如下。

```
{
  "navigationBarTitleText": "模拟时钟"
}
```

　　上述代码将导航栏标题设置为"模拟时钟"。"模拟时钟"导航栏的效果如图 4-25 所示。

　　上述步骤操作完成后，"模拟时钟"微信小程序的目录结构如图 4-26 所示。

图4-26　"模拟时钟"微信小程序的目录结构

图4-25　"模拟时钟"导航栏的效果

　　至此，准备工作已经全部完成。

2. 初始化画布

在绘制模拟时钟之前，需要创建画布并进行一些初始化操作，具体如下。

　　① 在 pages/index/index.wxml 文件中定义 canvas 组件，具体代码如下。

```
<canvas id="myCanvas" type="2d"></canvas>
```

　　上述代码用 canvas 组件创建画布。其中，type 属性值为 2d，表示 Canvas 2D 接口。

　　② 在 pages/index/index.wxss 文件中编写 canvas 组件的样式，具体代码如下。

```
1  #myCanvas {
2    width: 100%;
3    height: 100%;
4    position: fixed;
5  }
```

　　上述代码设置了 canvas 组件的宽、高为 100%，占满整个屏幕，并且设置固定定位。

　　③ 在项目根目录下创建 utils 文件夹，将绘制功能封装到 utils/drawClock.js 文件中，该文件的基本代码如下。

```
1  module.exports = canvas => {
2    const ctx = canvas.getContext('2d')
3    // 计算表盘半径，留出 30px 外边距
4    var radius = canvas.width / 2 - 30
5    return () => {
6      // 在此处编写绘制代码
7    }
8  }
```

　　上述代码通过 module.exports 将页面中定义的方法暴露出去。其中，第 2 行代码用于获取 RenderingContext 实例；第 4 行代码用于计算表盘的半径，为了美观，预留 30px 的宽度。

④ 在 pages/index/index.js 文件中引入模块，具体代码如下。

```
const drawClock = require('../../utils/drawClock.js')
```

⑤ 在 pages/index/index.js 文件中编写 onReady( )函数，实现页面初次渲染时获取 Canvas 实例，具体代码如下。

```
1  onReady: function () {
2    wx.createSelectorQuery()
3    .select('#myCanvas')
4    .fields({ node: true, size: true })
5    .exec(res => {
6      const canvas = res[0].node
7      canvas.width = res[0].width
8      canvas.height = res[0].height
9      const draw = drawClock(canvas)
10     draw()
11   })
12 }
```

在上述代码中，第 9～10 行代码调用模块 drawClock 中的函数，在页面初次渲染的时候进行模拟时钟的绘制。

⑥ 在 utils/drawClock.js 文件中编写绘制代码，具体代码如下。

```
1  return () => {
2    // 设置坐标轴原点为画布的中心点
3    ctx.translate(canvas.width / 2, canvas.height / 2)
4    // 绘制表盘
5    drawDial(ctx, radius)
6    // 绘制指针
7    drawHand(ctx, radius)
8  }
```

在上述代码中，第 3 行代码通过调用 ctx 对象的 translate( )方法设置坐标轴原点为中心点；第 5 行代码调用 drawDial( )函数绘制表盘；第 7 行代码调用 drawHand( )函数绘制指针。绘制表盘和绘制指针的函数在后续的步骤中实现。

3. 绘制表盘

在 utils/drawClock.js 文件中编写表盘部分，具体步骤如下。

① 编写表盘整体部分，包括外层大圆和中心圆部分，具体代码如下。

```
1  function drawDial(ctx, radius) {
2    // 绘制外层大圆
3    ctx.lineWidth = '2'                          // 设置线条宽度为2px
4    ctx.beginPath()                              // 开始一条路径
5    ctx.arc(0, 0, radius, 0, 2 * Math.PI, true)  // 画弧线
6    ctx.stroke()                                 // 绘制
7    // 绘制中心圆
8    ctx.lineWidth = '1'
9    ctx.beginPath()
10   ctx.arc(0, 0, 8, 0, 2 * Math.PI, true)       // 中心圆半径为8px
11   ctx.stroke()
12 }
```

在上述代码中，绘制外层大圆和中心圆方法类似，第 3～6 行代码用于绘制外层大圆，第 8～11 行代码用于绘制中心圆。

② 将常用的角度换算成弧度。在时钟中，有大刻度盘和小刻度盘两种，大刻度盘被分为 12 小格，1 格代表 5 分钟，每一格所对角的度数为 30°，小刻度盘被分为 60 小格，1 格代表 1 分钟，每一格所对角的度数

为6°。

由于 ctx.rotate() 方法的参数是弧度不是角度，可以将常用的角度换算成弧度以便于使用，在 utils/drawClock.js 文件开头位置添加如下代码。

```
1  // 将角度转换为弧度
2  const D6 = 6 * Math.PI / 180
3  const D30 = 30 * Math.PI / 180
4  const D90 = 90 * Math.PI / 180
```

在上述代码中，D6、D30 和 D90 表示角度分别为 6°、30° 和 90°，但它们的值已经换算为弧度。

③ 编写代码，绘制大刻度盘和小刻度盘，具体代码如下。

```
1  function drawDial(ctx, radius) {
2    原有代码……
3    // 绘制大刻度盘
4    ctx.lineWidth = '5'
5    // 从三点钟开始，转圈进行绘制
6    for (var i = 0; i < 12; ++i) {
7      // 以原点为中心顺时针旋转，多次调用旋转的角度会叠加，从而画出倾斜的线
8      ctx.rotate(D30)                    // 大刻度盘绘制 12 个线条
9      ctx.beginPath()
10     // 设置起始点，现在原点是在中心点，调用 moveTo() 方法将线条移动到外层大圆上
11     ctx.moveTo(radius, 0)
12     // 设置终点
13     ctx.lineTo(radius - 15, 0)        // 大刻度长度 15px
14     ctx.stroke()
15   }
16   // 绘制小刻度盘
17   ctx.lineWidth = '1'
18   for (var i = 0; i < 60; ++i) {
19     ctx.rotate(D6)
20     ctx.beginPath()
21     ctx.moveTo(radius, 0)
22     ctx.lineTo(radius - 10, 0)        // 小刻度长度 10px
23     ctx.stroke()
24   }
25 }
```

在上述代码中，绘制大刻度盘和小刻度盘方法类似，第 4～15 行代码用于绘制大刻度盘，第 17～24 行代码用于绘制小刻度盘。第 6 行代码中，通过循环绘制大刻度盘刻度，大刻度盘刻度共有 12 条；第 18 行代码中，通过循环绘制小刻度盘刻度，小刻度盘刻度共有 60 条。

④ 绘制表盘上的数字，具体代码如下。

```
1  function drawDial(ctx, radius) {
2    原有代码……
3    // 绘制数字
4    ctx.font = '22px sans-serif'
5    ctx.textBaseline = 'middle'        // 文本垂直居中
6    // 文本距离时钟中心点半径，让文字与表盘线有距离
7    var r = radius - 30
8    // 文本位置是绕外圈圆的，所以要计算文本坐标
9    for (var i = 1; i <= 12; ++i) {
10     // 利用三角函数计算文本坐标
11     var x = r * Math.cos(D30 * i - D90)
12     var y = r * Math.sin(D30 * i - D90)
13     // 位置进行调整
```

```
14      if (i > 10) {
15          // 在画布上绘制文本, fillText (文本, 左上角 x 坐标, 左上角 y 坐标)
16          ctx.fillText(i, x - 12, y)        // 绘制 11 和 12
17      } else {
18          ctx.fillText(i, x - 6, y)         // 绘制 1~10
19      }
20  }
21 }
```

在上述代码中，第 11~12 行代码用于计算绘制数字的 x、y 坐标，其中，"D30 * i"用于计算每个数字旋转的度数。假设 x、y 为 0，fillText()方法会把数字绘制到水平方向，也就是 3 点钟的位置上。当 i 的值为 1 时，则会把数字 1 绘制到 4 点钟的位置上。为了将数字 1 绘制到 1 点钟的位置上，需要将 D30 * i 的计算结果减 D90（90°）。第 16 行和第 18 行代码用于调用 fillText()方法将数字作为文本绘制到表盘上，其中，将 x 坐标减 12 或减 6 是为了将数字与刻度线对齐。

4. 绘制指针

在 utils/drawClock.js 文件中编写绘制指针的代码，具体代码如下。

```
1  function drawHand(ctx, radius) {
2      var t = new Date()              // 获取当前时间
3      var h = t.getHours()            // 小时
4      var m = t.getMinutes()          // 分
5      var s = t.getSeconds()          // 秒
6      h = h > 12 ? h - 12 : h         // 将 24 小时制转换为 12 小时制
7      // 时间从 3 点开始，逆时针旋转 90°，指向 12 点
8      ctx.rotate(-D90)
9      // 绘制时针
10     ctx.save()                      // 记录旋转状态
11     ctx.rotate(D30 * (h + m / 60 + s / 3600))
12     ctx.lineWidth = '6'
13     ctx.beginPath()
14     ctx.moveTo(-20, 0)              // 线条起点（针尾留出 20px）
15     ctx.lineTo(radius / 2.6, 0)     // 线条长度
16     ctx.stroke()
17     ctx.restore()                   // 恢复旋转状态，避免旋转叠加
18     // 绘制分针
19     ctx.save()
20     ctx.rotate(D6 * (m + s / 60))
21     ctx.lineWidth = '4'
22     ctx.beginPath()
23     ctx.moveTo(-20, 0)
24     ctx.lineTo(radius / 1.8, 0)
25     ctx.stroke()
26     ctx.restore()
27     // 绘制秒针
28     ctx.save()
29     ctx.rotate(D6 * s)
30     ctx.lineWidth = '2'
31     ctx.beginPath()
32     ctx.moveTo(-20, 0)
33     ctx.lineTo(radius / 1.6, 0)
34     ctx.stroke()
35     ctx.restore()
36 }
```

在上述代码中，第 2 行代码为获取当前时间，将时间保存在 t 中；第 3～5 行代码获取当前的时、分、秒；第 6 行代码将 24 小时制转换为 12 小时制；第 10 行代码调用 save( )方法保存绘图上下文；第 11 行代码通过调用 rotate( )方法将指针进行旋转；第 12 行代码设置时针线条宽度为 6px；第 13 行代码设置开始路径；第 14 行代码通过调用 moveTo( )方法设置针尾，时针以针尾起点画线；第 15 行代码通过调用 lineTo( )方法计算时针长度；第 16 行代码进行画线；第 17 行代码用于恢复之前保存的绘图上下文。

5. 实现时钟走动效果

上述步骤完成后，实现了静态的模拟时钟，接下来让时钟动起来，具体步骤如下。

① 在 Page({ })中定义一个 timer 属性，用于保存定时器，具体代码如下。

```
timer: null, // 定时器
```

② 修改 onReady( )函数中 exec( )方法的代码，在调用 draw( )函数后设置定时器，实现每秒调用一次 draw( )函数，具体代码如下。

```
1  .exec(res => {
2    原有代码……
3    this.timer = setInterval(draw, 1000)
4  })
```

③ 编写 onUnload( )函数，在页面卸载时清除定时器，具体代码如下。

```
1  onUnload: function () {
2    clearInterval(this.timer)
3  }
```

上述代码通过调用 clearInterval( )方法来清除定时器。

④ 修改 utils/clock.js 文件中的 return 代码，在绘制时钟前先清除画布，并在绘制完成后将画布恢复成初始状态，方便下次绘制，具体代码如下。

```
1  return () => {
2    // 清除画布
3    ctx.clearRect(0, 0, canvas.width, canvas.height);
4    原有代码……
5    // 绘制完成后将画布恢复成初始状态
6    ctx.rotate(D90)
7    ctx.translate(-canvas.width / 2, -canvas.height / 2)
8    ctx.restore()
9  }
```

在上述代码中，第 2～3 行和第 5～8 行代码为新增代码。其中，第 3 行代码通过调用 clearRect( )方法来清除画布；第 6 行代码调用 rotate( )方法将画布恢复成初始旋转角度；第 7 行代码调用 translate( )方法重新设置原点；第 8 行代码调用 restore( )方法恢复之前保存的绘图上下文。

完成上述代码后，运行程序，"模拟时钟"微信小程序的实现效果如图 4-21 所示。

至此，"模拟时钟"微信小程序已开发完成。

本章小结

本章主要讲解了微信小程序的常用 API，并结合案例演示了这些 API 在微信小程序中的应用。通过本章的学习，读者应掌握本章所讲的常用 API 的使用，能够利用背景音频 API、录音 API、音频 API、选择媒体 API、图片预览 API、文件上传 API 与文件下载 API 实现相应的功能，并能够利用 canvas 组件和画布 API 绘制简单的图案。

课后练习

一、填空题

1. 上传文件的 API 是_____。

2. 下载文件的 API 是_____。

3. scroll-view 组件可以实现_____效果。

4. 在 scroll-view 组件中，_____属性用于设置横向滚动条的位置。

5. 在 slider 组件的属性中，_____属性用于设置进度条的最大值。

二、判断题

1. 在 canvas 组件中，canvas-id 属性是其唯一标识符。（　　　）

2. 在 slider 组件上添加 bindchanging="sliderChanging"后，当滑块被拖曳时就会执行 sliderChanging( )事件处理函数。（　　　）

3. canvas 组件将 type 属性值设置为 2D 表示使用 Canvas 2D 接口。（　　　）

4. 通过调用 wx.previewImage()方法可以使用选择媒体 API。（　　　）

三、选择题

1. 下列选项中，用于滑动选择某一个值的组件是（　　　）。

A. view　　　　　　B. slider　　　　　　C. input　　　　　　D. audio

2. 下列 BackgroundAudioManager 实例的方法中，可以将音乐跳转到指定位置的是（　　　）。

A. stop( )　　　　　B. seek( )　　　　　C. pause( )　　　　　D. play( )

3. 下列关于 canvas 组件的说法中，错误的是（　　　）。

A. canvas 组件通过<canvas>标签定义　　　B. id 是 canvas 组件的唯一标识符

C. canvas 组件用于自定义绘制图形　　　　D. canvas 组件的 type 属性用于指定 canvas 类型

4. 下列选项中，关于 RecorderManager 实例的常用方法说法错误的是（　　　）。

A. start( )方法表示开始录音

B. pause( )方法表示暂停录音

C. resume( )方法表示继续录音

D. onError( )方法表示停止录音，点击开始录音后会从中断的地方接着继续录音

四、简答题

1. 简述 BackgroundAudioManager 实例的属性和方法。

2. 简述使用画布 API 进行绘图的基本步骤。

3. 简述如何实现文件上传和文件下载。

第5章

微信小程序常用API（下）

学习目标

- ★ 掌握动画 API，能够完成动画的制作
- ★ 熟悉登录流程时序，能够归纳微信小程序的登录流程
- ★ 掌握登录 API，能够运用 wx.login()方法实现用户登录
- ★ 掌握数据缓存 API，能够对数据进行存储、获取和移除等操作
- ★ 掌握头像昵称填写功能，能够实现头像选择和昵称填写
- ★ 掌握腾讯地图 SDK，能够实现腾讯地图 SDK 的接入和使用
- ★ 掌握 map 组件，能够灵活运用 map 组件实现地图效果
- ★ 掌握地图 API，能够实现地图中地理位置的获取等功能
- ★ 掌握位置 API，能够实现获取当前地理位置的功能
- ★ 掌握路由 API，能够利用路由 API 实现页面跳转
- ★ 掌握 WebSocket API，能够成功创建 WebSocket 连接
- ★ 掌握 SocketTask，能够使用 SocketTask 管理 WebSocket 连接

第 4 章讲解了背景音频、录音、音频等 API 的使用，使用这些 API 即可实现相应的功能。本章将继续通过案例的方式讲解微信小程序中常用 API 的使用，主要包括如何使用动画 API 制作动画、如何通过登录 API 实现用户登录、如何调用微信开放能力实现用户头像和昵称的获取、如何通过地图 API 实现地图功能，以及如何通过 WebSocketAPI、SocketTask 实现在线聊天。

【案例 5-1】罗盘动画

在微信小程序中，开发者根据项目需求，可以在页面中添加一些动画效果，例如旋转、缩放、移动等，通过这些动画效果可以提高用户体验。下面以"罗盘动画"微信小程序为例，讲解微信小程序中动画效果的制作。

案例分析

"罗盘动画"微信小程序分为图片区域和按钮区域，实现了对图片的一系列动画操作，包括旋转、缩放、

移动、倾斜等。"罗盘动画"微信小程序的页面效果如图 5-1 所示。

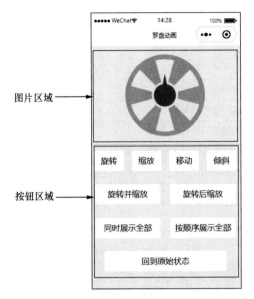

图5-1　"罗盘动画"微信小程序的页面效果

在图 5-1 中，点击不同的按钮，即可实现相应的动画效果。例如，分别点击"旋转""缩放""移动""倾斜"按钮可以实现图片的旋转、缩放、移动、倾斜效果；点击"旋转并缩放"按钮可以实现图片的旋转并缩放效果；点击"旋转后缩放"按钮可以实现图片先旋转，之后再缩放的效果；点击"同时展示全部"按钮可以实现图片同时进行旋转、缩放、移动、倾斜的效果；点击"按顺序展示全部"按钮可以实现图片逐一进行旋转、缩放、移动、倾斜效果；点击"回到原始状态"按钮可以将图片恢复成初始状态。

知识储备

动画 API

在微信小程序中添加动画效果，可以让页面中的内容动起来。动画效果对浏览者的视觉冲击力远远高于静态画面，更能吸引浏览者。在微信小程序中，使用动画 API 即可完成动画效果的制作。动画 API 的使用方法是，先通过 wx.createAnimation( )方法获取 Animation 实例，然后调用 Animation 实例的方法实现动画效果。

通过 wx.createAnimation( )方法获取 Animation 实例的示例代码如下。

```
var animation = wx.createAnimation(Object object)
```

在上述代码中，animation 是一个 Animation 实例，也就是一个对象，利用这个对象可以完成具体的工作。wx.createAnimation( )方法的常用选项如表 5-1 所示。

表 5-1　wx.createAnimation( )方法的常用选项

选项	类型	说明
duration	number	动画持续时间，单位为毫秒，默认值为 400 毫秒
timingFunction	string	动画的效果，默认值为 linear
delay	number	动画延迟时间，单位为毫秒，默认值为 0
transformOrigin	string	设置旋转元素的基点位置，默认值为 50% 50% 0，这 3 个数字分别表示 x 轴、y 轴和 z 轴的位置

表 5-1 中的 timingFunction 有多个合法值，timingFunction 的合法值如表 5-2 所示。

表 5-2　timingFunction 的合法值

合法值	说明
linear	动画从头到尾的速度是相同的
ease	动画以低速开始，然后加快，在结束前变慢
ease-in	动画以低速开始
ease-in-out	动画以低速开始和结束
ease-out	动画以低速结束
step-start	动画第一帧就跳至结束状态直到结束
step-end	动画一直保持开始状态，最后一帧跳到结束状态

Animation 实例可以调用一些方法来实现动画效果，调用结束会返回自身，支持链式结构的写法。Animation 实例的常用方法如表 5-3 所示。

表 5-3　Animation 实例的常用方法

方法	说明
rotate(number angle)	旋转。从原点顺时针旋转一个角度，角度取值范围为[-180，180]
export( )	导出动画队列。export( )方法每次调用后会清掉之前的动画操作
scale(number sx, number sy)	缩放。当仅有 sx 参数时，表示在 x 轴、y 轴同时缩放 sx 倍数；如果 sx 和 sy 参数都存在，sx 表示 x 轴缩放倍数，sy 表示 y 轴缩放倍数
translate(number tx, number ty)	平移变换。当只有 tx 参数时，表示 x 轴偏移 tx，单位为 px；如果 tx 和 ty 参数都存在，表示在 x 轴偏移 tx，单位为 px，在 y 轴偏移 ty，单位为 px
skew(number ax, number ay)	倾斜。相对 x 轴、y 轴倾斜的角度，角度取值范围为[-180，180]
step(Object object)	表示一组动画完成。当调用任意多个动画方法组成一组动画时，一组动画中的所有动画会同时开始，一组动画完成后才会进行下一组动画
opacity(number value)	设置透明度，范围为 0~1
backgroundColor(string value)	设置背景色
width(number|string value)	设置宽度
top(number|string value)	设置 top 值

将使用 export( )方法导出的动画队列传递给页面中组件的 animation 属性，即可为相应的组件添加动画效果。

接下来演示动画 API 的使用。首先在 pages/index/index.js 文件的 Page({ })中定义页面初始数据 move，具体代码如下。

```
1  data: {
2    move: {}
3  },
```

在上述代码中，move 对象用于保存动画队列。

然后在 pages/index/index.wxml 文件中编写页面结构，具体代码如下。

```
1  <view animation="{{ move }}">hello world</view>
2  <button bindtap="translate">动画</button>
```

在上述代码中，第 1 行代码将动画绑定在 view 组件上；第 2 行代码为 button 组件绑定 tap 事件，事件处理函数为 translate( )。

最后在 pages/index/index.js 文件的 Page({ })中定义 translate( )函数以实现动画效果，具体代码如下。

```
1  translate: function () {
2    var animation = wx.createAnimation({
3      duration: 4000,
4      timingFunction: 'ease'
5    })
6    animation.translate(50, 70).step()
7    this.setData({
8      move: animation.export()
9    })
10 }
```

在上述代码中，第 3～4 行代码设置动画持续时间为 4000 毫秒，动画效果为动画以低速开始，然后加快，在结束前变慢；第 6 行代码链式调用了 translate( )和 step( )方法，实现右下角平移效果；第 7～9 行代码通过调用 setData( )方法将 export( )方法导出的动画队列赋值给 move，实现将动画队列传递给 view 组件的 animation 属性的效果。

完成上述代码后，运行程序，单击"动画"按钮前后的对比如图 5-2 所示。

单击"动画"按钮前

单击"动画"按钮后

图5-2　单击"动画"按钮前后的对比

在图 5-2 中，单击"动画"按钮后，"hello world"向右下角平移，说明成功添加了动画效果。

案例实现

1. 准备工作

在开发本案例前，需要先完成一些准备工作，主要包括创建项目、配置页面、配置导航栏和复制素材，具体步骤如下。

① 创建项目。在微信开发者工具中创建一个新的微信小程序项目，项目名称为"罗盘动画"，模板选择"不使用模板"。

② 配置页面。项目创建完成后，在 app.json 文件中配置一个 compass 页面，具体代码如下。

```
"pages": [
  "pages/compass/compass"
],
```

③ 配置导航栏。在 pages/compass/compass.json 文件中配置页面导航栏，具体代码如下。

```
{
  "navigationBarTitleText": "罗盘动画"
}
```

上述代码将导航栏标题设置为"罗盘动画"。"罗盘动画"导航栏的效果如图 5-3 所示。

④ 复制素材。从本书配套资源中找到本案例，复制以下素材到本项目中。

- pages/compass/compass.wxss 文件，该文件中保存了本项目的页面样式素材。
- images 文件夹，该文件夹保存了本项目所用的素材。

上述步骤操作完成后，"罗盘动画"微信小程序的目录结构如图5-4所示。

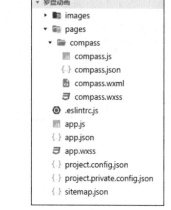

图5-3 "罗盘动画"导航栏的效果   图5-4 "罗盘动画"微信小程序的目录结构

至此，准备工作已经全部完成。

2. 实现"罗盘动画"微信小程序的页面结构

在 pages/compass/compass.wxml 文件中编写"罗盘动画"微信小程序的页面结构，具体步骤如下。

① 编写图片区域的页面结构，具体代码如下。

```
1 <view class="anim-pic">
2   <image src="/images/img.png" animation="{{ animation }}" />
3 </view>
```

在上述代码中，第2行代码中的 image 组件设置了 animation 属性，通过该属性接收 export() 方法导出的动画队列数据。

② 编写按钮区域的页面结构，具体代码如下。

```
1 <view class="anim-btns">
2   <button bindtap="rotate">旋转</button>
3   <button bindtap="scale">缩放</button>
4   <button bindtap="translate">移动</button>
5   <button bindtap="skew">倾斜</button>
6   <button class="btn-two" bindtap="rotateAndScale">旋转并缩放</button>
7   <button class="btn-two" bindtap="rotateThenScale">旋转后缩放</button>
8   <button class="btn-two" bindtap="all">同时展示全部</button>
9   <button class="btn-two" bindtap="allOrder">按顺序展示全部</button>
10  <button class="btn-reset" bindtap="reset">回到原始状态</button>
11 </view>
```

在上述代码中，第2~10行代码分别绑定了 rotate() 函数、scale() 函数、translate() 函数、skew() 函数、rotateAndScale() 函数、rotateThenScale() 函数、all() 函数、allOrder() 函数、reset() 函数，每个函数用于实现不同的功能。

至此，"罗盘动画"微信小程序的页面结构已经实现。

3. 实现"罗盘动画"微信小程序的页面逻辑

在 pages/compass/compass.js 文件的 Page({ }) 中编写页面数据和事件处理函数，实现点击"旋转""缩放"等不同按钮操作罗盘的功能，具体步骤如下。

① 在 pages/compass/compass.js 文件中编写页面所需要的数据，具体代码如下。

```
1 Page({
2   data: {
3     animation: {}
```

```
4    },
5  })
```

在上述代码中，animation 对象用于保存页面中的动画队列数据。

② 编写 onReady( )函数，在页面初次渲染完成时，创建一个动画实例 animation，具体代码如下。

```
1  onReady: function () {
2    this.animation = wx.createAnimation({
3      duration: 1000,
4      timingFunction: 'ease',
5    })
6  },
```

在上述代码中，第 3 行代码通过将 duration 属性值设置为 1000，实现动画持续时间为 1000 毫秒的效果，第 4 行代码通过将 timingFunction 属性值设置为 ease，实现动画效果为动画以低速开始，然后加快，在结束前变慢的效果。

③ 编写 rotate( )函数，实现从原点随机旋转某一个角度的效果，具体代码如下。

```
1  rotate: function () {
2    this.animation.rotate(Math.random() * 720 - 360).step()
3    this.setData({
4      animation: this.animation.export()
5    })
6  },
```

在上述代码中，第 2 行代码先调用 rotate( )方法实现图片的旋转，然后调用 step( )方法表示一组动画完成；第 3~5 行代码调用 setData( )方法将 export( )方法导出的动画队列数据赋值给 animation，实现将动画队列数据传递给 image 组件的 animation 属性的功能。

④ 编写 scale( )函数，实现图片随机缩放的效果，具体代码如下。

```
1  scale: function () {
2    this.animation.scale(Math.random() * 2).step()
3    this.setData({
4      animation: this.animation.export()
5    })
6  },
```

在上述代码中，第 2 行代码调用 scale( )方法，实现图片的缩放效果。

⑤ 编写 translate( )函数，实现平移变换的效果，具体代码如下。

```
1  translate: function () {
2    this.animation.translate(Math.random() * 100 - 50, Math.random() * 100 - 50).step()
3    this.setData({
4      animation: this.animation.export()
5    })
6  },
```

在上述代码中，第 2 行代码调用 translate( )方法，实现图片的平移变换效果。

⑥ 编写 skew( )函数，实现使对象相对 x、y 轴坐标进行随机倾斜，具体代码如下。

```
1  skew: function () {
2    this.animation.skew(Math.random() * 90, Math.random() * 90).step()
3    this.setData({
4      animation: this.animation.export()
5    })
6  },
```

在上述代码中，第 2 行代码调用 skew( )方法，实现图片的随机倾斜效果。

⑦ 编写 rotateAndScale( )函数，实现同时进行旋转和缩放，具体代码如下。

```
1  rotateAndScale: function () {
2    this.animation.rotate(Math.random() * 720 - 360)
3    this.animation.scale(Math.random() * 2).step()
4    this.setData({
5      animation: this.animation.export()
6    })
7  },
```

　　在上述代码中，第 2 行代码调用 rotate()方法，实现图片的旋转；第 3 行代码调用 scale()方法，实现图片的缩放。step()方法是在 rotate()方法和 scale()方法之后调用的，这样可以实现旋转和缩放同时进行的效果。

　　⑧ 编写 rotateThenScale()函数，实现旋转之后缩放的效果，具体代码如下。

```
1  rotateThenScale: function () {
2    this.animation.rotate(Math.random() * 720 - 360).step()
3    this.animation.scale(Math.random() * 2).step()
4    this.setData({
5      animation: this.animation.export()
6    })
7  },
```

　　在上述代码中，第 2 行代码调用 rotate()方法，实现图片的旋转；第 3 行代码调用 scale()方法，实现图片的缩放。由于在调用 scale()方法前先调用了 step()方法，所以缩放会在旋转之后进行。

　　⑨ 编写 all()函数，实现同时展示全部动画，具体代码如下。

```
1  all: function () {
2    this.animation.rotate(Math.random() * 720 - 360)
3    this.animation.scale(Math.random() * 2)
4    this.animation.translate(Math.random() * 100 - 50, Math.random() * 100 - 50)
5    this.animation.skew(Math.random() * 90, Math.random() * 90).step()
6    this.setData({
7      animation: this.animation.export()
8    })
9  },
```

　　在上述代码中，第 2~5 行代码通过调用 rotate()、scale()、translate()、skew()方法实现了旋转、缩放、平移、倾斜的效果，由于 step()方法是在这 4 个方法之后调用的，所以旋转、缩放、平移、倾斜的效果会同时出现。

　　⑩ 编写 allOrder()函数，实现按顺序展示全部动画，具体代码如下。

```
1  allOrder: function () {
2    this.animation.rotate(Math.random() * 720 - 360).step()
3    this.animation.scale(Math.random() * 2).step()
4    this.animation.translate(Math.random() * 100 - 50, Math.random() * 100 - 50).step()
5    this.animation.skew(Math.random() * 90, Math.random() * 90).step()
6    this.setData({
7      animation: this.animation.export()
8    })
9  },
```

　　在上述代码中，第 2~5 行代码通过调用 rotate()、scale()、translate()、skew()方法实现了旋转、缩放、平移、倾斜的效果，由于每个方法后面都调用了 step()方法，所以这些动画效果会按顺序依次展示。

　　⑪ 编写 reset()函数，实现将动画回到初始状态，具体代码如下。

```
1  reset: function () {
2    this.animation.rotate(0).scale(1).translate(0, 0).skew(0, 0).step({
3      duration: 0
4    })
5    this.setData({
6      animation: this.animation.export()
```

```
7    })
8 }
```

在上述代码中，第 2～4 行代码通过链式调用 rotate( )、scale( )、translate( )、skew( )、step( )方法将所有方法的参数重置为初始状态。

完成上述代码后，运行程序，"罗盘动画"微信小程序的实现效果如图 5-1 所示。

至此，"罗盘动画"微信小程序已经开发完成。

【案例 5-2】用户登录

在日常生活中，需要用户登录的场景有很多，例如，当用户在手机中浏览文章想要收藏时、在线上购买商品时、进入软件查询个人信息时，只有用户登录自己的账号以后，才可以进一步使用这些功能。下面将讲解如何开发一个具有"用户登录"功能的微信小程序。

案例分析

本案例是一个"用户登录"微信小程序，其初始页面效果如图 5-5 所示。

在图 5-5 中，点击默认头像可以选择用微信头像来作为小程序头像；点击"请输入昵称"输入框可以手动填写昵称或使用微信昵称作为昵称；点击"获取用户的积分"按钮时，如果用户已登录，则会显示对应的积分，如果用户未登录，则会显示"用户不存在，或未登录"。选择头像和填写昵称后的页面效果如图 5-6 所示。

图5-5　初始页面效果

图5-6　选择头像和填写昵称后的页面效果

知识储备

1. 登录流程时序

企业在开发网站和移动应用软件时，通常会开发登录功能，用于辨别用户的身份信息。在微信小程序中，也可以开发登录功能，通过微信官方提供的登录功能可以方便地获取微信提供的用户身份标识，从而使开发者服务器能够识别每个微信小程序用户。微信小程序官方文档提供的登录流程时序，如图 5-7 所示。

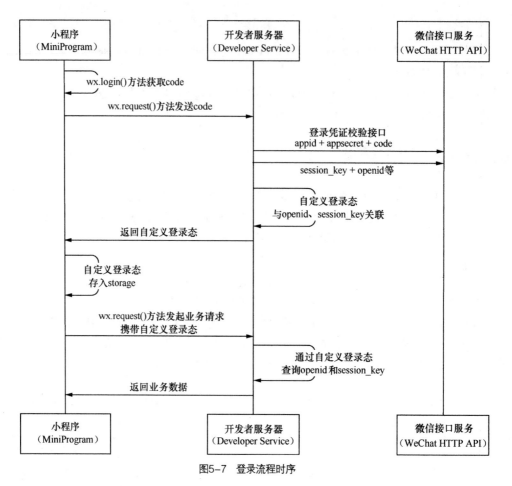

图5-7　登录流程时序

在图 5-7 中，用户登录流程需要小程序、开发者服务器和微信接口服务 3 个角色的参与，下面介绍这 3 个角色的作用。

- 小程序：用户使用的客户端，即微信小程序。
- 开发者服务器：微信小程序的后端服务器，用于为微信小程序用户提供服务。
- 微信接口服务：微信为开发者服务器提供的接口。

在明确了这 3 个角色的作用后，下面对登录流程进行详细讲解。

（1）微信小程序获取临时登录凭证 code

在微信小程序中，通过 wx.login() 方法获取临时登录凭证 code，code 由微信小程序内部自动生成，每次调用 wx.login() 方法获得的 code 都不同。需要注意的是，code 有效期为 5 分钟，且被微信接口服务验证一次后就会失效。关于 wx.login() 方法的使用方法将会在后面进行详细讲解。

（2）微信小程序将 code 发送给开发者服务器

在获取 code 后，使用 wx.request() 方法将 code 发送给开发者服务器。

（3）开发者服务器通过微信接口服务校验登录凭证

开发者服务器将 appid（微信小程序的唯一标识，即 AppID）、appsecret（微信小程序的密钥，即 AppSecret）和 code 发送给微信接口服务进行登录凭证校验，如果校验成功，微信接口服务会返回 session_key、openid、unionid 等信息。其中，appid 和 appsecret 用于辨别微信小程序开发者身份；session_key 是用户的会话密钥，用于对用户数据进行加密签名；openid 是用户唯一标识，同一个微信用户在不同 AppID 的微信小程序中的

openid 是不同的；unionid 是用户在微信开放平台账号下的唯一标识，若当前微信小程序已绑定到微信开放平台账号会返回此信息。

需要注意的是，session_key 需要存储在开发者服务器中，当调用获取用户信息等微信接口时，需要用 session_key 解密相关数据。

（4）开发者服务器自定义登录态

自定义登录态是指由开发者自己决定如何维持用户的登录状态。通常的做法是，在开发者服务器中为登录成功的用户生成一个 token，然后通过验证 token 的有效性来识别用户的登录状态。在用户登录成功时，开发者服务器需要保存用户的 openid 和 session_key，然后生成一个对应的 token 响应给微信小程序。微信小程序下次请求时，需要携带 token。当开发者服务器收到请求后，需要使用当前请求携带的 token 查询对应用户的 openid 和 session_key，如果能查询到，说明用户已登录，如果没有查询到，则说明用户未登录。

2. 登录 API

微信小程序提供了登录 API，其使用方法是，调用 wx.login( )方法获取用户登录凭证 code，然后，将它发送给开发者服务器。

wx.login( )方法的常用选项如表 5-4 所示。

表 5-4　wx.login( )方法的常用选项

选项	类型	说明
timeout	number	超时时间，单位为毫秒
success	function	调用成功的回调函数
fail	function	调用失败的回调函数
complete	function	调用结束的回调函数

success 回调函数执行后，其参数会接收到一个对象，对象中有一个 code 属性，具体说明如表 5-5 所示。

表 5-5　success 回调函数接收到的 code 属性

属性	类型	说明
code	string	用户登录凭证（有效期 5 分钟）

接下来演示 wx.login( )方法的具体用法，示例代码如下。

```
1  wx.login({
2    success: res => {
3      if (res.code) {              // res.code 为登录获取的 code
4        // 登录成功之后发起网络请求
5        wx.request({
6          url: 'http://127.0.0.1:3000/login',
7          method: 'post',
8          data: {
9            code: res.code         // 设置参数，把 code 传递给服务器
10         }
11       })
12     } else {
13       // 登录失败，在控制台输出错误信息
14       console.log('登录失败！' + res.errMsg)
15     }
16   }
17 })
```

在上述代码中，第 2~16 行代码定义了获取用户登录凭证成功之后的回调函数 success( )，其中第 5~11 行代

码通过调用 wx.request( )方法发起网络请求。

3. 数据缓存 API

在微信小程序中，有时需要保存一些临时数据，例如，将用户登录后获取到的 token 保存下来，从而在用户下次打开微信小程序时维持登录状态，或者将一些经常需要从服务器中下载的数据在微信客户端中缓存起来，以提高微信小程序下次打开时的加载速度。在微信小程序中，利用数据缓存 API 可以实现数据的缓存，从而加快读取数据的速度。数据缓存 API 有很多方法，常见的数据缓存方法如表 5-6 所示。

表 5-6　常见的数据缓存方法

方式	方法	说明
异步	wx.setStorage( )	将数据存储在本地缓存指定的 key 中
	wx.getStorage( )	从本地缓存中异步获取指定 key 的内容
	wx.getStorageInfo( )	异步获取当前 storage 的相关信息
	wx.removeStorage( )	从本地缓存中移除指定 key
同步	wx.setStorageSync( )	wx.setStorage( )方法的同步版本
	wx.getStorageSync( )	wx.getStorage( )方法的同步版本
	wx.getStorageInfoSync( )	wx.getStorageInfo( )方法的同步版本
	wx.removeStorageSync( )	wx.removeStorage( )方法的同步版本

需要注意的是，单个 key 允许存储的最大数据长度为 1MB，所有数据存储上限为 10MB。

wx.setStorage( )方法的常用选项如表 5-7 所示。

表 5-7　wx.setStorage( )方法的常用选项

选项	类型	说明
key	string	本地缓存中指定的 key，该项为必填项
data	any	需要存储的内容，只支持原生类型，Date 及能够通过 JSON.stringify( )序列化的对象，该项为必填项
success	function	调用成功的回调函数
fail	function	调用失败的回调函数
complete	function	调用结束的回调函数

表 5-6 中 wx.getStorage( )方法的常用选项如表 5-8 所示。

表 5-8　wx.getStorage( )方法的常用选项

选项	类型	说明
key	string	本地缓存中指定的 key，该项为必填项
success	function	调用成功的回调函数
fail	function	调用失败的回调函数
complete	function	调用结束的回调函数

wx.setStorage( )方法和 wx.setStorageSync( )方法均可以实现缓存数据，区别就在于同步和异步。方法名以 Sync 结尾的都是同步方法，同步方法和异步方法的区别是，异步方法不会阻塞当前任务，而同步方法直到处理完之后才能继续向下执行。异步方法需要通过传入回调函数获取结果，而同步方法是通过返回值获取结果。如果发生错误，异步方法会执行 fail( )回调函数返回错误，而同步方法则通过 try...catch 捕获异常来获取错误信息。

接下来以异步方法为例演示缓存数据的存储和获取，示例代码如下。

```
// 存储缓存数据
wx.setStorage({
  key: 'key',                // 本地缓存中指定的 key
  data: 'value',             // 需要存储的内容（支持对象或字符串）
  success: res => {},        // 接口调用成功的回调函数
  fail: res => {}            // 接口调用失败的回调函数
})
// 获取缓存数据
wx.getStorage({
  key: 'key',                // 本地缓存中指定的 key
  success: res => {          // 接口调用成功的回调函数
    console.log(res.data)
  },
  fail: res => {}            // 接口调用失败的回调函数
})
```

在上述代码中，存储缓存数据时需要指定一个 key，存储后，通过 key 来读取相应的缓存数据。

4. 头像昵称填写

在微信小程序中，当用户登录后，可以在页面中展示用户的头像和昵称。目前，微信小程序不允许开发者在未获得用户同意的情况下展示用户的头像和昵称，当需要展示时，应使用微信小程序的头像昵称填写功能。

头像昵称填写功能分为头像选择和昵称填写，具体使用方法如下。

● 头像选择：将 button 组件的 open-type 属性值设置为 chooseAvatar，当用户选择头像之后，可通过 bindchooseavatar 绑定的事件处理函数获取头像信息的临时路径。

● 昵称填写：将 input 组件的 type 属性值设置为 nickname，当用户在此 input 组件进行输入时，键盘上方会展示用户的微信昵称，用户可以使用该昵称，也可以手动填写昵称。

接下来演示头像昵称填写功能的使用方法，具体步骤如下。

① 在 pages/index/index.js 文件中编写页面所需的数据，具体代码如下。

```
1  const defaultAvatar = '/images/avatar.png'
2  Page({
3    data: {
4      avatarUrl: defaultAvatar
5    },
6  })
```

在上述代码中，第 1 行代码定义了 defaultAvatar，表示默认头像路径；第 3～5 行代码定义页面初始数据 avatarUrl，表示用于页面显示的头像路径。

② 在 pages/index/index.wxml 文件中编写页面结构，具体代码如下。

```
1  <button class="avatar-wrapper" open-type="chooseAvatar" bindchooseavatar="onChooseAvatar">
2    <image class="avatar" src="{{ avatarUrl }}" />
3  </button>
4  <input type="nickname" class="nickname" placeholder="请输入昵称" />
```

在上述代码中，第 1～3 行代码定义了 button 组件和 image 组件，其中，button 组件的 open-type 属性值为 chooseAvatar，表示选择头像；button 组件绑定了 chooseavatar 事件，事件处理函数为 onChooseAvatar()；image 组件用于展示用户头像。第 4 行代码定义了 input 组件，type 属性值为 nickname，表示 input 的类型为昵称填写；placeholder 属性用于实现当输入框为空时显示占位提示"请输入昵称"。

③ 在 pages/index/index.wxss 文件中编写样式，具体代码如下。

```
1  .avatar-wrapper {
2    width: 160rpx;
```

```
3    height: 160rpx;
4    padding: 0;
5    background: none;
6  }
7  .avatar {
8    width: 160rpx;
9    height: 160rpx;
10   border-radius: 20rpx;
11 }
12 .nickname {
13   width: 80%;
14   height: 100rpx;
15   margin: 20px auto;
16   border: 1px solid #000000;
17   text-align: center;
18 }
```

④ 在 pages/index/index.js 文件中编写 onChooseAvatar( )函数，获取头像信息的临时路径，具体代码如下。

```
1  onChooseAvatar: function (e) {
2    const { avatarUrl } = e.detail
3    this.setData({ avatarUrl })
4  }
```

在上述代码中，第2行代码用于获取头像信息的临时路径 avatarUrl；第3行代码将 avatarUrl 设置到页面数据中。

上述代码完成后，接下来在手机中预览微信小程序。首先在微信开发者工具中单击"预览"按钮，获得预览二维码，然后用手机中的微信客户端扫描二维码打开微信小程序，初始页面效果如图5-8所示。

点击初始头像后的页面效果如图5-9所示。

图5-8　初始页面效果

图5-9　点击初始头像后的页面效果

选择"用微信头像"后的页面效果如图5-10所示。

从图5-10可以看出，当前已经成功选择了微信头像。

点击昵称输入框后的页面效果如图 5-11 所示。

图5-10　选择"用微信头像"后的页面效果

图5-11　点击昵称输入框后的页面效果

点击"用微信昵称"后的页面效果如图 5-12 所示。

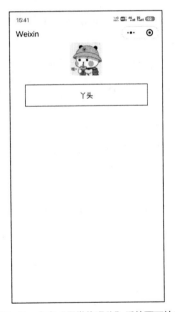

图5-12　点击"用微信昵称"后的页面效果

从图 5-12 可以看出，当前已经成功填写了微信昵称。

5. App( )函数

在微信小程序中，若要在微信小程序启动、显示、隐藏时执行某些操作，或者在各个页面中需要共享一些数据时，可以通过 App( )函数来实现。App( )函数用于注册一个微信小程序，该函数必须在 app.js 文件中调用，且只能调用一次。

App( )函数的参数是一个对象，通过该对象可以指定应用生命周期回调函数和保存一些共享数据。应用生命周期函数是指微信小程序"启动→运行→销毁"期间依次调用的函数。应用生命周期回调函数如表5-9所示。

表5-9　应用生命周期回调函数

函数名	说明
onLaunch( )	监听微信小程序初始化，微信小程序初始化完成时触发，全局只触发一次
onShow( )	监听微信小程序启动或切前台，微信小程序启动或从后台进入前台时触发
onError( )	错误监听函数，微信小程序脚本错误或者 API 调用报错时触发
onHide( )	监听微信小程序切后台，微信小程序从前台进入后台时触发
onPageNotFound( )	页面不存在监听函数，微信小程序要打开的页面不存在时触发

在页面的 JS 文件中，通过 getApp( )函数可以获取微信小程序全局唯一的 App 实例。例如，在 pages/index/index.js 文件中获取 App 实例，具体代码如下。

```
const app = getApp()
```

通过 getApp( )函数获取 App 实例之后，可以访问 App 实例的属性或调用 App 实例的方法。需要说明的是，定义在 App( )函数的参数{ }中的方法，可以直接使用 this 关键字获取 App 实例，不必使用 getApp( )函数。

案例实现

1. 准备工作

在开发本案例前，需要先完成一些准备工作，主要包括创建项目、配置导航栏、复制素材和启动服务器，具体步骤如下。

① 创建项目。在微信开发者工具中创建一个新的微信小程序项目，项目名称为"用户登录"，模板选择"不使用模板"。

② 配置导航栏。在 pages/index/index.json 文件中配置页面导航栏，具体代码如下。

```
{
  "navigationBarTitleText": "用户登录"
}
```

上述代码中配置了导航栏标题为"用户登录"。"用户登录"导航栏的效果如图 5-13 所示。

③ 复制素材。从本书配套资源中找到本案例，复制以下素材到本项目中。

- pages/index/index.wxss 文件，该文件中保存了本项目的页面样式素材。
- images 文件夹，该文件夹保存了本项目所用的素材。

上述步骤操作完成后，"用户登录"微信小程序的目录结构如图 5-14 所示。

图5-13　"用户登录"导航栏的效果　　　　图5-14　"用户登录"微信小程序的目录结构

④ 启动服务器。从本书配套资源中找到本案例的源代码，进入"服务器端"文件夹，该文件夹下的内容为 Node.js 本地 HTTP 服务器程序。打开 index.js 文件，找到 wx 对象，填写自己的 appid 和 appsecret，具体代码如下。

```
const wx = {
  appid: '填写自己的 appid',
  secret: '填写自己的 appsecret'
}
```

打开命令提示符，切换工作目录到"服务器端"目录下，然后在命令提示符中执行如下命令，启动服务器。

```
node index.js
```

至此，准备工作已经全部完成。

2. 实现用户登录

在 app.js 文件的 App({ })中编写代码，实现微信小程序启动时自动执行登录操作，具体步骤如下。

① 定义页面所需的数据，具体代码如下。

```
1 globalData: {
2   token: null // 保存 token
3 },
```

上述代码将 token 属性作为公共数据，用于在多页面中访问。

② 在微信小程序启动时调用 login( )方法实现自动登录，具体代码如下。

```
1  onLaunch: function () {
2     this.login()
3  },
4  login: function () {
5   wx.login({
6     success: res => {
7       console.log('login code: ' + res.code)
8       wx.request({
9         url: 'http://127.0.0.1:3000/login',
10        method: 'post',
11        data: {
12          code: res.code
13        },
14        success: res => {
15          console.log('token: ' + res.data.token)
16          // 将 token 保存为公共数据，用于在所有页面中共享 token
17          this.globalData.token = res.data.token
18          // 将 token 保存到数据缓存
19          wx.setStorage({
20            key: 'token',
21            data: res.data.token
22          })
23        }
24      })
25    }
26  })
27 },
```

在上述代码中，第 5～26 行代码通过 wx.login( )方法获取登录凭证 code，在成功获取 code 之后，第 8～24 行代码使用 wx.request( )方法将 code 发送给服务器。数据请求成功之后，将服务器返回的 token 保存在 globalData 中，用于在多个页面中共享 token。第 19～22 行代码用于将 token 保存到数据缓存中，在后续的开发中将会用到 token。

③ 在微信开发者工具的本地设置中勾选"不校验合法域名、web-view（业务域名）、TLS 版本以及 HTTPS 证书"复选框。

上述代码执行后，微信小程序控制台输出结果如图 5-15 所示。

图5-15　微信小程序控制台输出结果

从图 5-15 可以看出，微信小程序已经获得了 login code（微信小程序的登录凭证 code）并收到了服务器返回的 token（自定义登录态），说明登录成功。

查看服务器控制台的输出结果，如图 5-16 所示。

图5-16　服务器控制台的输出结果

从图 5-16 中可以看到 login code（微信小程序的登录凭证 code）和 session（用户会话数据），并且 session 中包含 session_key 和 openid，说明用户登录凭证 code 验证成功。

3. 检查用户是否已经登录

在前面的开发中，微信小程序登录成功后，会将服务器返回的 token 保存在 globalData 和数据缓存中。下次启动微信小程序时，应该先判断 token 是否存在，如果存在，则直接取出这个 token 即可，不用再执行登录操作。需要注意的是，token 有可能会过期，一旦 token 过期就需要重新登录，因此从数据缓存中取出 token 后，应先验证 token 是否过期，再使用 token，具体实现步骤如下。

① 在 app.js 文件的 App({ }) 中编写 checkLogin() 方法，用于判断 token 是否存在，如果 token 存在，则请求服务器，判断 token 是否有效，具体代码如下。

```
1  checkLogin: function (callback) {
2   var token = this.globalData.token
3   if (!token) {
4    // 从数据缓存中获取 token
5    token = wx.getStorageSync('token')
6    if (token) {
7     this.globalData.token = token
8    } else {
9     callback({ is_login: false })
10    return
11   }
12  }
13  wx.request({
14   url: 'http://127.0.0.1:3000/checklogin',
15   data: { token: token },
16   success: res => {
17    callback({ is_login: res.data.is_login })
18   }
19  })
20 },
```

在上述代码中，第 2 行代码用于取出公共数据 token；第 3～12 行代码通过 if 判断 token 是否不存在，如果为 true 则执行第 4～11 行代码，从数据缓存中取出 token，再通过 if 判断，若存在 token，将 token 赋值给 globalData

中的 token，若不存在 token，则调用 callback( )函数并传递 is_login 为 false 的参数，第 10 行代码中的 return 表示不执行之后的代码；第 13～19 行代码通过调用 wx.request( )方法检查 token 的有效性，通过 res.data.is_login 获取检查的结果，并将检查结果通过参数传递给 callback( )函数。

② 修改 app.js 文件中 onLaunch( )函数的代码，用于在微信小程序启动后检查用户是否已经登录，如果没有则执行登录操作，具体代码如下。

```
1  onLaunch: function () {
2    this.checkLogin(res => {
3      console.log('is_login: ', res.is_login)
4      if (!res.is_login) {
5        this.login()
6      }
7    })
8  },
```

保存上述代码后，运行程序。在数据缓存中已经保存 token 且 token 有效的情况下，会在控制台看到输出结果"is_login: true"，表示用户已经登录。

4．获取用户的积分

在本案例提供的服务器端程序 index.js 中，会在微信小程序登录成功以后，自动为用户生成初始积分 100，并提供接口 http://127.0.0.1:3000/credit 用于获取积分。接下来将实现获取用户的积分的功能，具体步骤如下。

① 在 pages/index/index.wxml 文件中编写"获取用户的积分"按钮，具体代码如下。

```
<button bindtap="credit">获取用户的积分</button>
```

上述代码中，为 button 组件绑定 tap 事件，事件处理函数为 credit( )。

② 在 pages/index/index.js 文件中编写代码，具体代码如下。

```
1  const app = getApp()
2  Page({
3    credit: function () {
4      wx.request({
5        url: 'http://127.0.0.1:3000/credit',
6        data: {
7          token: app.globalData.token
8        },
9        success: res => {
10         console.log(res.data)
11       }
12     })
13   },
14 })
```

在上述代码中，第 1 行代码通过 getApp( )函数获取 App 实例，从而获取 app.js 文件中定义的公共数据 globalData；第 3～13 行代码定义了 credit( )方法，用于调用 wx.request( )方法向服务器发送请求，如果请求成功，就会在控制台中输出服务器的返回结果。

保存上述代码后，运行程序。等待控制台中输出了 token 后，单击"获取用户的积分"按钮，即可在控制台中看到服务器返回的用户积分，如图 5-17 所示。

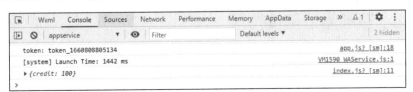

图5-17 服务器返回的用户积分

当用户未登录时，单击"获取用户的积分"按钮则无法获取用户的积分。为了演示用户未登录的情况，可以临时将 onLaunch( )函数注释起来，然后重新运行微信小程序，控制台中输出的结果如图 5-18 所示。

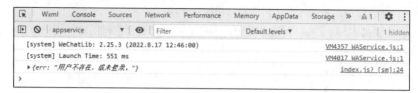

图5-18　控制台中输出的结果

从图 5-18 可以看出，服务器返回结果为"用户不存在，或未登录。"，说明当前用户未登录，无法获取用户的积分。

5. 获取用户头像和昵称

在微信小程序中可以通过头像昵称填写功能来获取微信用户头像和昵称，具体步骤如下。

① 在 pages/index/index.js 文件中定义页面所需的数据，具体代码如下。

```
1  const defaultAvatar = '/images/avatar.png'
2  Page({
3    data: {
4      avatarUrl: defaultAvatar,
5    },
6    原有代码……
7  })
```

在上述代码中，第 1 行代码定义的 defaultAvatar 为默认头像路径地址；第 4 行代码定义了 avatarUrl 属性，表示头像路径地址。

② 在 pages/index/index.wxml 文件中，找到"获取用户的积分"按钮的代码，在其上方编写页面结构代码，具体代码如下。

```
1  <button class="avatar-wrapper" open-type="chooseAvatar" bindchooseavatar="onChooseAvatar">
2    <image class="avatar" src="{{ avatarUrl }}" />
3  </button>
4  <input type="nickname" class="nickname" placeholder="请输入昵称" />
```

在上述代码中，第 1～3 行代码定义了 button 组件和 image 组件，用于选择头像和展示头像；第 4 行代码定义了 input 组件，用于输入昵称。

③ 在 pages/index/index.js 文件中编写 onChooseAvatar( )函数，获取头像信息的临时路径，具体代码如下。

```
1  onChooseAvatar: function (e) {
2    console.log(e)
3    const { avatarUrl } = e.detail
4    this.setData({ avatarUrl })
5  },
```

保存上述代码后，运行程序，测试是否可以正确获取用户头像和昵称。

至此，"用户登录"微信小程序已经开发完成。

【案例 5-3】查看附近美食餐厅

信息化时代，人们仅通过手机即可了解到周边的娱乐、餐饮等信息，即使到了人生地不熟的地方，也可以通过手机地图快速了解周围的环境。接下来，本案例将会开发一个专门为用户提供附近美食餐厅信息的微信小程序。

案例分析

"查看附近美食餐厅"微信小程序打开后，会显示一个地图组件，并提供一些功能按钮，如图 5-19 所示。

在图 5-19 中，页面上方有个 banner 图，用于显示优惠券领取信息；地图左下角有一个定位按钮，点击此按钮可以将地图中心点设为当前定位的位置。点击 banner 图会跳转到优惠券页面，优惠券页面如图 5-20 所示。

图5-19　"查看附近美食餐厅"微信小程序

图5-20　优惠券页面

从图 5-20 可以看出，当前有两个优惠券，都是"已领取"的状态。

知识储备

1. 腾讯地图 SDK

腾讯地图 SDK 是一套为开发者提供多种地理位置服务的工具，可以使开发者在自己的应用中加入地图相关的功能，轻松访问腾讯地图服务和数据，更好地实现微信小程序的地图功能。腾讯地图 SDK 的使用步骤分为以下 5 步，下面分别进行讲解。

（1）申请开发者密钥

在腾讯位置服务网站中申请开发者密钥的具体步骤如下。

① 打开腾讯位置服务网站，单击右上角"注册"按钮进行注册，注册后单击"登录"按钮登录，如图 5-21 所示。

图5-21　腾讯位置服务网站

② 将鼠标指针移到导航栏的"开发文档"上，会弹出下拉菜单，单击下拉菜单中的"微信小程序 JavaScript SDK"链接，进入微信小程序 JavaScript SDK 页面，如图 5-22 所示。

图5-22　微信小程序JavaScript SDK页面

③ 单击图 5-22 中的"申请秘钥"链接进入"我的应用"页面，"我的应用"页面如图 5-23 所示。

图5-23　"我的应用"页面

④ 单击图 5-23 中的"+创建应用"按钮，会弹出"创建应用"悬浮框，如图 5-24 所示。

图5-24　"创建应用"悬浮框

⑤ 在"创建应用"悬浮框中填写"应用名称"和"应用类型"，应用名称为"map"，应用类型为"餐饮"。填写完成后单击"创建"按钮，创建完成后的页面如图 5-25 所示。

图5-25 创建完成后的页面

⑥ 单击图 5-25 中的"添加 Key"链接，会弹出"添加 key 到「map」应用"悬浮框，如图 5-26 所示。

图5-26 "添加key到「map」应用"悬浮框

在图 5-26 中，"Key 名称"可以填写为"地图组件"；"描述"可以根据需求填写；"启用产品"中勾选"WebServiceAPI""SDK""微信小程序"复选框，勾选后还需要根据提示填写相关信息。最后根据图片填写验证码，完成后单击"添加"按钮，会提示"创建 key 成功"，创建完成后的"我的应用"页面如图 5-27 所示。

图5-27 创建完成后的"我的应用"页面

（2）下载腾讯地图 SDK

腾讯地图 SDK 根据不同的开发场景提供了多种版本，针对微信小程序开发，应使用"微信小程序 JavaScript SDK"，它可以在微信小程序中调用腾讯位置服务的 POI 检索、关键词输入提示、地址解析、逆地址解析、行政区划和距离计算等数据服务。

本书基于微信小程序 JavaScript SDK 1.1 版本进行讲解。在图 5-22 所示页面中单击"JavaScriptSDK v1.1"链接下载 qqmap-wx-jssdk1.1.zip 压缩包，该压缩包中有 qqmap-wx-jssdk.js 和 qqmap-wx-jssdk.min.js 这两个文件，两者功能相同，区别是后者代码经过压缩，故体积小。将 qqmap-wx-jssdk.js 文件存放到项目中使用即可，通常将其放到 libs 目录下，该目录的名称可以自己命名。

（3）登录微信小程序管理后台添加合法域名

登录微信小程序管理后台，进入"开发→开发管理→开发设置→服务器域名"页面，设置"request 合法域名"，设置后如图 5-28 所示。

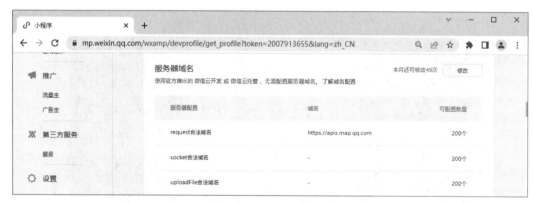

图5-28　设置"request合法域名"

（4）在微信小程序中声明权限

微信小程序在获取当前的地理位置时，需要开发者在 app.json 文件中对 permission 和 requiredPrivateInfos 进行声明，其中 permission 用于对微信小程序接口权限进行设置，requiredPrivateInfos 用于向用户申请隐私信息，示例代码如下。

```
1  "permission": {
2    "scope.userLocation": {
3      "desc": "你的位置信息将用于小程序位置接口的效果展示"
4    }
5  },
6  "requiredPrivateInfos": [
7    "getLocation"
8  ],
```

在上述代码中，scope.userLocation 用于对位置权限进行声明；desc 用于微信小程序获取权限时展示接口用途说明；getLocation 表示需要用户的地理位置信息。

（5）使用腾讯地图 SDK

腾讯地图 SDK 的使用方法是，首先引入 SDK 核心类，通过 new QQMapWX() 构造函数创建 QQMapWX 实例，然后通过该实例的相关属性和方法实现地点搜索等功能。

在本案例中需要使用 search() 方法搜索周边兴趣点（Point of Interest，POI）信息，例如"酒店""餐饮""学校"等。search() 方法的常用选项如表 5-10 所示。

表 5-10　search( )方法的常用选项

选项	类型	说明
keyword	string	POI 搜索关键词，默认周边搜索
location	string|object	位置坐标，默认为当前位置
success	function	搜索成功的回调函数
fail	function	搜索失败的回调函数

下面演示如何在 pages/index/index.js 文件中使用腾讯地图 SDK，示例代码如下。

```
1   // 引入 SDK 核心类，js 文件的位置可自行放置
2   const QQMapWX = require('../../libs/qqmap-wx-jssdk.js')
3   // 创建 QQMapWX 实例
4   const qqmapsdk = new QQMapWX({
5     key: '填写自己申请的开发者密钥'
6   })
7   Page({
8     onShow: function () {
9       // 搜索信息
10      qqmapsdk.search({
11        keyword: '酒店',
12        success: res => {
13          console.log(res)
14        },
15        fail: res => {
16          console.log(res)
17        }
18      })
19    }
20  })
```

在上述代码中，第 4～6 行代码通过 new QQMapWX( )构造函数创建 QQMapWX 实例，得到 qqmapsdk 对象，其中第 5 行代码中的 key 为开发密钥，即前面的步骤中申请的开发者密钥；第 10～18 行代码调用 search( )方法搜索 "酒店" 关键词的周边 POI 信息。

保存代码后，控制台中可以看到通过 "酒店" 关键词搜索到的周边 POI 信息，如图 5-29 所示。

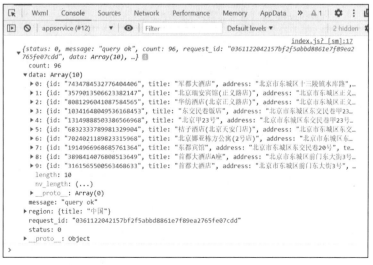

图5-29　通过关键词 "酒店" 搜索到的周边POI信息

2. map 组件

在微信小程序中，若想为用户提供地图功能，可以通过 map 组件来实现。map 组件可以在页面中显示地图，并且支持移动、缩放、添加标记点等功能。

map 组件通过<map>标签来定义，示例代码如下。

```
<map></map>
```

表 5-11 列举了 map 组件的常用属性。

表 5-11　map 组件的常用属性

属性	类型	说明
longitude	number	中心经度，为必填项
latitude	number	中心纬度，为必填项
scale	number	缩放级别，取值范围为 3～20，默认值为 16
markers	Array.<marker>	标记点数组
show-location	boolean	是否显示带有方向的当前定位点，默认值为 false
bindregionchange	eventhandle	视野发生变化时触发的事件处理函数

markers 用于在地图上显示标记的位置，它是数组类型，数组中的每一项为一个表示标记点的 marker 对象，marker 对象的属性如表 5-12 所示。

表 5-12　marker 对象的属性

属性	类型	说明
id	number	标记点 id，在事件处理函数中通过 id 可以识别当前事件对应的标记点
longitude	number	经度，浮点数，取值范围为-180～180，为必填项
latitude	number	纬度，浮点数，取值范围为-90～90，为必填项
iconPath	string	设置标记点的图标路径，支持网络路径、本地路径、代码包路径，为必填项
title	string	标记点名，点击时显示
zIndex	number	显示层级
alpha	number	标记点的透明度，默认值为 1，即无透明，取值范围为 0～1
width	number/string	标记点的图标宽度
height	number/string	标记点的图标高度

接下来通过案例演示如何定义 marker 标记点，先在 pages/index/index.wxml 文件中为 map 组件添加 markers 属性，示例代码如下。

```
<map id="myMap" markers="{{ markers }}" scale="3"></map>
```

在 pages/index/index.wxss 文件中编写样式，让地图组件占满整个页面，示例代码如下。

```
1  map {
2    width: 100%;
3    height: 100%;
4    position: absolute;
5  }
```

在 pages/index/index.js 文件中定义数据，示例代码如下。

```
1  data: {
2    markers: [{
3      id: 1,
4      iconPath: '/images/gps.png',
```

```
5      longitude: 113.324520,
6      latitude: 23.099994
7    }]
8  },
```

在上述代码中，第 3 行代码定义了标记点 id；第 4 行代码定义了图标路径；第 5 行代码定义了经度；第 6 行代码定义了纬度，该经纬度地点位于广州市。

3. 地图 API

使用 map 组件在页面中创建地图后，若想在 JS 文件中对地图进行控制，需要通过地图 API 来完成。地图 API 的使用方法是，先通过 wx.createMapContext( )方法创建 MapContext（Map 上下文）实例，然后通过该实例的相关方法来操作 map 组件。获取 MapContext 实例的示例代码如下。

```
const mapCtx = wx.createMapContext('myMap')
```

在上述代码中，myMap 为 map 组件的 id，MapContext 实例通过 id 与 map 组件绑定，从而操作对应的 map 组件。mapCtx 是一个 MapContext 实例，也就是一个对象，利用这个对象可以完成具体的工作。表 5-13 列举了 MapContext 实例的常用方法。

表 5-13　MapContext 实例的常用方法

方法	说明
getCenterLocation( )	获取当前地图中心的经纬度。返回 GCJ-02 坐标系
moveToLocation( )	将地图中心移至当前定位点

在表 5-13 中，GCJ-02［G 表示 Guojia（国家），C 表示 Cehui（测绘），J 表示 Ju（局）］是由中国国家测绘局制订的地理信息系统的坐标系统。

getCenterLocation( )方法的常用选项如表 5-14 所示。

表 5-14　getCenterLocation( )方法的常用选项

选项	类型	说明
iconPath	string	图标路径，支持网络路径、本地路径、代码包路径
success	function	接口调用成功的回调函数，通过其参数可以获取 longitude（经度）和 latitude（纬度）
fail	function	接口调用失败的回调函数
complete	function	接口调用结束的回调函数

moveToLocation( )方法的常用选项如表 5-15 所示。

表 5-15　moveToLocation( )方法的常用选项

选项	类型	说明
longitude	number	经度
latitude	number	纬度
success	function	接口调用成功的回调函数
fail	function	接口调用失败的回调函数
complete	function	接口调用结束的回调函数

接下来演示如何使用 MapContext 实例获取当前地图中心的经纬度，示例代码如下。

```
mapCtx.getCenterLocation({
  success: res => {
    const longitude = res.longitude
    const latitude = res.latitude
```

```
    console.log(longitude, latitude)
  }
})
```

上述代码通过调用 getCenterLocation( )方法获取了当前地图中心的经度和纬度。

4. 位置 API

在日常生活中，通过地图软件可以实时定位自己或者朋友的位置，方便出行。微信小程序为我们提供了位置 API，用于实现获取当前地理位置的功能。位置 API 的使用方法是，调用 wx.getLocation( )方法，通过该方法的 success 回调函数获取定位结果。

需要注意的是，对于正式项目，若想使用位置 API，需要在微信小程序管理后台的"开发管理–接口设置"页面中申请开通，并且还需要在 app.json 文件中添加请求用户隐私信息的声明，具体代码如下。

```
"requiredPrivateInfos": [
  "getLocation"
],
```

wx.getLocation( )方法的常用选项如表 5–16 所示。

表 5-16　wx.getLocation( )方法的常用选项

选项	类型	说明
type	string	设为 WGS84 可返回 GPS 坐标，设为 GCJ-02 可以返回用于微信内置地图查看位置的坐标
success	function	接口调用成功的回调函数
fail	function	接口调用失败的回调函数
complete	function	接口调用结束的回调函数

在表 5–16 中，WGS84（World Geodetic System 1984）是为 GPS 全球定位系统使用而建立的坐标系统。success( )回调函数的参数是一个对象，该对象的属性如表 5–17 所示。

表 5-17　success( )回调函数参数对象的属性

属性	类型	说明
latitude	number	纬度，取值范围为-90～90
longitude	number	经度，取值范围为-180～180
speed	number	速度，单位为 m/s
altitude	number	高度，单位为 m

接下来演示 wx.getLocation( )方法的使用，示例代码如下。

```
wx.getLocation({
  type: 'gcj02',
  success: res => {
    const longitude = res.longitude
    const latitude = res.latitude
    console.log(longitude, latitude)
  }
})
```

上述代码通过调用 wx.getLocation( )方法获取当前地理位置的经度和纬度。

5. 路由 API

路由 API 用于实现页面跳转，常用的路由 API 方法有 3 个，分别是 wx.navigateTo( )、wx.redirectTo( )和 wx.switchTab( )，具体说明如下。

- wx.navigateTo( )：用于跳转到另一个页面，跳转后原来的页面会保留，并在导航栏左侧提供一个返回按钮，用户可以返回到之前的页面。微信小程序中的页面栈最大限制为 10 层。该方法不能用于标签页切换。
- wx.redirectTo( )：用于关闭当前页面，跳转到一个新页面。该方法不能用于标签页切换。
- wx.switchTab( )：用于跳转到某个标签页，并关闭其他所有非标签页的页面。

以上 3 个方法的选项类似。路由 API 方法的常用选项如表 5–18 所示。

表 5-18　路由 API 方法的常用选项

选项	类型	说明
url	string	需要跳转的路径，路径后可以带参数。参数与路径之间使用"？"分隔，参数键与参数值用"="相连，不同参数用"&"分隔，例如'path?key=value&key2=value2'，该项为必填项
success	function	调用成功的回调函数
fail	function	调用失败的回调函数
complete	function	调用结束的回调函数

除表 5–18 列举的选项外，wx.navigateTo( )方法还有一个 object 类型的 events 选项，它是页面间通信接口，用于监听被打开页面发送到当前页面的数据。通过 url 选项传递的参数可以在跳转的目标页面中通过 onLoad( ) 函数的参数获取。

接下来以 wx.navigateTo( )方法为例演示路由 API 的使用。

在 pages/index/index.wxml 文件中编写一个按钮，实现点击按钮时触发 navigateTo( )函数，具体代码如下。

```
<button bindtap="navigateTo">路由</button>
```

在 app.json 文件中创建 pages/list/list 页面，然后在 pages/index/index.js 文件中编写 navigateTo( )函数，实现跳转到 pages/list/list 页面，具体代码如下。

```
1  Page({
2    navigateTo: function () {
3      wx.navigateTo({
4        url: '/pages/list/list?id=1',
5        success: () => {
6          console.log('跳转成功')
7        },
8        fail: () => {
9          console.log('跳转失败')
10       },
11       complete: () => {
12         console.log('跳转完成')
13       }
14     })
15   },
16 })
```

在上述代码中，第 3～14 行代码通过调用 wx.navigateTo( )方法跳转到 pages/list/list 页面。其中，第 4 行代码中的 url 表示要打开的页面路径，?id=1 表示传递名称为 id 的参数，该参数对应的值为 1；第 5～7 行、第 8～10 行、第 11～13 行代码分别为接口调用成功、接口调用失败和接口调用完成的回调函数。

在 pages/list/list.js 文件中编写 onLoad( )函数，输出 options 参数的值，具体代码如下。

```
onLoad: function(options) {
  console.log(options)
},
```

保存上述代码并运行，单击"路由"按钮后，在控制台中可以看到输出结果，如图 5-30 所示。

图5-30　单击"路由"按钮后控制台输出的结果

在图 5-30 中，通过查看控制台中的结果，可以看出从 index 页面成功跳转到 list 页面，并传递了参数 id。

案例实现

1. 准备工作

在开发本案例前，需要先完成一些准备工作，主要包括创建项目、配置页面、配置导航栏和复制素材，具体步骤如下。

① 创建项目。在微信开发者工具中创建一个新的微信小程序项目，项目名称为"查看附近美食餐厅"，模板选择"不使用模板"。

② 配置页面。在 app.json 文件中配置两个页面，具体代码如下。

```
"pages": [
  "pages/map/map",
  "pages/coupon/coupon"
],
```

③ 配置导航栏。在 pages/map/map.json 文件中配置页面导航栏，具体代码如下。

```
{
  "navigationBarTitleText": "查看附近美食餐厅",
  "navigationBarBackgroundColor": "#d9362c",
  "navigationBarTextStyle": "white"
}
```

在上述代码中，设置导航栏标题为"查看附近美食餐厅"，导航栏背景色为#d9362c，导航栏文字颜色为 white。"查看附近美食餐厅"导航栏的效果如图 5-31 所示。

在 pages/coupon/coupon.json 文件中配置页面导航栏，具体代码如下。

图5-31　"查看附近美食餐厅"导航栏的效果

```
{
  "navigationBarTitleText": "优惠券",
  "navigationBarBackgroundColor": "#d9362c",
  "navigationBarTextStyle": "white"
}
```

在上述代码中，设置导航栏标题为"优惠券"，导航栏背景色为#d9362c，导航栏文字颜色为 white。"优惠券"导航栏的效果如图 5-32 所示。

④ 复制素材。从本书配套资源中找到本案例，复制以下素材到本项目中。

图5-32　"优惠券"导航栏的效果

- pages/map/map.wxss 文件，该文件中保存了"查看附近美食餐厅"页面的样式素材。
- pages/coupon/coupon.wxss 文件，该文件中保存了"优惠券"页面的样式素材。

● libs 文件夹，该文件夹保存了微信小程序 JavaScript SDK。

● images 文件夹，该文件夹保存了本项目所用的图片素材。

按照上述步骤操作完成后，"查看附近美食餐厅"微信小程序的目录结构如图 5-33 所示。

至此，准备工作已经全部完成。

图5-33 "查看附近美食餐厅"微信小程序的目录结构

2. 获取初始数据

在 pages/map/map.js 文件中编写页面所需的数据，具体代码如下。

```
1  const key = '填写自己申请的开发者密钥'
2  const QQMapWX = require('../../libs/qqmap-
wx-jssdk.js')
3  const qqmapsdk = new QQMapWX({ key })
4  Page({
5    data: {
6      scale: 18,         // 缩放
7      longitude: 0,      // 地图中心点经度
8      latitude: 0,       // 地图中心点纬度
9      markers: []        // 标记点
10   },
11   mapCtx: null,
12 })
```

在上述代码中，第 1 行代码定义了 key 属性，表示腾讯地图 SDK 开发者密钥，为必填项；第 3 行代码定义了 qqmapsdk，用于保存 QQMapWX 实例；第 11 行代码定义了 mapCtx 属性，用于保存 MapContext 实例。

3. 在页面中显示地图

在地图界面上会显示中心点的图片和附近美食餐厅的图片，下面分别进行实现。

① 在 pages/map/map.wxml 文件中编写页面结构，具体代码如下。

```
1  <map id="myMap" bindregionchange="regionChange" longitude="{{ longitude }}"
latitude="{{ latitude }}" markers="{{ markers }}" scale="{{ scale }}" show-location></map>
2  <view class="controls">
3    <image class="banner" mode="widthFix" src="/images/banner.png" bindtap="bannerTap" />
4    <image class="gps" src="/images/gps.png" bindtap="controlTap" />
5  </view>
```

在上述代码中，第 1 行代码通过 map 组件来实现地图界面，其中 regionChange() 函数会在视野发生变化时触发，longitude 属性用于设置地图中心点经度，latitude 属性用于设置地图中心点纬度，markers 属性用于设置标记点，scale 属性用于设置缩放级别；第 3 行代码用于在地图上方显示 banner 图；第 4 行代码用于在地图上方显示定位按钮。

② 在 pages/map/map.js 文件中编写 onLoad() 函数，实现页面加载时获取当前位置的经度和纬度，具体代码如下。

```
1  onLoad : function () {
2    wx.getLocation({
3      type: 'gcj02',
4      success: res => {
5        this.setData({
6          longitude: res.longitude,
```

```
7          latitude: res.latitude
8        })
9      }
10    })
11 },
```

在上述代码中，第 2～10 行代码调用了 wx.getLocation( )方法，获取当前的地理位置（经度、纬度），其中第 3 行代码定义了 type 属性，属性值为 gcj02，表示地图使用的坐标格式。

③ 在 pages/map/map.js 文件中编写 onReady( )函数，实现页面初次渲染时获取 MapContext 实例，具体代码如下。

```
1 onReady: function () {
2   this.mapCtx = wx.createMapContext('myMap')
3 },
```

在上述代码中，第 2 行代码调用 wx.createMapContext( )方法获取 mapContext 实例。

④ 在 app.json 文件中声明其需调用的地理位置相关接口，具体代码如下。

```
1 "permission": {
2   "scope.userLocation": {
3     "desc": "你的位置信息将用于小程序位置接口的效果展示"
4   }
5 },
6 "requiredPrivateInfos": [
7   "getLocation"
8 ]},
```

在上述代码中，scope.userLocation 用于对位置权限进行声明；desc 用于微信小程序获取权限时展示接口用途说明。

4. 实现跳转到优惠券页面

在 pages/index/index 页面点击优惠券，实现跳转到优惠券页面的功能，具体步骤如下。

① 在 pages/map/map.js 文件中编写 bannerTap( )函数，具体代码如下。

```
1 bannerTap: function () {
2   wx.navigateTo({
3     url: '/pages/coupon/coupon'
4   })
5 },
```

在上述代码中，第 2～4 行代码调用 wx.navigateTo( )方法，实现跳转到优惠券页面，其中，第 3 行代码中的 url 为需要跳转的路径。

② 在 pages/coupon/coupon.wxml 文件中编写优惠券页面的页面结构，具体代码如下。

```
1 <view class="coupon">
2   <image src="/images/couponone.png" />
3 </view>
4 <view class="coupon">
5   <image src="/images/coupontwo.png" />
6 </view>
```

在上述代码中，第 1～3 行代码定义了第 1 张优惠券，其中第 2 行代码定义了 image 组件，用于显示优惠券的图片；第 4～6 行代码定义了第 2 张优惠券，其结构与第 1 张优惠券类似。

5. 实现查找附近美食餐厅功能

"查看附近美食餐厅"微信小程序可以根据当前位置（经度和纬度）搜索附近的餐厅，并将其通过标记点标记出来，具体步骤如下。

① 在 pages/map/map.js 文件的 Page({ })中编写 getFood( )函数，实现查找附近美食餐厅的功能，具体代

码如下。

```
1  getFood: function (longitude, latitude) {
2    // 调用接口
3    qqmapsdk.search({
4      // 搜索关键词
5      keyword: '餐厅',
6      location: {
7        longitude: longitude,
8        latitude: latitude
9      },
10     success: res => {
11       var markers = []
12       // 为附近的美食餐厅设置标记点
13       for (let i in res.data) {
14         markers.push({
15           iconPath: '/images/food.png',
16           id: markers.length,
17           latitude: res.data[i].location.lat,
18           longitude: res.data[i].location.lng,
19           width: 30,
20           height: 30
21         })
22       }
23       markers.push({
24         iconPath: '/images/center.png',
25         id: res.data.length,
26         latitude: latitude,
27         longitude: longitude,
28         width: 15,
29         height: 40
30       })
31       // 将搜索结果显示在地图上
32       this.setData({ markers })
33     }
34   })
35 },
```

在上述代码中，第 3～34 行代码调用了 qqmapsdk 对象的 search( )方法，其中第 5 代码定义了搜索关键词"餐厅"；第 6～9 行代码定义了位置坐标 location，包含经度和纬度；第 10～33 行代码定义了 success( )回调函数，表示接口调用成功。在回调函数中，第 11 行代码定义了 markers 标记数据，用于存放位置信息，第 13～22 行代码通过 for 循环将获取到的附近美食餐厅的位置信息通过 push( )方法保存在 markers 数组中；第 23～30 行代码用于显示地图中心点；第 32 行代码用于将搜索结果显示在地图上。

② 在 pages/map/map.js 文件中编写 regionChange( )函数，实现地图移动时更新地图上的标记点，具体代码如下。

```
1  regionChange: function (e) {
2    if (e.type === 'end') {
3      this.mapCtx.getCenterLocation({
4        success: res => {
5          this.getFood(res.longitude, res.latitude)
6        }
7      })
8    }
```

```
9  },
```

在上述代码中，第 3～7 行代码通过调用 getCenterLocation( )方法，实现获取当前地图中心的经纬度，接口调用成功之后，调用 getFood( )方法获取当前位置附近的美食餐厅。

③ 在 pages/map/map.js 文件中编写 controlTap( )函数，具体代码如下。

```
1  controlTap: function (e) {
2    this.mapCtx.moveToLocation()
3  }
```

在上述代码中，第 2 行代码调用 moveToLocation( )方法，将地图中心移动到当前定位点。

④ 在微信开发者工具的本地设置中勾选"不校验合法域名、web-view（业务域名）、TLS 版本以及 HTTPS 证书"复选框。

完成上述步骤后，运行程序，在地图上可以看到附近的美食餐厅的图标了。

至此，"查看附近美食餐厅"微信小程序已经开发完成。

【案例 5-4】在线聊天

一些购物平台经常会通过人工客服或机器客服来为用户提供服务，及时解答用户提出的问题，提高用户的使用体验。对于这类需求，可以通过在微信小程序中开发在线聊天功能来实现。下面将对"在线聊天"微信小程序进行详细讲解。

案例分析

"在线聊天"微信小程序初始页面效果如图 5-34 所示。

在图 5-34 的页面底部的输入框中输入"我来自微信小程序端"文本后，点击"发送"按钮，该页面就会将用户输入的内容发送给服务器，并将用户输入的内容显示在聊天界面的右侧。当服务器收到消息后，会自动回复一条消息"自动回复"，显示在聊天界面的左侧。微信小程序向服务器发送消息的页面效果如图 5-35 所示。

图5-34　初始页面效果

图5-35　微信小程序向服务器发送消息的页面效果

在服务器接收到消息后，在控制台中输出消息的效果如图 5-36 所示。

在服务器的控制台中输入的消息，也可以发送给微信小程序。例如，在服务器的控制台中输入"我来自服务器端"文本后，按回车键，控制台输出消息的效果如图 5-37 所示。

图5-36　控制台中输出消息的效果

图5-37　控制台输出消息的效果

微信小程序端接收消息的页面效果如图 5-38 所示。

知识储备

1. WebSocket API

在微信小程序中，虽然通过 wx.request( ) 方法可以向服务器发送请求，但这种方式有个缺点：不能实现服务器端主动向微信小程序发送消息。为此，微信小程序官方提供了 WebSocket API，允许服务器主动向微信小程序发送消息。

微信小程序中的 WebSocket 与 HTML5 中的 WebSocket 基本相同。WebSocket 是一种在单个 TCP 连接上进行全双工通信的协议，它会在客户端与服务器之间专门建立一条通道，使客户端与服务器之间的数据交换变得简单。客户端与服务器只需要完成一次握手，两者之间就可以创建持久性的连接，并进行双向数据传输。

需要注意的是，WebSocket 协议是以 ws 或 wss 开头的（类似于 http 和 https 的关系），在微信小程序中，正式项目必须使用以 wss 开头协议，在开发模式下可以使用以 ws 开头协议。

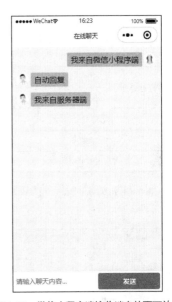

图5-38　微信小程序端接收消息的页面效果

通过 wx.connectSocket( ) 方法可以创建一个 WebSocket 连接。wx.connectSocket( ) 方法的常用选项如表 5-19 所示。

表 5-19　wx.connectSocket( ) 方法的常用选项

选项	类型	说明
url	string	开发者服务器 wss 接口地址
header	object	HTTP Header，Header 中不能设置 Referer
timeout	number	超时时间，单位为毫秒
success	function	接口调用成功的回调函数
fail	function	接口调用失败的回调函数
complete	function	接口调用结束的回调函数

接下来演示 wx.connectSocket( ) 方法的使用。

```
wx.connectSocket({
  url: 'ws://127.0.0.1:3000'          // 服务器地址
})
```

上述代码通过调用 wx.connectSocket( ) 方法创建 WebSocket 连接，其中 url 为本地服务器地址，在实际的项目开发中，读者需填写真实的服务器接口地址。

2．SocketTask

当项目中同时存在多个 WebSocket 的连接时，使用 wx 对象的方法可能会出现一些与预期不一致的情况，此时可以使用 SocketTask 管理 WebSocket 连接，使每一条链路的生命周期都更可控。

wx.connectSocket()方法的返回值是一个 SocketTask 实例，示例代码如下。

```
const ws1 = wx.connectSocket({
  url: 'ws://127.0.0.1:3000'
})
```

在上述代码中，ws1 就是一个 SocketTask 实例。

SocketTask 实例的常用方法如表 5–20 所示。

表 5-20　SocketTask 实例的常用方法

方法	说明
send( )	通过 WebSocket 连接发送数据
close( )	关闭 WebSocket 连接
onOpen( )	监听 WebSocket 连接打开事件
onClose( )	监听 WebSocket 连接关闭事件
onError( )	监听 WebSocket 错误事件
onMessage( )	监听 WebSocket 连接接收到服务器的消息事件

send( )方法的常用选项如表 5–21 所示。

表 5-21　send( )方法的常用选项

选项	类型	说明
data	string/ArrayBuffer	需要发送的内容，该项为必填项
success	function	接口调用成功的回调函数
fail	function	接口调用失败的回调函数
complete	function	接口调用结束的回调函数

close( )方法的常用选项如表 5–22 所示。

表 5-22　close( )方法的常用选项

选项	类型	说明
code	number	一个数字值，即关闭连接的状态号，表示连接被关闭的原因。默认值为 1000，表示正常关闭连接
reson	string	一个可读的字符串，表示连接被关闭的原因
success	function	接口调用成功的回调函数
fail	function	接口调用失败的回调函数
complete	function	接口调用结束的回调函数

onClose( )方法的参数为 WebSocket 连接关闭事件的回调函数，onClose()方法的属性如表 5–23 所示。

表 5-23　onClose( )方法的属性

属性	类型	说明
code	number	一个数字值，即关闭连接的状态号，表示连接被关闭的原因。默认值为 1000，表示正常关闭连接
reson	string	一个可读的字符串，表示连接被关闭的原因

onOpen( )方法的参数为 WebSocket 连接打开事件的回调函数，onOpen( )方法的属性如表 5–24 所示。

表 5-24　onOpen( )方法的属性

属性	类型	说明
header	object	连接成功的 HTTP 响应 header
profile	object	网络请求过程中一些调试信息

onError( )方法的参数为 WebSocket 错误事件的回调函数，属性为 errMsg，表示错误信息。

onMessage( )方法的参数为 WebSocket 连接接收到服务器消息事件的回调函数，属性为 data，表示服务器返回的消息。

接下来演示 SocketTask 的使用方法。在 pages/index/index.js 文件中编写 onLoad( )函数，实现在页面加载完成时打开 WebSocket 连接，示例代码如下。

```
1  onLoad: function () {
2   const ws1 = wx.connectSocket({     // 创建 WebSocket 连接
3    // 本地服务器地址
4    url: 'ws://127.0.0.1:3000',
5    success: resConnect => {          // 连接成功
6      console.log(resConnect)
7    },
8    fail: resConnectError => {        // 连接失败
9      console.log(resConnectError)
10   }
11  })
12  ws1.onOpen(res => {                 // 监听 WebSocket 连接打开事件
13   ws1.send({
14     data: JSON.stringify({
15       number: '123',
16     }),
17     success: resSend => {
18       console.log(resSend)
19     },
20     fail: resSendError => {
21       console.log(resSendError)
22     }
23   })
24  })
25  ws1.onMessage(data => {             // 监听 WebSocket 连接接收到服务器的消息事件
26    console.log(data.data)
27  })
28 },
```

在上述代码中，第 2~11 行代码调用 wx.connectSocket( )方法创建一个 WebSocket 连接，其中第 4 行代码为服务器地址，在实际项目开发中，应填写真实的地址；第 12~24 行代码用于监听 WebSocket 连接打开事件，成功打开 Socket 连接后，调用 send( )方法，通过 WebSocket 连接发送数据，传递 number 为 123；第 25~27 行代码调用了 onMessage( )方法，监听 WebSocket 连接接收到服务器的消息事件，在控制台中输出服务器返回的消息。

案例实现

1. 准备工作

在开发本案例前，需要先完成一些准备工作，主要包括创建项目、配置导航栏、复制素材和启动服务器，具体步骤如下。

① 创建项目。在微信开发者工具中创建一个新的微信小程序项目，项目名称为"在线聊天"，模板选择"不使用模板"。

② 配置导航栏。在 pages/index/index.json 文件中配置页面导航栏，具体代码如下。

```
{
  "navigationBarTitleText": "在线聊天"
}
```

上述代码将导航栏标题设置为"在线聊天"。"在线聊天"页面导航栏的效果如图 5-39 所示。

③ 复制素材。从本书配套资源中找到本案例，复制以下素材到本项目中。

- index.wxss 文件，该文件中保存了本项目的页面样式素材。
- images 文件夹，该文件夹保存了本项目所用的图片素材。

上述步骤完成后，"在线聊天"微信小程序的目录结构如图 5-40 所示。

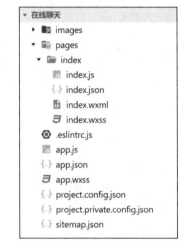

图5-39　"在线聊天"页面导航栏的效果　　　　图5-40　"在线聊天"微信小程序的目录结构

④ 启动服务器。从本书配套资源中找到本案例的源代码，进入"服务器端"文件夹，该文件夹下的内容为 Node.js 本地 HTTP 服务器程序。打开命令提示符，切换工作目录到当前目录，然后在命令提示符中执行如下命令，启动服务器。

```
node index.js
```

至此，准备工作已经完成。

2. 实现 WebSocket 连接

实现"在线聊天"微信小程序的 WebSockt 连接，具体步骤如下。

① 在 pages/index/index.js 文件的 Page({ }) 中编写 onLoad( ) 函数，具体代码如下。

```
1  ws: null,
2  onLoad: function () {
3    const ws = wx.connectSocket({
4      url: 'ws://127.0.0.1:3000',
5      success: resConnect => {
6        console.log(resConnect)
7      },
8      fail: resConnectError => {
9        console.log(resConnectError)
10     }
```

```
11  })
12  ws.onMessage(data => {
13    console.log(data)
14  })
15  ws.onClose(res => {
16    console.log(res)
17  })
18  this.ws = ws
19 },
```

在上述代码中，第 3～11 行代码调用 wx.connectSocket( )方法连接 WebSocket；第 12～14 行代码调用 onMessage( )方法监听 WebSocket 连接接收到服务器的消息事件，表示服务器返回了消息；第 15～17 行代码调用 onClose( )方法来监听 WebSocket 连接关闭事件；第 18 行代码将通过 wx.connectSocket( )方法创建连接成功之后的返回值 WebSocket 保存在 ws 中，让整个页面中可以使用。

② 在 pages/index/index.js 文件中编写 onUnload( )函数，实现关闭 WebSocket 连接，具体代码如下。

```
1  onUnload: function () {
2    this.ws.close()
3  },
```

③ 在微信开发者工具的本地设置中勾选"不校验合法域名、web–view（业务域名）、TLS 版本以及 HTTPS 证书"复选框。

保存上述代码，运行程序，在微信小程序的控制台中会看到图 5–41 所示的效果。

图5–41　控制台中输出的消息

图 5–41 中控制台中输出的消息说明 WebSocket 连接成功。

3. 实现发送消息功能

WebSocket 连接成功后，下面实现将消息发送给服务器的功能，具体步骤如下。

① 在 pages/index/index.wxml 文件中编写页面结构，具体代码如下。

```
1  <view class="chat">
2    <!-- 消息列表 -->
3  </view>
4  <view class="message">
5    <input type="text" bindinput="input" placeholder="请输入聊天内容..." value="{{ content }}" />
6    <button type="primary" bindtap="send" size="small">发送</button>
7  </view>
```

在上述代码中，第 1～3 行代码定义了消息列表区域，该区域中消息的展示在之后的步骤中实现。第 4～7 行代码定义了底部消息发送区域，其中第 5 行代码定义了 input 组件，用于输入聊天内容，绑定 input 事件，该事件在键盘输入时触发，事件处理函数为 input( )；第 6 行代码定义了 button 组件，该组件表示"发送"按钮，绑定 tap 事件，事件处理函数为 send( )。

② 在 pages/index/index.js 文件的 Page({ })中编写页面中所需的数据，具体代码如下。

```
data: {
  content: ''
},
message: '',
```

在上述代码中，content 表示页面中展示的消息内容；message 表示输入框中输入的内容，即需要发送的内容。

③ 在 pages/index/index.js 文件的 Page({ })中编写 input( )函数，实现将输入框输入的文本保存到 message 中，具体代码如下。

```
1  input: function (e) {
2    this.message = e.detail.value
3  },
```

④ 在 pages/index/index.js 文件的 Page({ })中编写 input( )函数，实现点击"发送"按钮时将 message 中的内容发送到服务器，具体代码如下。

```
1  send: function () {
2    // 判断发送内容是否为空
3    if (!this.message) {
4      wx.showToast({
5        title: '消息不能为空',
6        icon: 'none',
7        duration: 2000
8      })
9      return
10   }
11   // 发送消息到服务器
12   this.ws.send({
13     data: this.message
14   })
15 },
```

在上述代码中，第 3～10 行代码进行 if 判断，若 message 为 false，表示发送内容为空，则弹出消息提醒"消息不能为空"，若 message 为 true，则执行 12～14 行的代码。第 12～14 行代码调用 send( )方法，通过 WebSocket 连接将 message 中的内容发送给服务器。

保存上述代码，运行程序，在微信小程序的输入框中输入"您好。服务器"。服务器的控制台输出的结果，如图 5–42 所示。

图 5–42 中，服务器已经成功接收到了微信小程序发送的字符串信息"您好。服务器"。

在微信小程序的控制台会输出图 5–43 所示的消息。

图5-42　服务器的控制台输出的结果

图5-43　微信小程序的控制台输出的消息

从图 5–43 可以看出，微信小程序收到了服务器自动回复的消息。

4. 实现消息列表展示功能

前面实现了服务器和微信小程序互相发送消息的功能，接下来需要将双方的消息列表展示在页面中，具体步骤如下。

① 在 pages/index/index.js 文件的 Page({ })的 data 中增加 list 数组，具体代码如下。

```
1  list: [],
2  lastId: ''
```

在上述代码中，list 表示消息列表；lastId 表示最后一条消息的 id。

② 在 pages/index/index.js 文件中，修改 send( )方法，实现点击"发送"按钮时将发送的内容存入 list 数

组，同时将 content、message 恢复初始值，具体代码如下。

```
1  send: function () {
2    原有代码……
3    const list = this.data.list
4    const lastId = list.length
5    list.push({
6      id: lastId,
7      content: this.message,
8      role: 'me'
9    })
10   this.setData({ list, lastId, content: '' })
11   this.message = ''
12 }
```

在上述代码中，第 3 行代码将 data 中的 list 数组取出来，表示消息列表；第 4 行代码将 list 数组的长度保存为 lastId；第 5～9 行代码将 id、content、role 这些数据通过 push( )方法写入 list 数组中，其中 role 为角色，它的值'me'表示该条消息是由微信小程序端发送的，第 10 行代码调用 setData( )方法对 list、lastId、content 进行更新，第 11 行代码清空了 this.message。

③ 在 pages/index/index.js 文件中修改 ws.onMessage( )方法，实现在收到服务器端传来的消息时对数据进行处理，具体代码如下。

```
1  ws.onMessage(msg => {
2    const data = JSON.parse(msg.data)
3    const list = this.data.list
4    const lastId = list.length
5    list.push({
6      id: lastId,
7      content: data.content,
8      role: 'server'
9    })
10   this.setData({ list, lastId })
11 })
```

在上述代码中，第 2 行代码将接收到的数据转换成 JavaScript 对象；第 5～9 行代码将 id、content、role 写入 list 数组，其中 role 的值为'server'表示该条消息是由服务器端发送的。

④ 在 pages/index/index.wxml 文件中编写页面结构，用于展示消息列表，具体代码如下。

```
1  <scroll-view scroll-y scroll-into-view="item_{{ lastId }}">
2    <view wx:for="{{ list }}" wx:key="id" class="chat-message chat-message-{{ item.role }}"
     id="item_{{ item.id }}">
3      <view class="chat-content"><view>{{ item.content }}</view></view>
4      <image class="chat-avatar" src="/images/{{ item.role }}.png" />
5    </view>
6  </scroll-view>
```

在上述代码中，第 1～6 行代码定义了 scroll-view 组件，用于当消息数大于页面显示高度时，可以纵向滚动显示消息列表。其中，第 2 行代码通过 wx:for 控制属性将 list 数组中的消息在页面上进行渲染；第 3 行代码定义了 view 组件，用于展示消息内容；第 4 行代码定义了 image 组件，用于根据角色展示图片。

完成上述代码后，运行程序，测试聊天功能是否正确，"在线聊天"微信小程序的实现效果如图 5-35～图 5-38 所示。

至此，"在线聊天"微信小程序已经开发完成。

本章小结

本章继续讲解了微信小程序常用 API，内容包括动画 API、登录 API、数据缓存 API、地图 API、位置 API、路由 API、WebSocket API 等。通过本章的学习，读者应该掌握微信小程序常用 API 的使用方法，能够根据实际需求实现动画的移动、旋转等动画效果；能够实现用户登录功能；能够通过腾讯地图插件 SDK 定位附近的美食餐厅；能够实现在线聊天功能。

课后练习

一、填空题

1. 从本地缓存中异步获取指定 key 的内容使用＿＿＿＿＿方法。

2. 微信小程序通过＿＿＿＿＿方法获取登录凭证 code。

3. 微信接口服务返回的信息中，＿＿＿＿＿是用户的会话密钥，需要存储在开发者服务器中。

4. map 组件中地图视野发生变化时触发＿＿＿＿＿事件。

5. 在 Animation 实例的常用方法中，＿＿＿＿＿用于导出动画队列。

6. 微信小程序通过＿＿＿＿＿方法创建一个 WebSocket 连接。

7. 微信小程序通过＿＿＿＿＿方法可以通过 WebSocket 发送数据。

8. 微信小程序通过＿＿＿＿＿方法监听 WebSocket 连接接收到服务器的消息事件。

二、判断题

1. 在微信小程序中，调用 wx.login()方法可以获取临时登录凭证 code。（　　　）

2. 同一个微信用户在不同 AppID 的微信小程序中的 openid 是不同的。（　　　）

3. openid 是微信小程序的唯一标识。（　　　）

4. 使用 wx.setStorageSync()方法可以将数据同步存储在本地缓存指定的 key 中。（　　　）

5. animation.export()方法每次调用后仍保留之前的动画操作。（　　　）

三、选择题

1. 下列选项中，用于实现非标签页之间的跳转的方法是（　　　）。

A. wx.navigateTo()　　　　B. wx.navigate()　　　　C. wx.navigatorTo()　　　　D. wx.navigator()

2. 下列选项中，关于 map 组件属性说法错误的是（　　　）。

A. longitude 为中心经度　　　　　　　　　　B. scale 为缩放级别，取值范围为 1～20

C. latitude 为中心纬度　　　　　　　　　　D. markers 为标记点数组

3. 下列选项中，关于 openid 的说法错误的是（　　　）。

A. openid 是用户的唯一标识

B. openid 不等同于微信用户 id

C. 同一个微信用户在不同 AppID 的微信小程序中的 openid 是不同的

D. openid 是微信小程序的唯一标识

4. 下列选项中，关于 marker 对象的属性说法错误的是（　　　）。

A. title 表示标记点名称　　　　　　　　　　B. zIndex 表示显示层级

C. alpha 表示标记点的透明度　　　　　　　D. userInfo 表示用户信息对象

5. 下列选项中，关于数据缓存说法错误的是（　　　）。

A.　wx.getStorage( )方法用于从本地缓存中异步获取指定 key 内容

B.　wx.removeStorageSync( )方法用于以异步的方式从本地缓存中移除指定 key

C.　wx.setStorage( )方法用于将数据异步存储在本地缓存指定的 key

D.　在实现数据缓存的方法中，方法名以 Sync 结尾的都是同步方法

四、简答题

1. 简述如何获取 Animation 实例。

2. 简述微信小程序中应用生命周期回调函数 onLaunch( )、onShow( )、onError( )、onHide( )和 onPageNotFound( )的作用。

3. 简述如何创建 WebSocket 连接。

第**6**章

综合项目——"点餐"微信小程序

学习目标

★ 掌握封装网络请求的方法，能够通过封装网络请求简化项目中网络请求的代码

★ 掌握用户登录的开发，能够独立实现用户登录

★ 掌握商家首页的开发，能够独立完成商家首页的编写

★ 掌握菜单列表页的开发，能够独立完成菜单列表页的编写

★ 掌握购物车的开发，能够独立实现购物车

★ 掌握订单确认页的开发，能够独立完成订单确认页的编写

★ 掌握订单详情页的开发，能够独立完成订单详情页的编写

★ 掌握订单列表页的开发，能够独立完成订单列表页的编写

★ 掌握消费记录页的开发，能够独立完成消费记录页的编写

在学习了微信小程序的基础知识后，接下来将开发一个综合项目——"点餐"微信小程序，让读者对所学知识进行综合运用。该微信小程序的页面包括商家首页、菜单列表页、订单确认页、订单详情页、订单列表页和消费记录页，具有用户登录、购物车、创建订单、查看订单、查询消费记录等功能。本章将对"点餐"微信小程序进行详细讲解。

【任务 6-1】项目开发准备

开发背景

现如今，相比以服务员为中介完成点餐、送餐、买单的传统点餐方式，越来越多的餐厅开始使用微信小程序进行点餐。商家可以在微信小程序中添加点餐和收款功能，顾客可以实现点餐、付款等功能，顾客可以提前进行点餐，商家提前进行备餐，减少等候时间，提升用户体验。微信小程序中有"转发给朋友""分享到朋友圈"等功能，商家可以通过提供优惠券的方式刺激顾客进行转发、分享。而顾客由于可以享受到优惠，所以很愿意进行转发，当顾客进行转发、分享后，往往会为商家带来大量流量。

项目模块划分

本项目是一个用于在餐厅点餐的微信小程序，它包含用户登录、商家首页、菜单列表页、购物车、订单确认页、订单详情页、订单列表页和消费记录页等模块，下面对每个模块进行简单概述。

● 用户登录：当"点餐"微信小程序启动后，会自动进行用户登录。

● 商家首页：包括轮播图区域、中间区域和底部区域，为用户提供了直观的界面需求。在商家首页点击"开始点餐之旅"，跳转到菜单列表页进行点餐。

● 菜单列表页：左侧为菜单栏区域，右侧为商品列表区域，点击左侧菜单栏可以定位到右侧相应位置。每个商品列表项包括图片、价格、标题、"+"等信息。用户可以在菜单列表页中根据自己的需求选择商品，点击"+"将所选商品加入购物车。

● 购物车：当购物车中商品数量为 0 时，点击购物车图标不会展开购物车；当购物车中商品数量不为 0 时，点击底部购物车图标，在弹出层中显示已选购的商品，包括商品的图片、价格、名称、数量等信息，此时可以对购物车中已选购的商品进行操作，包括动态添加商品数量、实时计算出商品总价格、清空购物车。选购完商品之后，点击"选好了"按钮，跳转到订单确认页。

● 订单确认页：在订单确认页中，可核对选择的商品是否正确，并可以根据自己的需求填写备注信息，若信息无误，点击"去支付"，会跳转到订单详情页。

● 订单详情页：包括取餐号、订单信息等。

● 订单列表页：在订单列表页可以查看订单状态，是否取餐，若已经取餐会标识"已取餐"，若未取餐会标识"未取餐"。点击"查看详情"可以跳转到订单详情页。

● 消费记录页：消费记录页显示了历史消费记录信息。

项目初始化

本书在配套资源中提供了完整的项目源码，读者可以先将项目部署起来，查看项目的运行效果。需要注意的是，项目中的数据均从服务器端获取，本项目的服务器端基于 PHP+MySQL 开发环境，读者可以通过本案例的源代码中的文档来进行环境搭建。本项目还提供了接口文档，用于介绍本项目中用到的接口地址，读者可以自行查阅。

在开发本项目前，需要先完成一些初始化操作，主要包括创建项目、配置页面、配置导航栏、复制素材和配置标签栏，下面分别进行实现。

① 创建项目。在微信开发者工具中创建一个新的微信小程序项目，项目名称为"点餐"，模板选择"不使用模板"。

② 配置页面。项目创建完成后，在 app.json 文件中配置页面，具体代码如下。

```
"pages": [
  "pages/index/index",
  "pages/list/list",
  "pages/order/checkout/checkout",
  "pages/order/detail/detail",
  "pages/order/list/list",
  "pages/record/record"
],
```

在上述代码中，从上到下的页面依次为商家首页、菜单列表页、订单确认页、订单详情页、订单列表页、消费记录页。

③ 配置导航栏。在 app.json 文件中配置导航栏样式，具体代码如下。

```
1  "window": {
2    "backgroundTextStyle": "light",
3    "navigationBarBackgroundColor": "#FF9C35",
4    "navigationBarTitleText": "美食屋",
5    "navigationBarTextStyle": "white"
6  },
```

在上述代码中，第 2~5 行代码设置了下拉加载提示样式、导航栏背景颜色、导航栏标题文字内容和导航栏标题颜色。

④ 复制素材。从本书配套资源中找到本案例，复制以下素材到本项目中。

● 复制 app.wxss 文件，该文件中保存了本项目所用到的公共样式。

● 复制 images 文件夹，该文件夹保存了该项目所用的素材。

● 复制 utils/shopcartAnimate.js 文件，该文件保存了实现购物车中动画效果的代码。

● 复制 utils/decodeCookie.js 文件，该文件保存了用于解析服务器返回的 Cookie，将 Cookie 字符串转换成对象的代码。

上述步骤操作完成后，"点餐"微信小程序的目录结构如图 6-1 所示。

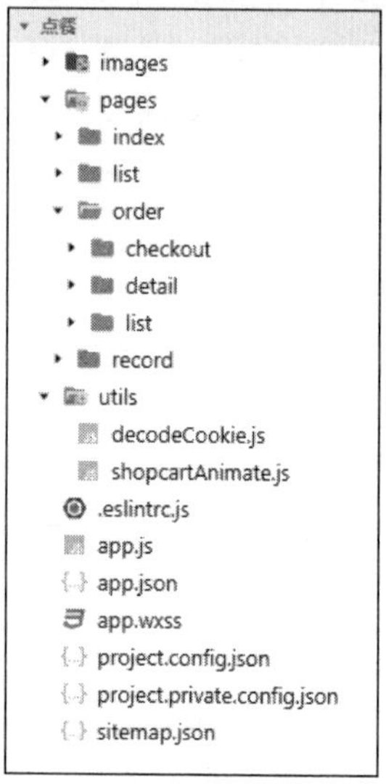

⑤ 配置标签栏。在 app.json 文件中添加 tabBar 配置项的属性配置标签栏，具体代码如下。

图6-1 "点餐"微信小程序的目录结构

```
1  "tabBar": {
2    "color": "#8a8a8a",
3    "selectedColor": "#FF9C35",
4    "borderStyle": "black",
5    "list": [{
6      "selectedIconPath": "images/home_s.png",
7      "iconPath": "images/home.png",
8      "pagePath": "pages/index/index",
9      "text": "首页"
10   }, {
11     "selectedIconPath": "images/order_s.png",
12     "iconPath": "images/order.png",
13     "pagePath": "pages/order/list/list",
14     "text": "订单"
15   }, {
16     "selectedIconPath": "images/user_s.png",
17     "iconPath": "images/user.png",
18     "pagePath": "pages/record/record",
19     "text": "我的"
20   }]
21 },
```

在上述代码中，第 2~4 行代码设置了底部标签栏文字的默认颜色、选中时的颜色、底部标签栏上边框的颜色；第 5~20 行代码通过 list 数组完成对每个标签项的配置，为每个标签项配置选中时的图标路径、未选中时的图标路径、页面路径、按钮文字。

至此,"点餐"微信小程序的项目初始化已经完成,页面顶部导航栏如图 6-2 所示,底部标签栏如图 6-3 所示。

图6-2　导航栏

图6-3　底部标签栏

【任务 6-2】封装网络请求

任务分析

在本项目中,商家首页、菜单列表页、订单详情页等多个页面都需要发送网络请求,从服务器中获得数据。为了在页面打开时显示从服务器加载的数据,需要在各个页面的JS文件中通过 onLoad() 函数监听页面加载,在页面加载完成时通过调用 wx.request() 方法发起网络请求,将请求到的数据渲染在页面上。由于网络请求的代码使用较为频繁,并且部分请求参数和响应结果的处理非常类似,为了提高代码的可重用性,本任务将对项目中的网络请求代码进行封装。

任务实现

1. 保存接口地址

在实际项目开发中,很多页面的请求地址 URL 的前半部分都是相同的,重复书写会导致代码冗余,而且如果请求地址更换了域名,修改也比较麻烦。在本项目中,会将 URL 的公共部分提取出来,单独放置到配置文件中,从而方便后期修改。在 utils 文件夹下新建 config.js 文件,在 utils/config.js 文件中编写 URL 的公共部分,具体代码如下。

```
1  module.exports = {
2    baseUrl: 'http://127.0.0.1/api'
3  }
```

在上述代码中,第 1~3 行代码通过 module.exports 属性将该模块中的 baseUrl 属性暴露出来,其中第 2 行代码定义了 baseUrl 属性,属性值为 http://127.0.0.1/api,它是 URL 的公共部分。

2. 封装网络请求函数

由于 wx.request() 方法是一个异步方法,利用 Promise 可以简化异步操作。在编写服务器接口地址时,可以自动拼接 URL 的公共部分,使用时只需要传入请求参数即可。接下来在 utils 文件夹下新建 fetch.js 文件,在 fetch.js 文件中编写封装网络请求的代码,具体如下。

```
1  const config = require('./config.js')
2  module.exports = function (path, data, method) {
3    return new Promise((resolve, reject) => {
4      wx.request({
5        url: config.baseUrl + path,
6        method: method,
7        data: data,
8        success: res => {
9          // 请求成功
10         resolve(res.data)
11       },
12       fail: function () {
```

```
13          // 请求失败
14          reject()
15       }
16     })
17   })
18 }
```

在上述代码中，第1行代码通过 require() 函数将 config.js 文件中的代码导入 fetch.js 文件中；第2~18行代码通过 module.exports 导出一个函数，该函数有3个参数，分别为 path（请求路径）、data（请求参数）和 method（请求方式）。第3~17行代码使用 Promise 进行封装。第4~16行代码通过 wx.request() 方法发送请求。第5~7行代码设置了开发者服务器地址、请求方式和请求参数；第8~11行代码定义了接口调用成功之后的回调函数 success()，第10行代码表示发送请求成功之后调用 resolve() 函数接收服务器返回的数据；第12~15行代码定义了接口调用失败之后的回调函数 fail()，第14行代码调用 reject() 函数表示请求失败。

接下来测试封装的网络请求函数是否可以正常使用，具体步骤如下。

① 在 app.js 文件中引入 fetch.js 文件，方便在整个项目使用，具体代码如下。

```
1 App({
2   fetch: require('./utils/fetch.js'),
3 })
```

在上述代码中，将 fetch.js 文件通过 require() 函数加载到 app.js 文件中并保存为 fetch() 方法。

② 在 pages/index/index.js 文件中发送网络请求，具体代码如下。

```
1 const app = getApp()
2 const fetch = app.fetch
3 Page({
4   onLoad: function () {
5     wx.showLoading({
6       title: '努力加载中',
7       mask: true
8     })
9     fetch('/food/index').then(data => {
10       wx.hideLoading()
11       console.log(data)
12     }, () => {
13       wx.hideLoading()
14       console.log('请求失败')
15     })
16   },
17 })
```

在上述代码中，第1行代码通过 getApp() 函数获取 app.js 文件中的 App 实例并将其保存为 app。第2行代码将 app.fetch 保存为 fetch。第4~16行代码通过 onLoad() 函数实现页面加载完成时发送网络请求，其中，第5~8行代码用于显示加载提示，提示内容为"努力加载中"，显示透明蒙层，防止触摸穿透；第9~15行代码调用 fetch() 方法发送网络请求，请求接口为'/food/index'，通过连续调用 then() 方法处理请求成功和失败的结果，then() 方法的第1个参数为请求成功的回调函数，用于隐藏加载提示并且输出从服务器端返回的数据，第2个参数为请求失败的回调函数，用于隐藏加载提示并且输出"请求失败"。

③ 在微信开发者工具的本地设置中勾选"不校验合法域名、web-view（业务域名）、TLS 版本以及 HTTPS 证书"选项。

保存并运行上述代码，请求成功的页面效果如图6-4所示。

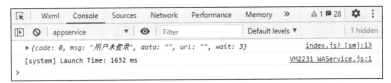

图6-4　请求成功的页面效果

将 utils/config.js 文件中 URL 的公共部分改为无效地址 http://oalhost/api，请求失败的页面效果如图 6-5 所示。

图6-5　请求失败的页面效果

需要注意的是，在测试请求成功或请求失败的情况时，可能会因为缓存导致测试不成功，单击微信开发者工具的工具栏中的"清缓存"按钮后重试即可。

3. 请求失败时的处理

数据请求失败时，除了在控制台输出错误信息外，还需要对用户进行提示，允许用户进行重试，下面进行实现，具体步骤如下。

① 在 utils/fetch.js 文件底部位置中编写 fail( )函数，实现接口调用失败之后隐藏加载提示并弹出提示框，具体代码如下。

```
1  function fail(title, callback) {
2    wx.hideLoading()
3    wx.showModal({
4      title: title,
5      confirmText: '重试',
6      success: res => {
7        if (res.confirm) {
8          callback()
9        }
10     }
11   })
12 }
```

在上述代码中，第 3~11 行代码用于弹出提示框。其中，第 4 行和第 5 行代码分别定义了提示的内容和确认按钮的文字"重试"；第 6~10 行代码定义了接口调用成功的回调函数，如果 res.confirm 为 true，表示用户点击了"重试"按钮，执行 callback( )函数。

② 修改 utils/fetch.js 文件中请求失败时的回调函数，具体代码如下。

```
1  fail: function() {
2    fail('加载数据失败', reject)
3  }
```

在上述代码中，第 2 行代码在数据请求失败时调用 fail( )函数，提示用户加载信息失败。

③ 修改 pages/index/index.js 文件中的网络请求代码，具体如下。

```
1  fetch('/food/index').then(data => {
2    wx.hideLoading()
3    console.log(data)
4  }, () => {
5    this.onLoad() // 修改此处
```

```
6    console.log('请求失败')
7  })
```

在上述代码中，第5行代码为修改后的代码，实现在请求失败时先隐藏加载提示，然后弹出提示框，如果用户点击"重试"按钮，则重新发起网络请求。

保存并运行上述代码后，数据请求失败的效果如图6-6所示。

点击"重试"按钮之后，若请求仍然失败，则会继续出现图6-6所示的提示框。测试完成后，将utils/config.js文件中的URL更改为正确的地址，即可请求成功。

4. 请求成功时的处理

在本项目中，当请求成功时，有可能会得到服务器返回的一个错误结果。该错误并不是由网络原因引起的，而是由业务引起的，或者是服务器内部发生错误导致的，这些情况在微信小程序中都会执行success()回调函数。

当执行success()回调函数时，需要先判断服务器返回的响应状态码是不是200，如果不是200，说明服务器的程序出现问题，此时应提示用户"服务器异常"；如果状态码是200，则读取res.data中的数据。在res.data中，code表示错误码，其值为0表示操作失败，值为1表示操作成功；

图6-6　数据请求失败的效果

msg表示错误的描述信息；data表示操作成功时获取的数据。如果code的值为0，则应该提示用户错误信息。

在utils/fetch.js文件的success()函数中编写代码，具体代码如下。

```
1  success: res => {
2    if (res.statusCode !== 200) {
3      fail('服务器异常', reject)
4      return
5    }
6    if (res.data.code === 0) {
7      fail(res.data.msg, reject)
8      return
9    }
10   原有代码……
11 },
```

在上述代码中，第2~9行代码为新增代码。其中，第2~5行代码通过if判断statusCode是否不等于200，如果是，则调用fail()函数，提示用户"服务器异常"；第6~9行代码通过if判断code的值是否为0，如果是则调用fail()函数，将res.data.msg作为错误信息提示给用户。

保存并运行上述代码，会看到用户未登录的提示，页面效果如图6-7所示。

【任务6-3】用户登录

任务分析

用户登录是对用户身份的校验，向系统报备用户的身份，用以

图6-7　提示用户未登录的页面效果

申请权限、调取用户数据等。在本项目中，只有用户登录后，才可以进行下单、获取之前的消费记录等操作。

"点餐"微信小程序启动时就需要自动调用 wx.login()方法进行登录，将 js_code 发送给服务器，从而让服务器识别用户身份。登录成功后，服务器会记住登录状态，并为微信小程序建立一个会话，在会话持续期间，如果微信小程序重新启动了，仍然维持已登录的状态。这个会话会在微信小程序长时间没有访问服务器的情况下自动关闭。

为了避免每次启动都要调用 wx.login()方法进行登录，应该在调用 wx.login()方法之前，先判断当前会话是否有效，判断的方法是，请求/user/checkLogin 接口，请求成功后，该接口会返回一个 isLogin 布尔值，值为 true 表示会话有效，当前用户已登录，值为 false 表示会话无效，当前用户未登录。

任务实现

1. 判断登录状态

在微信小程序启动时，需要通过/user/checkLogin 接口判断是否处于登录状态。接下来在 app.js 文件中编写 onLaunch()函数，实现判断登录状态，具体代码如下。

```
1  onLaunch: function () {
2    wx.showLoading({
3      title: '登录中',
4      mask: true
5    })
6    this.fetch('/user/checkLogin').then(data => {
7      if (data.isLogin) {
8        // 已登录
9        console.log('已登录')
10     } else {
11       // 未登录
12       console.log('未登录')
13     }
14   }, () => {
15     this.onLaunch()
16   })
17 },
```

在上述代码中，第 6~16 行代码用于向服务器发送请求，若请求成功，通过 if 判断 data.isLogin 是否为 true，为 true 表示已登录，为 false 表示未登录；若网络请求失败，且用户点击了"重试"按钮，则重新调用 onLaunch()函数判断是否登录。

2. 执行登录操作

当用户未登录时，需要调用 wx.login()方法执行登录操作。wx.login()方法执行成功后会通过 success 回调函数的参数返回 code，即用户登录凭证，然后发起网络请求将 code 发送给服务器接口'/user/login'进行校验，从而让服务器识别用户身份，具体步骤如下。

① 在 app.js 文件的 App({ })中定义 login()方法，用于执行用户登录操作。该方法的参数可以传入两个回调函数，分别是 success()和 fail()，具体代码如下。

```
1  login: function (options) {
2    // 成功时调用 options.success()
3    // 失败时调用 options.fail()
4  },
```

② 修改 onLaunch( )函数中未登录情况的代码，具体如下。

```
1  // 未登录
2  this.login({
3    success: () => {                    // 登录成功
4      console.log('已登录')
5    },
6    fail: () => {                       // 登录失败，重新登录
7      this.onLaunch()
8    }
9  })
```

上述代码删除了原有的 console.log('未登录')代码，添加了第2～9行代码，用于调用 login()方法执行登录操作。如果登录失败，且用户点击了"重试"按钮，则执行第7行代码重新登录。

③ 编写 login( )方法中的代码，具体代码如下。

```
1  login: function(options) {
2    wx.login({
3      success: res => {
4        this.fetch('/user/login', {
5          js_code: res.code
6        }).then(data => {
7          if (data && data.isLogin) {
8            options.success()
9          } else {
10           wx.hideLoading()
11           wx.showModal({
12             title: '登录失败（请使用真实的AppID，并检查服务器端配置）',
13             confirmText: '重试',
14             success: res => {
15               if (res.confirm) {
16                 options.fail()
17               }
18             }
19           })
20         }
21       }, () => {
22         options.fail()
23       })
24     }
25   })
26 },
```

在上述代码中，第2～25行代码通过调用 wx.login()方法实现用户登录。第4～23行代码用于向服务器发起请求，其中，第5行代码用于传入参数 js_code，参数值为 wx.login()方法获取到的用户登录凭证 code。第6～23行代码调用 then()方法，第1个参数表示登录成功的回调函数，第2个参数表示登录失败的回调函数。第7～20行代码通过 if 进行条件判断，若 isLogin 为 true，则表示登录成功，否则隐藏加载提示，提示用户登录失败，若用户点击"重试"，则调用 options.fail()方法重新登录。

到目前为止，登录成功共分为以下两种情况。

- 第1种情况是 data.isLogin 为 true。
- 第2种情况是 data.isLogin 为 false，调用 login()方法后登录成功。

④ 在 app.js 文件的 App({ })中定义 onUserLoginReady( )方法，用于在用户登录成功后将加载提示隐藏，具体代码如下。

```
1  onUserLoginReady: function() {
```

```
2  wx.hideLoading()
3  console.log('已登录')
4 },
```

⑤ 修改 onLaunch( )函数中的代码,找到登录成功的第 1 种情况的位置,调用 onUserLoginReady( )方法,具体代码如下。

```
1 if (data.isLogin) {
2   // 已登录
3   this.onUserLoginReady()
4 } else {
5   原有代码……
6 }
```

⑥ 在 onLaunch( )函数中找到登录成功的第 2 种情况的位置,也就是 this.login({ })中的 success( )回调函数,修改成如下代码。

```
1 success: () => {
2   this.onUserLoginReady()
3 },
```

保存并运行上述代码,控制台中会输出"已登录"。

3. 记住登录状态

在用户登录成功后,服务器为了记住用户的状态,会返回一个自定义登录态。在本项目中,自定义登录态是通过会话技术实现的,服务器会响应一个名称为 PHPSESSID 的 Cookie 给客户端,客户端需要记住服务器返回的 Cookie,并在下次请求中发送 Cookie,这样可以让服务器能够辨别用户身份。在后续发送请求的时候需要携带 Cookie。在 Cookie 有效期内,如果微信小程序重新启动了,仍然维持已登录的状态。

在本项目中,微信小程序应先读取本地缓存中的 Cookie,如果读取结果为空字符串说明用户未登录。当用户登录成功后,需要从服务器返回的 Set-Cookie 响应头中取出名称为 PHPSESSID 的 Cookie,将它保存到本地缓存中,然后在 wx.request( )方法发起请求时,将 Cookie 附加到请求头中传递,具体实现步骤如下。

① 在 utils/fetch.js 文件的开头位置引入解析 Cookie 的模块,并读取本地缓存的 Cookie,具体代码如下。

```
1 const decodeCookie = require('./decodeCookie.js')
2 var sess = wx.getStorageSync('PHPSESSID')
```

② 在 wx.request({ })的 success( )回调函数中读取服务器返回的 PHPSESSID,将它保存到本地缓存中,具体代码如下。

```
1 success: res => {
2   if (res.header['Set-Cookie'] !== undefined) {
3     sess = decodeCookie(res.header['Set-Cookie'])['PHPSESSID']
4     wx.setStorageSync('PHPSESSID', sess)
5   }
6   原有代码……
7 }
```

在上述代码中,第 2~5 行代码通过 if 判断响应头中的 Set-Cookie 是否为 undefined,如果不为 undefined 则将 Set-Cookie 中的 PHPSESSID 读取出来并存储到本地缓存中。

③ 在 wx.request({ })的 data 属性下方增加 header 属性,实现在请求头中附加 Cookie,具体代码如下。

```
1 header: {
2   'Cookie': sess ? 'PHPSESSID=' + sess : ''
3 },
```

在上述代码中,第 2 行代码先判断 sess 是否有值(不为空字符串),如果是,在 sess 前面拼接字符串 'PHPSESSID=',从而符合 Cookie 的格式,否则将 Cookie 设为空字符串。

④ 修改 app.js 文件中的 onLaunch( )函数，找到通过 data.isLogin 判断用户为已登录状态的位置，在控制台输出提示信息，具体代码如下。

```
1  this.fetch('/user/checkLogin').then(data => {
2    if (data.isLogin) {
3      // 已登录
4      this.onUserInfoReady()
5      console.log('通过保存的 Cookie 登录成功') // 新增代码
```

在上述代码中，第 5 行代码为新增代码，通过控制台输出的提示信息来判断是否通过保存的 Cookie 登录成功。

在第 1 次登录时，不会出现"通过保存的 Cookie 登录成功"，因为在发送请求时 Cookie 还没有保存。在第 2 次登录时，控制台会输出"通过保存的 Cookie 登录成功"。读者可以清缓存后多次测试，测试完成后，将控制台输出的代码删除即可。

【任务 6-4】商家首页

任务分析

"点餐"微信小程序的商家首页整体分为轮播图区域、中间区域和底部区域 3 个部分，点击"开启点餐之旅→"按钮可以进行点餐。商家首页的页面效果如图 6-8 所示。

图6-8　商家首页的页面效果

任务实现

1. 加载商家首页数据

在 pages/index/index.js 文件中获取加载商家首页需要的数据，具体步骤如下。

① 在 Page({ })中编写页面中用到的数据，具体代码如下。

```
1  data: {
```

```
2    swiper: [],
3    ad: '',
4    category: []
5  },
```

在上述代码中，第 2～4 行代码分别用于保存轮播图数据、广告图数据和分类图数据。

② 在 onLoad( )函数中请求服务器接口，当页面加载完成时，获取页面中所需的数据并将数据保存在 data 中。需要注意的是，由于在 app.js 文件的 onLaunch( )函数中发起的网络请求为异步操作，存在商家首页发起的网络请求是在用户未登录状态下发起的情况，这会导致商家首页发起的请求因为没有登录而被服务器拒绝。为了解决这个问题，需要将商家首页的网络请求延后到登录成功之后再发起。这里需要先将发起网络请求的代码以函数的形式保存在 callback 变量中，具体代码如下。

```
1  onLoad: function () {
2    var callback = () => {
3      wx.showLoading({
4        title: '努力加载中',
5        mask: true
6      })
7      fetch('/food/index').then(data => {
8        wx.hideLoading()
9        this.setData({
10         swiper: data.img_swiper,
11         ad: data.img_ad,
12         category: data.img_category
13       })
14       console.log(this.data.swiper)
15       console.log(this.data.ad)
16       console.log(this.data.category)
17     }, () => {
18       callback()
19     })
20   }
21 },
```

在上述代码中，第 3～6 行代码用于弹出加载提示，提示内容为"努力加载中"，同时显示透明蒙层，防止触摸穿透；在第 7～19 行代码中，请求'/food/index'接口成功后，执行第 8 行代码隐藏加载提示，然后在第 9～13 行代码中，调用 this.setData( )方法将数据保存在页面的 data 中，第 14～16 行代码用于在控制台中输出获取到的数据。

③ 为了确保当 callback( )函数调用时用户已经登录成功了，需要在 app.js 文件的 App({ })中定义 userLoginReady 属性，表示用户是否登录，初始值为 false，表示未登录；然后定义一个 userLoginReadyCallback 属性，表示用户登录成功的回调函数，初始值为 null，表示默认情况下不进行调用，具体代码如下。

```
1  userLoginReady: false,
2  userLoginReadyCallback: null,
```

④ 在 onUserLoginReady( )函数中判断是否设置了 userLoginReadyCallback( )回调函数，如果设置了就调用该回调函数，具体代码如下。

```
1  onUserLoginReady: function() {
2    wx.hideLoading()
3    if (this.userLoginReadyCallback) {
4      this.userLoginReadyCallback()
5    }
6    this.userLoginReady = true
```

```
7  }
```

在上述代码中，当 userLoginReadyCallback( )回调函数执行时，userLoginReady 的值为初始值 false，执行后会设为 true。如果第 3～5 行代码的判断结果是不满足，则 userLoginReady 也会被设为 true。

⑤ 在 index.js 文件的 onLoad( )函数中，先判断 userLoginReady 是否为 true，如果为 true，表示用户已经登录，这时候可以直接调用 callback( )函数；如果为 false，表示用户未登录，这时候就把 callback 赋值给 userLoginReadyCallback，由 onUserLoginReady( )函数进行调用，具体代码如下。

```
1  onLoad: function () {
2    原有代码……
3    if (app.userLoginReady) {
4      callback()
5    } else {
6      app.userLoginReadyCallback = callback
7    }
8  },
```

保存并运行上述代码，商家首页所需的数据如图 6-9 所示。

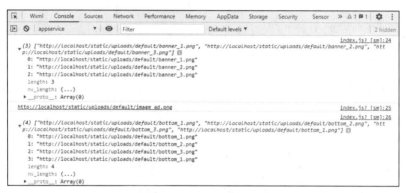

图6-9　商家首页所需的数据

需要注意的是，将从服务端请求的数据成功保存并验证成功后，需要将 onLoad( )函数中所有的 console.log( )代码删除。

2. 实现商家首页的轮播图区域

接下来进入商家首页中轮播图区域的开发，具体步骤如下。

① 在 pages/index/index.wxml 文件中编写商家首页中轮播图区域的页面结构，通过 swiper 组件实现轮播图区域，具体代码如下。

```
1  <swiper class="swiper" indicator-dots="true" autoplay="true" interval="5000" duration=
"1000">
2    <block wx:for="{{ swiper }}" wx:key="*this">
3      <swiper-item>
4        <image src="{{ item }}" />
5      </swiper-item>
6    </block>
7  </swiper>
```

在上述代码中，第 1～7 行代码用于实现轮播图区域中每张图片的显示，轮播图区域中会显示面板指示点，开启自动切换，自动切换的时间间隔为 5 秒，滑动动画的时长为 1 秒。其中，第 2～6 行代码中的 wx:for 根据 swiper 数组中的各项数据重复渲染<block>标签，在页面上会渲染出<block>标签内部的组件。

② 在 pages/index/index.wxss 文件中编写商家首页中轮播图区域的页面样式，具体代码如下。

```
1  .swiper {
```

```
2    height: 350rpx;
3  }
4  .swiper image {
5    width: 100%;
6    height: 100%;
7  }
```

在上述代码中，第 1～3 行代码将 swiper 组件的高度设
置为 350rpx；第 4～7 行代码将 swiper 组件中 image 组件的
宽度和高度都设为 100%，从而占满整个 swiper 组件。

完成并保存上述代码后，运行程序，商家首页中轮播图
区域的页面效果如图 6-10 所示。

图6-10 商家首页中轮播图区域的页面效果

3. 实现商家首页的中间区域

接下来进入商家首页中中间区域的开发，具体步骤如下。

① 在 pages/index/index.wxml 文件中编写商家首页中中
间区域的页面结构，具体代码如下。

```
1  <!-- 开启点餐之旅 -->
2  <view class="menu-bar">
3    <view class="menu-block" bindtap="start">
4      <view class="menu-start">开启点餐之旅→</view>
5    </view>
6  </view>
7  <!-- 最新消息展示 -->
8  <view class="ad-box">
9    <image src="{{ ad }}" class="ad-image" />
10 </view>
```

在上述代码中，第 2～6 行代码用于实现中间区域中的"开启点餐之旅→"按钮区域，其中第 3～5 行代码
为 view 组件绑定了 tap 事件，事件处理函数为 start()；第 8～10 行代码用于实现中间区域中的最新消息展示区域。

② 在 pages/index/index.wxss 文件中编写商家首页中间区域的页面样式。

首先实现"开启点餐之旅→"按钮的页面样式，具体代码如下。

```
1  .menu-bar {
2    display: flex;
3    margin-top: 20rpx;
4  }
5  .menu-block {
6    display: flex;
7    justify-content: center;
8    margin: 0 auto;
9  }
10 .menu-start {
11   text-align: center;
12   font-size: 38rpx;
13   color: #fff;
14   padding: 16rpx 80rpx;
15   background: #ff9c35;
16   border-radius: 80rpx;
17 }
```

在上述代码中，第 2 行代码设置了 Flex 布局；第 3 行代码设置了按钮外层容器的上外边距；第 6～7 行
代码设置了 Flex 布局，在主轴上的对齐方式为居中对齐；第 8 行代码将上外边距和下外边距设置为 0，左外

边距和右外边距自动实现水平居中；第11～16行代码设置了文字的水平对齐方式、字体、颜色、内边距、背景颜色和外边框圆角。

然后，编写最新消息展示区域的页面样式，具体代码如下。

```
1  .ad-box {
2    margin-top: 20rpx;
3    width: 100%;
4    text-align: center;
5  }
6  .ad-image {
7    width: 710rpx;
8    height: 336rpx;
9  }
```

在上述代码中，第2～4行代码设置图片外层容器的上外边距、宽度和水平对齐方式；第7～8行代码设置了图片的宽度和高度。

③ 在pages/index/index.js文件的Page({ })中编写start( )方法，实现跳转到菜单列表，具体代码如下。

```
1  start: function () {
2    wx.navigateTo({
3      url: '/pages/list/list',
4    })
5  }
```

在上述代码中，第2～4行代码通过调用wx.navigateTo( )方法实现跳转到菜单列表页。

完成并保存上述代码后，运行程序，商家首页中中间区域的页面效果如图6-11所示。

图6-11　商家首页中中间区域的页面效果

4. 实现商家首页的底部区域

接下来进入商家首页中底部区域的开发，具体步骤如下。

① 在pages/index/index.wxml文件中编写商家首页中底部区域的页面结构，具体代码如下。

```
1  <view class="bottom-box">
2    <view class="bottom-pic" wx:for="{{ category }}" wx:key="index">
3      <image src="{{ item }}" class="bottom-image" />
4    </view>
5  </view>
```

② 在pages/index/index.wxss文件中编写商家首页中底部区域的页面样式，具体代码如下。

```
1  .bottom-box {
2    margin: 20rpx 0;
3    width: 100%;
4    box-sizing: border-box;
5    padding: 0 20rpx;
6    display: flex;
7    flex-direction: row;
8    flex-wrap: wrap;
9    justify-content: space-between;
10 }
11 .bottom-pic {
12   width: 49%;
13   display: inline-block;
14 }
15 .bottom-image {
```

```
16    width: 100%;
17    height: 170rpx;
18 }
```

在上述代码中，第 2～5 行代码设置了外边距、宽度、盒子模型和内边距；第 6～9 行代码设置了 Flex 布局、主轴方向、允许项目换行和主轴上的对齐方式；第 13 行代码规定了元素生成框的类型为行内块元素；第 16～17 行代码设置了 image 组件的宽度和高度。

完成并保存上述代码后，运行程序，商家首页中底部区域的页面效果如图 6-12 所示。

至此，商家首页已经实现，页面效果如图 6-8 所示。

图6-12　商家首页中底部区域的页面效果

【任务 6-5】菜单列表页

任务分析

在商家首页点击"开启订餐之旅→"按钮后会跳转到菜单列表页。该页面分为折扣信息区域、菜单列表区域和购物车区域，其中菜单列表区域包括菜单栏区域和商品列表区域。由于购物车区域实现起来较为复杂，将在后续任务中进行讲解。菜单列表页的页面效果如图 6-13 所示。

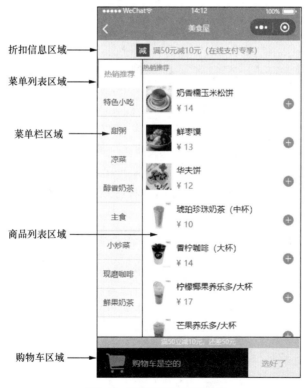

图6-13　菜单列表页的页面效果

菜单列表区域分为菜单栏区域和商品列表区域，点击菜单栏区域中的子分类，右侧菜品找到相对应的名字并且滑到该子分类顶部。为了实现该功能，在布局方面菜单栏区域和商品列表区域都使用 scroll-view 组件布局，并规定了高度。

任务实现

1. 加载菜单列表页数据

在 pages/list/list.js 文件中编写代码，实现在页面加载完成时获取菜单列表页所需的数据，具体代码如下。

```
1  const app = getApp()
2  const fetch = app.fetch
3  Page({
4    data: {
5      foodList: [],
6      promotion: {},
7    },
8    onLoad: function() {
9      wx.showLoading({
10       title: '努力加载中'
11     })
12     fetch('/food/list').then(data => {
13       wx.hideLoading()
14       this.setData({
15         foodList: data.list,
16         promotion: data.promotion[0]
17       })
18       console.log(this.data.foodList)
19       console.log(this.data.promotion)
20     }, () => {
21       this.onLoad()
22     })
23   },
24 })
```

在上述代码中，第 5 行代码定义了 foodList 属性，用于保存菜单列表中的分类信息和商品信息；第 6 行代码定义了 promotion 属性，用于保存优惠券的相关信息，包括满足金额和优惠金额；第 8~23 行代码定义了 onLoad( )函数，其中第 12~22 行代码用于请求'/food/list'接口的数据，请求成功后执行第 13~19 行代码。第 14~17 行代码通过调用 setData( )方法将数据保存在页面的 data 中，并通过第 18~19 行代码用于从控制台输出数据。

完成并保存上述代码后，运行程序，菜单列表页的数据如图 6-14 所示。

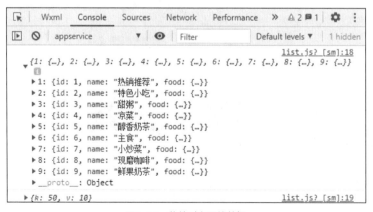

图6-14　菜单列表页的数据

2. 实现折扣信息区域

接下来进入菜单列表页中折扣信息区域的开发，折扣信息区域展示了商家的折扣活动信息和店铺优惠信息，具体实现步骤如下。

① 在 pages/list/list.wxml 文件中编写折扣信息区域的页面结构，具体代码如下。

```
1  <view class="discount">
2    <text class="discount-txt">减</text>满{{ promotion.k }}元减{{ promotion.v }}元（在线
支付专享）
3  </view>
```

在上述代码中，第 1~3 行代码定义了 view 组件，内部有 1 个 text 组件，用于展示折扣信息。

② 在 pages/list/list.wxss 文件中编写折扣信息区域的页面样式，具体代码如下。

```
1  page {
2    display: flex;
3    flex-direction: column;
4    height: 100%;
5  }
6  /* 折扣信息区 */
7  .discount {
8    width: 100%;
9    height: 70rpx;
10   line-height: 70rpx;
11   background: #fef9e6;
12   font-size: 28rpx;
13   text-align: center;
14   color: #999;
15 }
16 .discount-txt {
17   color: #fff;
18   padding: 5rpx 10rpx;
19   background: red;
20   margin-right: 15rpx;
21 }
```

在上述代码中，第 2~4 行代码设置整个页面为 Flex 布局，主轴方向为纵轴，高度为 100%；第 8~14 行代码设置了宽度、高度、行高、背景色、文字大小、文字水平对齐方式和文字颜色；第 17~20 行代码设置了文字的颜色、内边距、背景颜色和右外边距。

完成上述代码后，运行程序，菜单列表页中折扣信息区域的页面效果如图 6-15 所示。

图6-15　折扣信息区域的页面效果

3. 实现菜单列表区域

接下来进入菜单列表区域的开发，包括整体区域、菜单栏区域和商品列表区域，下面分别进行实现。

① 编写菜单列表区域的整体页面结构，具体代码如下。

```
1  <view class="content">
2    <!-- 左侧菜单栏区域 -->
3    <!-- 右侧商品列表区域 -->
4  </view>
```

② 编写菜单列表区域的整体页面样式，具体代码如下。

```
1  .content {
2    flex: 1;
3    display: flex;
4    overflow: hidden;
5  }
```

在上述代码中，第 2 行代码将 flex 属性值设置为 1，表示占满剩余空间；第 3 行代码设置菜单列表整体页面结构为 Flex 布局；第 4 行代码设置了溢出隐藏。

③ 编写菜单栏区域的页面结构，具体代码如下。

```
1  <scroll-view class="category" scroll-y>
2    <view wx:for="{{ foodList }}" wx:key="id" class="category-item">
3      <view class="category-name">{{ item.name }}</view>
4    </view>
5  </scroll-view>
```

在上述代码中，第 1～5 行代码定义了 scroll-view 组件，通过设置 scroll-y 属性使内容可以上下滚动。其中，第 2～4 行代码定义了 view 组件，该组件通过 wx:for 实现根据 foodList 数组重复渲染 view 组件及其内部的组件，用于展示菜单栏区域的各个分类。

④ 编写菜单栏区域的页面样式，具体代码如下。

```
1  .category {
2    width: 202rpx;
3    height: 100%;
4    background: #fcfcfc;
5    font-size: 28rpx;
6  }
7  /* 隐藏滚动条 */
8  ::-webkit-scrollbar {
9    width: 0;
10   height: 0;
11   color: transparent;
12 }
13 .category-item {
14   height: 100rpx;
15   line-height: 100rpx;
16   text-align: center;
17 }
```

在上述代码中，第 8～12 行代码用于隐藏滚动条；第 14～15 行代码将分类中每一项的高度和行高均设置为 100rpx，让菜单栏区域中的文字垂直居中显示。

⑤ 编写商品列表区域的页面结构，具体代码如下。

```
1  <scroll-view class="food" scroll-y>
2    <block wx:for="{{ foodList }}" wx:for-item="category" wx:key="id" wx:for-index=
"category_index">
3      <view class="food-category" >{{ category.name }}</view>
4      <view class="food-item" wx:for="{{ category.food }}" wx:for-item="food" wx:key=
"id">
5        <view class="food-item-pic">
6          <image mode="widthFix" src="{{ food.image_url }}" />
7        </view>
8        <view class="food-item-info">
9          <view>{{ food.name }}</view>
10         <view class="food-item-price">{{ food.price }}</view>
11       </view>
12       <view class="food-item-opt">
13         <i class="iconfont"></i>
14       </view>
15     </view>
16   </block>
```

```
17 </scroll-view>
```

在上述代码中，第 2～16 行代码通过<block>标签将每个菜单分类的每一个商品项中包含的图片、名称、价格进行包裹，通过 wx:for 根据 foodList 数组渲染<block>标签内部的组件，用于展示每个菜单分类下的商品列表。第 3 行代码用于展示菜单分类。第 4～15 行代码用于展示商品列表项，其中第 5～7 行代码用于展示商品的图片；第 8～11 行代码用于展示商品的信息，包括商品名称和价格；第 13 行代码用于展示 ⊕ 图标，其样式在 app.wxss 文件中已经定义。

⑥ 编写商品列表区域的页面样式，具体代码如下。

```
1  .food-category {
2    font-size: 24rpx;
3    background: #f3f4f6;
4    padding: 10rpx;
5    color: #ff9c35;
6  }
7  .food-item {
8    display: flex;
9    margin: 40rpx 20rpx;
10 }
11 .food-item-pic {
12   margin-right: 20rpx;
13   width: 94rpx;
14   height: 94rpx;
15 }
16 .food-item-pic > image {
17   width: 100%;
18   height: 100%;
19 }
20 .food-item-info {
21   flex: 1;
22   font-size: 30rpx;
23   margin-top: 4rpx;
24 }
25 .food-item-price {
26   margin-top: 14rpx;
27   color: #f05a86;
28 }
29 .food-item-opt {
30   margin-top: 40rpx;
31 }
32 .food-item-opt > i:before {
33   font-size: 44rpx;
34   color: #ff9c35;
35   content: "\e728";
36 }
```

在上述代码中，第 8 行代码设置了 Flex 布局，第 21 行代码设置 flex 属性值为 1，表示占满剩余空间。

⑦ 金额处理。在金额前面加上"¥"符号，由于金额在页面中经常使用，为了方便代码复用在页面底部定义函数 priceFormat( )，具体代码如下。

```
1  <wxs module="priceFormat">
2    module.exports = function (price) {
3      return '¥ ' + parseFloat(price)
4    }
5  </wxs>
```

⑧ 修改商品列表区域中关于价格的代码，将价格经过处理之后再输出，具体代码如下。

```
<view class="food-item-price">{{ priceFormat(food.price) }}</view>
```

保存并运行代码，观察价格是否可以被正确转换，菜单列表页的页面效果如图6-16所示。

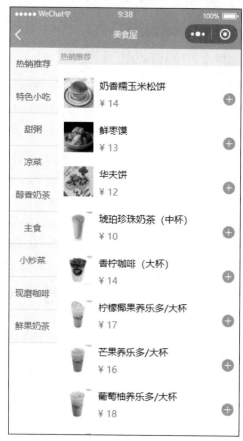

图6-16　菜单列表页的页面效果

4. 实现点击左侧菜单项滚动右侧商品列表

在菜单列表中，点击左侧菜单项滚动右侧商品列表，切换到对应菜单分类下的商品列表，具体步骤如下。

① 在pages/list/list.js文件的data中添加两个属性，具体代码如下。

```
1  activeIndex: 0,
2  tapIndex: 0,
```

在上述代码中，第1行代码定义了activeIndex，表示菜单中激活项的索引；第2行代码定义了tapIndex属性，表示用户按下的菜单项的索引。

② 在pages/list/list.wxml文件中修改菜单栏区域的页面结构，具体代码如下。

```
<view wx:for="{{ foodList }}" wx:key="id" class="category-item category-{{ activeIndex
== index ? 'selected' : 'unselect' }}" data-index="{{ index }}" bindtap="tapCategory">
</view>
```

上述代码判断了activeIndex和index是否相等，如果相等，则在class属性中添加category-selected，表示该菜单项被选中，否则为category-unselect，表示该菜单项未被选中。view组件设置了data-index自定义属性，用于保存该菜单项的index值。view组件绑定了tap事件，事件处理函数为tapCategory()。

③ 在 pages/list/list.wxss 文件中编写菜单项未选中和被选中时的样式，具体代码如下。

```
1  .category-unselect {
2    color: #6c6c6c;
3    background: #f9f9f9;
4    border-bottom: 1rpx solid #e3e3e3;
5  }
6  .category-selected {
7    color: #ff9c35;
8    background: white;
9    border-left: 6rpx solid #ff9c35;
10 }
11 .category-selected:last-child {
12   border-bottom: 1rpx solid #e3e3e3;
13 }
```

在上述代码中，第 1~5 行代码用于设置菜单项未被选中时的字体颜色、背景颜色和下边框样式；第 6~10 行代码用于设置菜单项被选中时的字体颜色、背景颜色和左边框样式；第 11~13 行代码用于为最后一个被激活的菜单项设置下边框样式。

④ 在 pages/list/list.js 文件中编写 tapCategory( )事件处理函数，将用户按下菜单项时的 index 值保存在页面数据 activeIndex 和 tapIndex 中，通过页面数据 activeIndex、tapIndex 属性实现左侧被点击的菜单项样式改变和右侧商品列表随对应的菜单项进行滚动展示，具体代码如下。

```
1  tapCategory: function(e) {
2    var index = e.currentTarget.dataset.index
3    this.setData({
4      activeIndex: index,
5      tapIndex: index
6    })
7  },
```

在上述代码中，第 2 行代码用于读取 data-index 自定义属性的值；第 3~6 行代码通过调用 setData( )方法将 index 保存在页面数据 activeIndex 和 tapIndex 中。

⑤ 右侧商品列表滚动需要借助 scroll-view 组件中的 scroll-into-view 属性来实现，用于滚动到 index 对应的分类下。首先修改右侧商品列表区域的代码，给右侧列表中每个分类的名称设置 id，具体代码如下。

```
<view class="food-category" id="category_{{ category_index }}">{{ category.name }}</view>
```

在上述代码中，category_index 为通过 wx:for 渲染商品列表时更改后的 index 变量名。

然后修改右侧商品列表中 scroll-view 组件的 scroll-into-view 属性的值，实现滚动到目标位置，具体代码如下。

```
<scroll-view class="food" scroll-y scroll-into-view="category_{{ tapIndex }}" scroll-with-animation>
```

在上述代码中，tapIndex 为点击左侧菜单项时 index 的值，用于将商品列表滚动到对应 index 值的分类的位置。添加 scroll-with-animation 属性，表示在设置滚动条位置时使用动画过渡。

5. 实现滚动右侧商品列表激活左侧菜单项

通过前面的学习，已经实现了点击左侧菜单项滚动右侧商品列表，接下来将实现滚动右侧商品列表时激活左侧菜单项，使左侧菜单项可以根据右侧列表对应的分类进行变化。

若想知道每个分类在垂直方向上处于什么位置，可以通过 boundingClientRect( )方法来获取，该方法的使用示例如下。

```
1  var query = wx.createSelectorQuery()
2  query.select('.food').boundingClientRect(rect => {
```

```
3    console.log(rect)  // 获取节点的信息
4  })
```

在上述代码中，第1行代码用于创建选择器；第2行代码通过query.select('.food')获取页面中class为food的节点，然后调用boundingClientRect()方法获取节点信息，该方法的参数rect包含了节点的宽度、高度、坐标等信息。

在滚动右侧商品列表时，需要知道当前滚动到哪个分类了，这样才能激活左侧对应的菜单项。为此，可以先通过scrollTop属性获取到当前滚动了多少像素，然后判断当前滚动的scrollTop值是否达到了某个分类的坐标值，如果达到了就将左侧相应的菜单项激活。

实现滚动右侧商品列表激活左侧菜单项的具体步骤如下。

① 在pages/list/list.js文件的Page()函数调用前的位置定义一个数组，该数组用于保存每个分类的高度，具体代码如下。

```
const categoryPosition = []    // 右侧商品列表各分类高度数组
```

② 修改onLoad()函数，在'/food/list'接口请求成功后，找到数据加载完成的地方，获取每个商品列表分类的高度，具体代码如下。

```
1  this.setData({
2    foodList: data.list,
3    promotion: data.promotion[0]
4  }, () => {
5    var query = wx.createSelectorQuery()
6    var top = 0
7    var height = 0
8    query.select('.food').boundingClientRect(rect => {
9      top = rect.top
10     height = rect.height
11   })
12   query.selectAll('.food-category').boundingClientRect(res => {
13     res.forEach(rect => {
14       categoryPosition.push(rect.top - top - height / 3)
15     })
16   })
17   query.exec()
18 })
```

在上述代码中，第5行代码创建了一个选择器对象，用于获取页面中的节点信息。第6~7行代码定义了变量top和height。第8~11行代码用于获取商品列表区域的top值和height值。第12~16行代码用于获取每个分类的top值，其中，第13~15行代码用于遍历res数组；第14行代码用于保存每个分类的top值，在保存前，先通过rect.top – top求得商品列表区域距顶部的距离，从而方便后续与scrollTop值进行比较，然后减去height/3的值，用于当分类滚动到距离顶部还有1/3时就提前将它激活。第17行代码用于执行所有的请求。

③ 修改商品列表区域的scroll-view组件，绑定scroll事件，事件处理函数为onFoodScroll()，具体代码如下。

```
<scroll-view class="food" scroll-y scroll-into-view="category_{{ tapIndex }}" scroll-
with-animation bindscroll= "onFoodScroll">
```

④ 在pages/list/list.js文件中编写onFoodScroll()函数，通过比较每个分类下的top值和当前滚动的位置，对activeIndex进行赋值，具体代码如下。

```
1  onFoodScroll: function (e) {
2    var scrollTop = e.detail.scrollTop
```

```
3    var activeIndex = 0
4    categoryPosition.forEach((item, i) => {
5      if (scrollTop >= item) {
6        activeIndex = i
7      }
8    })
9    if (activeIndex !== this.data.activeIndex) {
10     this.setData({ activeIndex })
11   }
12 },
```

在上述代码中，第 2 行代码将从事件触发时得到的 scrollTop 保存在变量 scrollTop 中；第 3 行代码将 activeIndex 设置为 0，用于默认将左侧菜单的第 1 项激活；第 4~8 行代码通过 forEach( )方法遍历 categoryPosition 中的每一项，将 item（每个分类的 top 值）与当前滚动的 scrollTop 进行比较，从而实现激活项的改变；第 9~11 行代码通过 if 判断防止滚动的时候 setData( )方法被连续调用。

⑤ 完成以上步骤后，右侧菜单滚动时可以将左侧对应的菜单项激活了，但是出现了一个新问题：点击左侧分类时，右侧的 scroll 事件会被触发一次，导致左侧分类激活项被 onFoodScroll( )函数修改了。为了解决这个问题，需要在 Page({ })中定义 disableNextScroll 属性，表示是否禁止下一次 scroll 事件的触发，具体代码如下。

```
disableNextScroll: false,
```

⑥ 在 tapCategory( )函数中，将 disableNextScroll 属性设为 true，具体代码如下。

```
1  tapCategory: function (e) {
2    this.disableNextScroll = true
3    原有代码……
4  }
```

⑦ 在 onFoodScroll( )函数中，判断 disableNextScroll 属性是否为 true，如果是，则将它设为 false，并通过 return 阻止代码向后执行，具体代码如下。

```
1  onFoodScroll: function (e) {
2    if (this.disableNextScroll) {
3      this.disableNextScroll = false
4      return
5    }
6    原有代码……
7  }
```

完成并保存上述代码后，点击左侧菜单时就不会被 onFoodScroll( )函数修改激活项了。

至此，菜单列表页已经实现。

【任务 6-6】购物车

任务分析

购物车位于商品列表页面底部，当购物车里商品数量为 0 时，购物车图标处于灰色不可点击的状态；当商品状态不为 0 时，购物车图标右上角显示商品数量，图标变为可点击状态，点击购物车图标可以展开里面的商品，此时可以对商品数量进行添加或者减少操作，并动态核算全部商品的价钱。购物车的页面效果如图 6-17 所示。

图6-17　购物车的页面效果

任务实现

1. 实现底部购物车区域

实现底部购物车区域的具体步骤如下。

① 在 pages/list/list.js 文件的 data 中定义初始数据，具体代码如下。

```
1 cartPrice: 0,
2 cartNumber: 0,
```

在上述代码中，cartPrice 用于保存购物车中商品的总价格；cartNumber 用于保存购物车中商品的总数量。

② 在 pages/list/list.wxml 文件中菜单列表区域的下方编写底部购物车区域的页面结构，具体代码如下。

```
1 <view class="operate">
2   <view class="operate-shopcart">
3     <i class="iconfont operate-shopcart-icon {{ cartNumber > 0 ? 'operate-shopcart-
icon-activity' : '' }}">
4       <span wx:if="{{ cartNumber > 0 }}">{{ cartNumber }}</span>
5     </i>
6     <view class="operate-shopcart-empty" wx:if="{{ cartNumber === 0 }}">购物车是空的
</view>
7     <view class="operate-shopcart-price" wx:else>
8       <block wx:if="{{ cartPrice >= promotion.k }}">
9         <view>{{ priceFormat(cartPrice - promotion.v )}}</view>
10        <text>{{ priceFormat(cartPrice) }}</text>
11      </block>
12      <view wx:else>{{ priceFormat(cartPrice) }}</view>
13    </view>
14  </view>
15  <view class="operate-submit {{ cartNumber !== 0 ? 'operate-submit-activity' : '' }}">
选好了</view>
16 </view>
```

在上述代码中，第2~14行代码定义了购物车操作区域；第15行代码定义了"选好了"按钮，用于提交订单，通过购物车总数量来判断购物车的样式。第 3～5 行代码定义了购物车图标，通过判断购物车总数量 cartNumber，若 cartNumber > 0，则 class 值为 operate-shopcart-icon-activity，否则为空。其中第 4 行代码通过 wx:if 控制属性进行判断，若 cartNumber > 0，则在购物车图标的右上角显示选中的商品数量。第 6～12 行代码通过 wx:if 控制属性判断 cartNumber 是否为 0，若 cartNumber 为 0，则执行第 6 行代码，表示购物车为空时显示的内容，否则执行第 7～13 行代码，表示购物车中有商品时显示的内容。第 8～12 行代码通过 wx:if 控制属性判断购物车中商品的总价格 cartPrice 是否大于等于满减金额 promotion.k，若 cartPrice 大于等于 promotion.k，则执行第 9～10 行代码，展示优惠后金额和原价，否则直接展示总价格。

③ 在 pages/list/list.wxss 文件中编写底部购物车区域的页面样式。底部购物车区域的样式代码如下。

```
1  .operate {
2    height: 110rpx;
3    display: flex;
4  }
5  .operate-shopcart {
6    display: flex;
7    width: 74%;
8    padding: 10rpx;
9    background: #353535;
10 }
```

在上述代码中，第 1～4 行代码定义了底部购物车区域的页面样式，高度为 110rpx，设置了 Flex 布局，用于将购物车操作区域和"选好了"按钮横向排列；第 5～10 行代码定义了购物车操作区域的页面样式，设置了 Flex 布局、宽度、内边距和背景色。

④ 编写"选好了"按钮样式，具体代码如下。

```
1  .operate-submit {
2    width: 26%;
3    font-size: 30rpx;
4    background: #eee;
5    color: #aaa;
6    text-align: center;
7    line-height: 110rpx;
8  }
9  .operate-submit-activity {
10   background: #ff9c35;
11   color: #fff;
12 }
```

在上述代码中，第 1～8 行代码设置当购物车中商品总数量为 0 时"选好了"按钮的样式，包括宽度、字体大小、背景色、字体颜色、文本的居中方式、行高；第 9～12 行代码设置当购物车中商品总数量不为 0 时"选好了"按钮的样式，包括字体颜色和背景色。

⑤ 编写购物车图标样式，具体代码如下。

```
1  .operate-shopcart-icon {
2    font-size: 80rpx;
3    color: #87888e;
4    margin-left: 20rpx;
5    position: relative;
6  }
7  .operate-shopcart-icon:before {
8    content: "\e73c";
9  }
10 .operate-shopcart-icon-activity {
```

```
11   color: #ff9c35;
12 }
```

在上述代码中，第1~6行代码设置了购物车图标的大小、颜色、左外边距和相对定位；第8行代码用于插入字体图标。第11行代码用于设置颜色。

⑥ 编写购物车为空的样式，具体代码如下。

```
1  .operate-shopcart-empty {
2    color: #a9a9a9;
3    line-height: 88rpx;
4    font-size: 30rpx;
5    margin-left: 20rpx;
6  }
```

在上述代码中，设置购物车为空时文本的颜色、行高、字体大小、左外边距。

2. 实现添加商品到购物车

接下来讲解如何将商品添加到购物车，具体步骤如下。

① 在pages/list/list.js文件的data中定义属性cartList，用于保存购物车数据，具体代码如下。

```
cartList: {},
```

② 在pages/list/list.wxml文件中修改右侧商品列表区域中⊕按钮的页面结构，给该按钮绑定tap事件，事件处理函数为addToCart()，并把分类索引和商品索引传过去，实现点击⊕按钮将商品加入购物车，具体代码如下。

```
<i class="iconfont" data-category_index="{{ category_index }}" data-index="{{ index }}"
bindtap= "addToCart"></i>
```

上述代码设置了自定义属性data-category_index和data-index，分别表示分类索引和商品索引。

③ 在pages/list/list.js文件中编写addToCart()函数，实现添加商品到购物车。在addToCart()函数中，需要根据传递过来的分类索引和商品索引从this.data.foodList中取出商品数据，判断this.data.cartList中是否有这件商品，如果有，则把商品购买数量加1，如果没有，则往this.data.cartList中增加这件商品，然后设置cartList、cartPrice、cartNumber等数据，具体代码如下。

```
1  addToCart: function (e) {
2    const index = e.currentTarget.dataset.index
3    const category_index = e.currentTarget.dataset.category_index
4    const food = this.data.foodList[category_index].food[index]
5    const cartList = this.data.cartList
6    if (cartList[index]) {
7     ++cartList[index].number
8    } else {
9     cartList[index] = {
10      id: food.id,
11      name: food.name,
12      price: parseFloat(food.price),
13      number: 1
14     }
15   }
16   this.setData({
17     cartList,
18     cartPrice: this.data.cartPrice + cartList[index].price,
19     cartNumber: this.data.cartNumber + 1
20   })
21 },
```

在上述代码中，第2~3行代码通过e.currentTarget.dataset获取到对应商品列表中商品的商品索引和分类索引；第 4 行代码通过分类索引和商品索引找到对应的商品，并将其保存在 food 中；第 5 行代码将购物车数据保存在 cartList 中；第 6~15 行代码通过 if 条件进行判断，如果数据列表中存在该商品，则执行第 7 行代码，将对应的商品数量加 1，否则执行第 9~14 行代码，将该商品的 id、name、price 和 number 存入 cartList 中；第 16~20 行代码调用 setData( )方法将 cartList、cartPrice 和 cartNumber 设置到页面中。

④ 编写购物车中的商品购买数量样式，具体代码如下。

```
1  .operate-shopcart-icon > span {
2    padding: 2rpx 14rpx;
3    border-radius: 50%;
4    background: red;
5    color: white;
6    font-size: 28rpx;
7    position: absolute;
8    top: 0px;
9    right: -10rpx;
10   text-align: center;
11 }
```

上述代码设置了内边距、圆角边框、背景色、字体颜色、字体大小、绝对定位、距顶部距离、距右侧距离和文本的居中方式。

⑤ 编写购物车中的商品价格的样式，具体代码如下。

```
1  .operate-shopcart-price {
2    display: flex;
3  }
4  .operate-shopcart-price > view {
5    font-size: 40rpx;
6    line-height: 88rpx;
7    margin-left: 25rpx;
8    color: #fff;
9  }
10 .operate-shopcart-price > text {
11   font-size: 24rpx;
12   line-height: 92rpx;
13   margin-left: 15rpx;
14   color: #aaa;
15   text-decoration: line-through;
16 }
```

在上述代码中，第 2 行代码设置了 Flex 布局；第 4~9 行代码设置了 view 组件的样式，包括字体大小、行高、左外边距和颜色；第 10~16 行代码设置了 text 组件的样式，包括字体大小、行高、左外边距、颜色和文本修饰线。

保存并运行上述代码，添加商品到购物车的页面效果如图 6-18 所示。

图6-18 添加商品到购物车的页面效果

3. 实现小球动画效果

点击 ⊕ 按钮将商品添加到购物车时，会出现一个小球，这个小球从 ⊕ 按钮的位置开始，沿抛物线移动到底部购物车区域的购物车图标上方消失。接下来实现小球动画效果。

① 在 pages/list/list.js 文件的开头位置编写代码，引入购物车动画模块，具体如下。

```
const shopcartAnimate = require('../../utils/shopcartAnimate.js')
```

② 在页面加载完成时获取页面上的节点信息，具体代码如下。

```
1  shopcartAnimate: null,
2  onLoad: function () {
3    原有代码……
4    this.shopcartAnimate = shopcartAnimate('.operate-shopcart-icon', this)
5  }
```

在上述代码中，第1行和第4行代码为新增代码，其中，第1行代码定义了 shopcartAnimate 属性，用于保存购物车动画对象；第4行代码调用 shopcartAnimate( )方法实现节点信息的获取，其中，第1个参数为 class 名，第2个参数为该页面的实例对象。

③ 修改 addToCart( )函数，在添加商品到购物车时调用 start( )方法，具体代码如下。

```
1  addToCart: function (e) {
2    原有代码……
3    this.shopcartAnimate.start(e)
4  },
```

在上述代码中，第3行代码为新增代码，start( )方法用于开始播放小球动画。

④ 在 pages/list/list.wxml 文件中编写小球的页面结构，具体代码如下。

```
1  <view class="operate">
2    <view class="operate-shopcart-ball" hidden="{{ !cartBall.show }}" style="left:
{{ cartBall.x }}px; top: {{ cartBall.y }}px;"></view>
3    原有代码……
4  </view>
```

在上述代码中，第2行代码为新增代码，定义了表示小球的 view 组件，通过 hidden 属性判断 view 组件的显示与隐藏，当!cartBall.show 为 true 时隐藏小球。

⑤ 在 pages/list/list.wxss 文件中编写小球的样式，具体代码如下。

```
1  .operate-shopcart-ball {
2    width: 36rpx;
3    height: 36rpx;
4    position: fixed;
5    border-radius: 50%;
6    left: 50%;
7    top: 50%;
8    background: #ff9c35;
9  }
```

上述代码设置了小球的宽度、高度、固定定位、圆角边框、距左边距离、距右边距离和背景颜色。

保存并运行上述代码，点击⊕按钮测试小球的动画效果。

4. 实现满减优惠信息区域

实现满减优惠信息的区域，具体步骤如下。

① 在 pages/list/list.wxml 文件中底部购物车区域的上方编写满减优惠信息区域的页面结构，具体代码如下。

```
1  <view class="promotion">
2    <label wx:if="{{ promotion.k - cartPrice > 0 }}">满 {{ promotion.k }} 立减
{{ promotion.v }}元，还差{{ promotion.k - cartPrice }}元</label>
3    <label wx:else>已满{{ promotion.k }}元可减{{ promotion.v }}元</label>
4  </view>
```

上述代码通过 wx:if 控制属性判断来显示不同的文字内容，若满减金额大于购物车总价格则执行第2行代码，否则执行第3行代码。

② 在 pages/list/list.wxss 文件中编写满减优惠信息区域的页面样式，具体代码如下。

```
1  .promotion {
```

```
2    padding: 7rpx 0 9rpx;
3    background: #ffcd9b;
4    color: #fff7ec;
5    font-size: 28rpx;
6    text-align: center;
7  }
```

在上述代码中，第 2~6 行代码设置了满减优惠信息区域的高度、背景颜色、颜色、字体大小和水平对齐方式。

满减优惠信息显示在页面底部购物车图标的上方，未满减的效果如图 6-19 所示，满减后的效果如图 6-20 所示。

图6-19　满减优惠信息（1）　　　　　　　　图6-20　满减优惠信息（2）

5. 实现购物车界面区域

当购物车中商品数量不为 0 时，购物车图标右上角显示商品数量，购物车图标可变为点击状态，此时点击购物车图标可以显示或者隐藏购物车界面区域。当显示购物车界面区域时，可以添加或者减少购物车中的商品数量。

接下来进入购物车界面区域的开发，具体步骤如下。

① 在 pages/list/list.js 文件的 data 中定义 showCart 属性，表示购物车界面区域是否显示，具体代码如下。

```
showCart: false,
```

② 修改购物车图标的页面结构，给购物车图标绑定 tap 事件，实现点击购物车图标后显示购物车界面区域，具体代码如下。

```
<view class="operate-shopcart" bindtap="showCartList">
```

③ 在 pages/list/list.js 文件的 Page({ })中编写 showCartList( )函数，具体代码如下。

```
1  showCartList: function () {
2    if (this.data.cartNumber > 0) {
3      this.setData({
4        showCart: !this.data.showCart
5      })
6    }
7  },
```

在上述代码中，第 2~6 行代码用于判断购物车中商品数量是否大于 0，如果是，则将 showCart 值取反后设置到页面中。

④ 在 pages/list/list.wxml 文件的满减优惠信息区域的上方编写购物车界面区域的布局，具体代码如下。

```
1  <view class="shopcart" wx:if="{{ showCart }}">
2    <view class="shopcart-mask" bindtap="showCartList" wx:if="{{ showCart }}"></view>
3    <view class="shopcart-wrap">
4      <view class="shopcart-head">
5        <view class="shopcart-head-title">已选商品</view>
6        <view class="shopcart-head-clean">
7          <i class="iconfont"></i>清空购物车
8        </view>
9      </view>
10     <view class="shopcart-list">
11       <view class="shopcart-item" wx:for="{{ cartList }}" wx:key="id">
```

```
12        <view class="shopcart-item-name">{{ item.name }}</view>
13        <view class="shopcart-item-price">
14         <view>{{ priceFormat(item.price * item.number) }}</view>
15        </view>
16        <view class="shopcart-item-number">
17         <i class="iconfont shopcart-icon-dec"></i>
18         <view>{{ item.number }}</view>
19         <i class="iconfont shopcart-icon-add"></i>
20        </view>
21      </view>
22    </view>
23  </view>
24 </view>
```

在上述代码中，第 1 行代码通过 wx:if 控制属性判断 showCart 的值，若为 true，则显示购物车界面区域，否则不显示购物车界面区域；第 2 行代码定义了购物车底部半透明遮罩，通过 wx:if 控制属性判断 showCart 的值，进而决定购物车界面区域的显示与隐藏，还绑定了 tap 事件，事件处理函数为 showCartList()；第 3~23 行代码定义了商品信息区域。其中，第 4~9 行代码定义了购物车头部区域，展示已选商品，提供一个"清空购物车"按钮；第 10~22 行代码通过 wx:for 控制属性循环渲染 cartList 数组中的每一项，展示购物车中的商品数据，包括商品名称、总价格、商品数量和增加或减少商品数量的图标按钮。

⑤ 在 pages/list/list.wxml 文件中编写购物车界面区域的样式，具体代码如下。

```
1  .shopcart {
2    position: fixed;
3    top: 0;
4    left: 0;
5    bottom: 149rpx;
6    right: 0;
7    font-size: 28rpx;
8  }
9  .shopcart-wrap {
10   position: absolute;
11   width: 100%;
12   max-height: 90%;
13   bottom: 0;
14   background: #fff;
15   overflow: scroll;
16 }
```

在上述代码中，第 1~8 行代码设置了购物车的样式，包括固定定位、距顶部距离、距左侧距离、距底部距离、距右侧距离和字体大小；第 9~16 行代码设置了购物车中商品信息的样式，包括绝对定位、宽度、最大高度、距底部距离、背景颜色和溢出之后滚动。

⑥ 编写购物车底部半透明遮罩样式，避免在操作购物车时误触，具体代码如下。

```
1  .shopcart-mask {
2    position: absolute;
3    top: 0;
4    right: 0;
5    bottom: 0;
6    left: 0;
7    background: #000;
8    opacity: 0.5;
9  }
```

上述代码设置了绝对定位、距顶部距离、距右侧距离、距底部距离、距左侧距离、背景颜色和透明度。

⑦ 编写购物车头部区域的样式，具体代码如下。

```
1  .shopcart-head {
2    position: fixed;
3    width: 100%;
4    background: #f0f0f0;
5    color: #878787;
6    line-height: 100rpx;
7    font-size: 26rpx;
8    overflow: hidden;
9  }
10 .shopcart-head-title {
11   float: left;
12   margin-left: 40rpx;
13 }
14 .shopcart-head-title:before {
15   background: #ff9c35;
16   width: 8rpx;
17   height: 32rpx;
18   content: "";
19   display: inline-block;
20   margin-right: 10rpx;
21   position: relative;
22   top: 6rpx;
23 }
```

在上述代码中，第 1～9 行代码设置了购物车头部区域的样式，包括固定定位、宽度、背景颜色、字体颜色、行高、文字大小和溢出隐藏；第 10～13 行代码设置了标题样式，包括左浮动和左外边距；第 14～23 行代码定义了标题之前插入的样式，包括背景颜色、宽度、高度、内容、行内元素、右外边距、相对定位和距顶部距离。

⑧ 编写"清空购物车"按钮的样式，具体代码如下。

```
1  .shopcart-head-clean {
2    float: right;
3    margin-right: 20rpx;
4  }
5  .shopcart-head-clean > i:before {
6    content: "\e61b";
7    position: relative;
8    top: 2rpx;
9  }
```

在上述代码中，第 1～4 行代码定义了"清空购物车"按钮的样式，包括右浮动和右外边距；第 5～9 行代码定义了"清空购物车"按钮前面图标的样式，包括内容、相对定位和距顶部距离。

⑨ 编写购物车中的商品列表样式，具体代码如下。

```
1  .shopcart-list {
2    margin-top: 101rpx;
3  }
4  .shopcart-item {
5    display: flex;
6    padding: 30rpx 20rpx;
7    line-height: 40rpx;
8  }
9  .shopcart-item > view {
10   margin-left: 30rpx;
11 }
```

```
12 .shopcart-item:not(:last-child) {
13   border-bottom: 1rpx solid #e3e3e3;
14 }
```

在上述代码中，第1～3行代码定义了整体列表的上外边距；第4～8行代码给列表项设置了Flex布局、内边距和行高；第9～11行代码设置了列表项中view组件的左外边距；第12～14行代码用于设置非最后一项的列表项的下边框样式。

⑩ 编写购物车内的商品名称、价格、购买数量样式，具体代码如下。

```
1  .shopcart-item-name {
2    flex: 1;
3  }
4  .shopcart-item-price {
5    color: #ff9c35;
6  }
7  .shopcart-item-number {
8    display: flex;
9  }
10 .shopcart-item-number > view {
11   margin: 0 15rpx;
12 }
```

在上述代码中，第2行代码设置了商品名称均匀分配空间；第5行代码设置了商品价格的颜色；第8行代码将购买数量区域设置为Flex布局；第11行代码设置了该区域内部view组件的外边距。

⑪ 编写减少、增加数量的图标按钮的样式，具体代码如下。

```
1  .shopcart-icon-dec:before {
2    content: "\e61a";
3    font-size: 44rpx;
4    color: #888;
5  }
6  .shopcart-icon-add:before {
7    content: "\e728";
8    font-size: 44rpx;
9    color: #ff9c35;
10 }
```

上述代码设置了图标内容、字体大小和颜色。

保存并运行上述代码，购物车界面如图6-21所示。

6. 实现增加和减少商品数量

接下来进入已选商品后购物车中商品数量增加和减少功能的开发，具体步骤如下。

① 在pages/list/list.wxml文件中修改增加图标的页面结构，具体代码如下。

图6-21　购物车界面

```
<i class="iconfont shopcart-icon-add" data-id="{{ index }}" bindtap="cartNumberAdd"></i>
```

上述代码设置了自定义属性data-id，属性值index表示索引值，该属性绑定了tap事件，事件处理函数为cartNumberAdd()。

② 在pages/list/list.wxml文件中修改减少图标的页面结构，具体代码如下。

```
<i class="iconfont shopcart-icon-dec" data-id="{{ index }}" bindtap="cartNumberDec"></i>
```

上述代码绑定了tap事件，事件处理函数为cartNumberDec()。

③ 在pages/list/list.js文件中添加cartNumberAdd()事件处理函数，实现购物车中商品数量的增加，具体代码如下。

```
1  cartNumberAdd: function(e) {
2    var id = e.currentTarget.dataset.id
3    var cartList = this.data.cartList
4    ++cartList[id].number
5    this.setData({
6      cartList: cartList,
7      cartNumber: ++this.data.cartNumber,
8      cartPrice: this.data.cartPrice + cartList[id].price
9    })
10 },
```

在上述代码中，第 2 行代码通过 e.currentTarget.dataset.id 获取到对应购物车列表中的 id；第 4 行代码通过 id 找到购物车列表中的数据，并将数量加 1；第 5~9 行代码调用 setData()方法为 cartList、cartNumber、cartPrice 重新赋值。

④ 在 pages/list/list.js 文件中添加 cartNumberDec()事件处理函数，实现减少购物车里商品数量的功能，具体代码如下。

```
1  cartNumberDec: function(e) {
2    var id = e.currentTarget.dataset.id
3    var cartList = this.data.cartList
4    if (cartList[id]) {
5      var price = cartList[id].price
6      if (cartList[id].number > 1) {
7        --cartList[id].number
8      } else {
9        delete cartList[id]
10     }
11     this.setData({
12       cartList: cartList,
13       cartNumber: --this.data.cartNumber,
14       cartPrice: this.data.cartPrice - price
15     })
16     if (this.data.cartNumber <= 0) {
17       this.setData({
18         showCart: false
19       })
20     }
21   }
22 },
```

在上述代码中，第 2 行代码通过 e.currentTarget.dataset.id 获取到对应购物车列表中的 id；第 4~21 行代码中，通过 cartList[id]查询对应 id 中的数据，通过 if 判断该数据是否存在，如果存在，则执行 5~21 行代码。其中，第 6~10 行代码进行 if 判断，如果当前数据中的 number 大于 1，执行第 7 行代码，将数量进行减 1 操作，否则删除此 id 对应的数据；第 11~15 行代码调用 setData()方法为 cartList、cartNumber、cartPrice 重新赋值；第 16~19 行代码判断购物车中商品的总数量是否小于等于 0，如果是，调用 setData()方法将 showCart 设置为 false，隐藏购物车界面区域。

7. 实现清空购物车

接下来实现清空购物车，具体代码如下。

① 修改清空购物车区域的页面结构，添加 tap 事件，事件处理函数为 cartClear()，具体代码如下。

```
<view class="shopcart-head-clean" bindtap="cartClear">
```

② 在 pages/list/list.js 文件中添加 cartClear()事件处理函数，实现清空购物车，具体代码如下。

```
1  cartClear: function() {
```

```
2    this.setData({
3      cartList: {},
4      cartNumber: 0,
5      cartPrice: 0,
6      showCart: false
7    })
8  },
```

上述代码通过调用 setData( )方法将 cartList、cartNumber、cartPrice、showCart 重新赋值为初始值。

至此，购物车已经实现，页面效果如图 6-17 所示。

【任务 6-7】订单确认页

任务分析

在选好所需商品之后，点击"选好了"按钮，会跳转到订单确认页。在订单确认页打开时，需要请求订单接口，获取有关商品订单的相关数据，并渲染页面中的订单列表。订单确认页会展示部分订单信息，并允许用户添加备注。页面右下角有一个"去支付"按钮，点击该按钮会跳转到订单详情页。订单确认页的页面效果如图 6-22 所示。

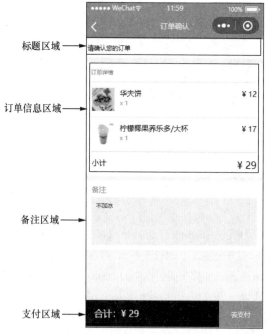

图6-22　订单确认页的页面效果

任务实现

1. 跳转到订单确认页

选择好商品并将其加入购物车后，点击"选好了"按钮，需要向服务器的'/food/order'接口发送一个 POST 方式的请求，把商品 id 和数量传过去。请求成功之后，服务器会返回订单 id 字段 order_id，该字段用于查询订单，需要在跳转到订单确认页面时传递过去。

接下来实现跳转到订单确认页，具体步骤如下。

① 在 pages/list/list.wxml 文件中为"选好了"按钮绑定 tap 事件，事件处理函数为 order( )，具体代码如下。

```
<view class="operate-submit {{ cartNumber !== 0 ? 'operate-submit-activity' : '' }}"
bindtap="order">选好了</view>
```

② 在 pages/list/list.js 文件中增加 order( )函数，用于实现跳转到订单确认页，具体代码如下。

```
1  order: function() {
2    if (this.data.cartNumber === 0) {
3      return
4    }
5    wx.showLoading({
6      title: '正在生成订单'
7    })
8    fetch('/food/order', {
9      order: this.data.cartList
10   }, 'POST').then(data => {
11     wx.navigateTo({
12       url: '/pages/order/checkout/checkout?order_id=' + data.order_id
13     })
14   }, () => {
15     this.order()
16   })
17 }
```

在上述代码中，第 2~4 行代码进行 if 判断，如果购物车中的商品数量为 0，则返回；第 5~7 行代码用于显示加载提示，标题为"正在生成订单"；第 8~16 行代码用于请求订单数据，接口调用成功之后会返回 order_id。其中，第 11~13 行代码通过调用 wx.navigateTo( )方法实现跳转到订单确认页，url 的参数 order_id 即为接口调用成功返回的 order_id。

③ 在 pages/order/checkout/checkout.json 文件中配置订单确认页，具体代码如下。

```
1  {
2    "navigationBarTitleText": "订单确认"
3  }
```

上述代码配置了订单确认页的导航栏标题。

2. 加载订单确认页数据

在 pages/order/checkout/checkout.js 文件中编写订单信息区域的页面逻辑，实现在页面加载时获取订单数据列表，具体代码如下。

```
1  const app = getApp()
2  const fetch = app.fetch
3  Page({
4    data: {},
5    onLoad: function (options) {
6      wx.showLoading({
7        title: '努力加载中'
8      })
9      fetch('/food/order', {
10       id: options.order_id
11     }).then(data => {
12       this.setData(data)
13       wx.hideLoading()
```

```
14    }, () => {
15      this.onLoad(options)
16    })
17  },
18 })
```

在上述代码中，第9~16行代码用于请求订单信息，其中，第10行代码取出了从上一个页面跳转过来时传递的order_id；第12行代码将从服务器中获取的data存放在页面数据中；第15行代码用于在请求数据失败后允许用户重试。

3. 实现页面结构和页面样式

订单确认页的基本结构分为标题区域、订单信息区域、备注区域和支付区域，具体实现步骤如下。

① 在pages/order/checkout/checkout.wxml文件中编写订单确认页的页面结构，具体代码如下。

```
1  <view class="content">
2    <!-- 标题 -->
3    <view class="content-title">请确认您的订单</view>
4    <!-- 订单信息-->
5    <view class="order"></view>
6    <!-- 备注 -->
7    <view class="content-comment"></view>
8  </view>
9  <!-- 支付 -->
10 <view class="operate"></view>
```

在上述代码中，第3行代码用于展示页面中的标题区域；第5行代码用于展示页面中的订单信息区域；第7行代码用于展示页面中的备注区域；第10行代码用于展示页面中的支付区域。

② 在pages/order/checkout/checkout.wxss文件中编写订单确认页的页面样式，基本页面样式的代码如下。

```
1  page {
2    display: flex;
3    flex-direction: column;
4    height: 100%;
5    background: #f8f8f8;
6  }
7  .content {
8    flex: 1;
9    overflow: scroll;
10   margin-bottom: 40rpx;
11 }
12 ::-webkit-scrollbar {
13   display: none;
14 }
```

在上述代码中，第2行和第3行代码设置了Flex布局，主轴为从上到下的垂直方向；第8行代码设置了flex属性值为1，内容区域会自动占满剩余空间；第9行代码设置了当内容溢出时，会以显示滚动条的方式查看其余内容；第12~14行代码设置了整个滚动条隐藏。

③ 编写标题区域的页面样式，具体代码如下。

```
1  .content-title {
2    height: 80rpx;
3    line-height: 80rpx;
4    font-size: 28rpx;
5    background: white;
6    padding: 0 10rpx;
7  }
```

在上述代码中，第 2～3 行代码设置了标题区域的高度和行高，实现文字的垂直居中效果；第 4～6 行代码设置了文字大小、背景颜色和内边距。

4. 实现订单信息区域

订单信息区域分为订单商品列表项、满减信息和小计 3 个区域，具体实现步骤如下。

① 在 pages/order/checkout/checkout.wxml 文件中编写订单信息区域的基本页面结构，具体代码如下。

```
1  <view class="order">
2    <view class="order-title">订单详情</view>
3    <view class="order-list">
4      <!-- 订单商品列表项 -->
5      <view class="order-item"></view>
6      <!-- 满减信息 -->
7      <view class="order-item"></view>
8      <!-- 小计 -->
9      <view class="order-item"></view>
10   </view>
11 </view>
```

在上述代码中，第 2 行代码定义了订单列表标题；第 3～10 行代码定义了订单商品列表区域，其中，第 5 行代码定义了订单商品列表项区域，第 7 行代码定义了满减信息区域，第 9 行代码定义了小计区域。

② 在 pages/order/checkout/checkout.wxss 文件中编写订单信息区域的基本样式，具体代码如下。

```
1  .order {
2    background: white;
3    margin-top: 20rpx;
4  }
5  .order-title {
6    font-size: 24rpx;
7    color: #a2a1a0;
8    padding: 24rpx;
9  }
10 .order-list {
11   padding: 0 30rpx;
12 }
```

在上述代码中，第 1～4 行代码设置了订单列表区域的背景颜色和上外边距；第 5～9 行代码设置了订单列表标题区域的字体大小、颜色和内边距；第 10～12 行代码设置了订单列表区域的内边距。

③ 在 pages/order/checkout/checkout.wxml 文件中编写订单商品列表项区域的页面结构，具体代码如下。

```
1  <view class="order-item" wx:for="{{ order_food }}" wx:key="id">
2    <view class="order-item-left">
3      <image class="order-item-image" mode="widthFix" src="{{ item.image_url }}" />
4      <view>
5        <view class="order-item-name">{{ item.name }}</view>
6        <view class="order-item-number">x {{ item.number }}</view>
7      </view>
8    </view>
9    <view class="order-item-price">{{ priceFormat(item.price * item.number) }}</view>
10 </view>
```

在上述代码中，第 1～10 行代码通过 wx:for 来渲染订单中包含的所有商品的信息，包含商品名称、数量、价格，表示订单商品列表项。

④ 在页面底部位置编写 priceFormat 模块，处理商品价格格式，具体代码如下。

```
1  <wxs module="priceFormat">
2    module.exports = function (price) {
```

```
3      return price ? '¥ ' + parseFloat(price) : ''
4    }
5  </wxs>
```

⑤ 在 pages/order/checkout/checkout.wxss 文件中编写商品列表项区域的页面样式，具体代码如下。

```
1  .order-item {
2    background: #fff;
3    display: flex;
4    font-size: 32rpx;
5    padding: 25rpx 0;
6    border-top: 1rpx #e3e3e3 solid;
7  }
8  .order-item-left {
9    flex: 1;
10   display: flex;
11 }
12 .order-item-image {
13   width: 94rpx;
14   height: 94rpx;
15   margin-right: 25rpx;
16 }
17 .order-item-number {
18   color: #a3a3a3;
19   margin-top: 4rpx;
20   font-size: 28rpx;
21 }
```

在上述代码中，第 1~7 行代码为订单商品列表项设置了背景颜色、Flex 布局、字体大小、内边距和上边框；第 8~11 行代码设置了订单商品列表项区域内容自动占满剩余空间且 Flex 布局；第 12~16 行代码设置了订单商品列表项区域中图片的样式，包括宽度、高度和右外边距；第 17~21 行代码设置了订单商品列表项区域中数量区域的样式，包括颜色、上外边距和字体大小。

⑥ 在 pages/order/checkout/checkout.wxml 文件中编写满减优惠区域的页面结构，具体代码如下。

```
1  <view class="order-item" wx:if="{{ checkPromotion(promotion) }}">
2    <view class="order-item-left">
3      <i class="order-promotion-icon">减</i>满减优惠
4    </view>
5    <view class="order-promotion-price">- {{ priceFormat(promotion) }}</view>
6  </view>
```

上述代码通过条件渲染判断是否有满减，如果有则显示满减优惠。

⑦ 在页面底部位置编写 checkPromotion 模块，实现满减判断，具体代码如下。

```
1  <wxs module="checkPromotion">
2    module.exports = function (promotion) {
3      return parseFloat(promotion) > 0
4    }
5  </wxs>
```

⑧ 在 pages/order/checkout/checkout.wxss 文件中编写满减优惠区域的页面样式，具体代码如下。

```
1  .order-promotion-icon {
2    display: inline-block;
3    background: #ff4500;
4    padding: 2rpx 6rpx 6rpx;
5    color: #fff;
6    font-size: 28rpx;
7    margin-right: 8rpx;
```

```
8  }
9  .order-promotion-price {
10   color: #ff4500;
11 }
```

在上述代码中，第 2~7 行代码将"满"字设置为行内块元素，并设置了该行内块元素的背景颜色、内边距、字体颜色、字体大小和右外边距；第 10 行代码设置了字体颜色。

⑨ 在 pages/order/checkout/checkout.wxml 文件中编写小计区域的页面结构，具体代码如下。

```
1  <view class="order-item">
2    <view class="order-item-left">小计</view>
3    <view class="order-total-price">{{ priceFormat(price) }}</view>
4  </view>
```

在上述代码中，第 3 行代码定义了一个 view 组件，用于显示总价格。

⑩ 在 pages/order/checkout/checkout.wxss 文件中编写小计区域的页面样式，具体代码如下。

```
1  .order-total-price {
2    font-size: 40rpx;
3  }
```

在上述代码中，第 2 行代码设置了字体大小。

完成上述代码后，订单信息区域已经实现。

5. 实现备注区域

为了更好地服务客户，满足客户的个性化需求，"点餐"微信小程序允许客户根据自己的需求添加备注信息。在订单确认页面添加完信息之后，提交订单支付成功后可以在订单详情页查看备注信息。

备注区域实现的具体步骤如下。

① 在 pages/order/checkout/checkout.wxml 文件中编写备注区域的页面结构，具体代码如下。

```
1  <view class="content-comment">
2    <label>备注</label>
3    <textarea placeholder="如有其他要求，请输入备注" bindinput="inputComment"></textarea>
4  </view>
```

在上述代码中，第 3 行代码定义了 textarea 组件，该组件用于实现多行文本的输入，并为 textarea 组件绑定 input 事件，事件处理函数为 inputComment( )。

② 在 pages/order/checkout/checkout.wxss 文件中编写备注区域的页面样式，具体代码如下。

```
1  .content-comment {
2    padding: 10rpx 30rpx 20rpx;
3    background: white;
4    margin-top: 20rpx;
5  }
6  .content-comment > label {
7    font-size: 32rpx;
8    color: #a3a3a3;
9  }
10 .content-comment > textarea {
11   width: 95%;
12   font-size: 24rpx;
13   background: #f2f2f2;
14   padding: 20rpx;
15   height: 160rpx;
16   margin-top: 10rpx;
17 }
```

在上述代码中，第 1~5 行代码设置了备注区域的内边距、背景颜色和上外边距；第 6~9 行代码设置了备注区域中标题的字体大小和颜色；第 10～17 行代码设置了备注区域中输入框的样式，包括宽度、字体大小、背景颜色、内边距、高度和上外边距。

③ 在 pages/order/checkout/checkout.js 文件中添加 inputComment( )事件处理函数，用于获取多行输入框中的文本信息，具体代码如下。

```
1  comment: '',
2  inputComment: function (e) {
3    this.comment = e.detail.value
4  },
```

在上述代码中，第 1 行代码定义了 comment 属性，用于保存备注信息；第 3 行代码用于将用户输入的备注信息保存。

上述代码完成后，备注区域已经实现。

6. 实现支付区域

接下来实现点击"去支付"按钮支付订单的区域。由于真实的支付功能较为复杂，且需要开发者具有一定的资质，所以本项目的服务器端没有提供真实的支付功能，用户只要点击"去支付"按钮即可完成支付，具体实现步骤如下。

① 在 pages/order/checkout/checkout.wxml 文件中编写支付区域的页面结构，具体代码如下。

```
1  <view class="operate">
2    <view class="operate-info">合计：{{ priceFormat(price) }}</view>
3    <view class="operate-submit" bindtap="pay">去支付</view>
4  </view>
```

在上述代码中，第 3 行代码定义了 1 个 view 组件，并给该组件绑定 tap 事件，手指触摸屏幕时触发 pay( )事件处理函数。

② 在 pages/order/checkout/checkout.wxss 文件中编写支付区域的页面样式，具体代码如下。

```
1  .operate {
2    height: 110rpx;
3    display: flex;
4  }
5  .operate-info {
6    width: 74%;
7    background: #353535;
8    color: #fff;
9    line-height: 110rpx;
10   padding-left: 40rpx;
11 }
12 .operate-submit {
13   width: 26%;
14   font-size: 30rpx;
15   text-align: center;
16   line-height: 110rpx;
17   background: #ff9c35;
18   color: #fff;
19 }
```

在上述代码中，第 1～4 行代码设置了支付区域的基本样式，包括高度和 Flex 布局；第 5～11 行代码设置了合计信息区域的宽度、背景颜色、字体颜色、行高和左内边距；第 12～19 行代码实现了"去支付"按钮的宽度、字体大小、水平对齐方式、背景颜色和字体颜色。

至此，订单确认页的页面结构和页面样式已经编写完成，页面效果如图 6-22 所示。

③ 在 pages/order/checkout/checkout.js 文件中添加 pay( )函数，实现支付，具体代码如下。

```
1  pay: function () {
2    var id = this.data.id
3    wx.showLoading({
4      title: '正在支付'
5    })
6    fetch('/food/order', {
7      id: id,
8      comment: this.comment
9    }, 'POST').then(() => {
10     return fetch('/food/pay', { id }, 'POST')
11   }).then(() => {
12     wx.hideLoading()
13     wx.showToast({
14       title: '支付成功',
15       icon: 'success',
16       duration: 2000,
17       success: () => {
18         wx.navigateTo({
19           url: '/pages/order/detail/detail?order_id=' + id
20         })
21       }
22     })
23   }).catch(() => {
24     this.pay()
25   })
26 }
```

在上述代码中，第 6~25 行代码用于请求服务器接口'food/order'，把订单 id 和备注传给服务器，用于设置订单备注，请求成功后再来请求服务器接口'food/pay'进行支付，支付成功后，通过 wx.navigateTo( )方法实现跳转到订单详情页。

④ 在 pages/order/detail/detail.json 文件中配置订单详情页导航栏，具体代码如下。

```
1  {
2    "navigationBarTitleText": "订单详情"
3  }
```

上述代码中配置了导航栏标题为"订单详情"。

至此，订单确认页面已经实现。

【任务 6-8】订单详情页

任务分析

在订单确认页面中，用户确定好选择的商品之后点击"去支付"按钮，就会跳转到订单详情页。订单详情页需要展示的信息包括取餐号、订单详情、订单号码、下单时间、付款时间等。订单详情页的页面效果如图 6-23 所示。

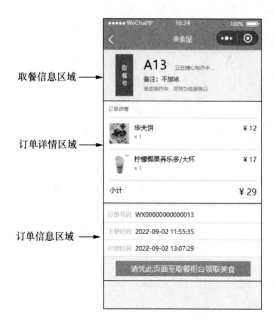

取餐信息区域

订单详情区域

订单信息区域

图6-23　订单详情页的页面效果

任务实现

1. 加载订单详情页数据

在pages/order/detail/detail.js文件中编写订单详情页的页面逻辑，具体代码如下。

```
1   const app = getApp()
2   const fetch = app.fetch
3   Page({
4     data: {},
5     onLoad: function (options) {
6       var id = options.order_id
7       wx.showLoading({
8         title: '努力加载中'
9       })
10      fetch('/food/order', { id }).then(data => {
11        this.setData(data)
12        wx.hideLoading()
13      }, () => {
14        this.onLoad(options)
15      })
16    },
17    onUnload: function () {
18      wx.reLaunch({
19        url: '/pages/order/list/list'
20      })
21    }
22  })
```

在上述代码中，第10~16行代码用于加载订单详情页的数据；第18~21行代码用于在用户点击左上角的返回按钮时，跳转到订单列表页面，避免返回到订单确认页面重新支付。

2. 实现取餐信息区域

接下来进入取餐信息区域页面结构和样式的开发，具体步骤如下。

① 在 pages/order/detail/detail.wxml 文件中编写取餐信息区域的页面结构，具体代码如下。

```
1  <view class="top">
2    <view class="card" wx:if="{{ !is_taken }}">
3      <view class="card-title">取餐号</view>
4      <view class="card-content">
5        <view class="card-info">
6          <text class="card-code">{{ code }}</text>
7          <text class="card-info-r">正在精心制作中…</text>
8        </view>
9        <view class="card-comment" wx:if="{{ comment }}">备注: {{ comment }}</view>
10       <view class="card-tips">美食制作中，尽快为您服务☺</view>
11     </view>
12   </view>
13 </view>
```

在上述代码中，第 2～12 行代码定义了取餐卡片区域，通过 wx:if 控制属性判断卡片是否显示。其中，第 9 行代码定义了卡片备注区域，通过 wx:if 控制属性判断备注区域是否显示。

② 在 pages/order/detail/detail.wxss 文件中编写取餐信息区域的页面样式，具体代码如下。

```
1  .card {
2    margin: 20rpx auto;
3    width: 85%;
4    background: #fef9f4;
5    display: flex;
6    font-size: 30rpx;
7  }
```

在上述代码中，第 5 行代码给取餐信息部分区域设置了 Flex 布局。

③ 编写取餐卡片标题区域的页面样式，具体代码如下。

```
1  .card-title {
2    width: 28rpx;
3    padding: 0 30rpx;
4    background: #de5f4b;
5    border-left: 1rpx solid #de5f4b;
6    font-size: 28rpx;
7    color: #fff;
8    display: flex;
9    align-items: center;
10 }
```

在上述代码中，第 2 行代码设置取餐卡片标题区域的宽度为 28rpx；第 6 行代码设置字体大小为 28rpx，实现文字一行显示一个字；第 8～9 行代码设置了 Flex 布局，让项目在交叉轴上的对齐方式为居中对齐。

④ 编写取餐卡片内容区域的页面样式，具体代码如下。

```
1  .card-content {
2    flex: 1;
3    margin-left: 50rpx;
4  }
5  .card-info {
6    margin-top: 10rpx;
7  }
```

```
8  .card-code {
9    font-size: 60rpx;
10   margin-right: 40rpx;
11 }
12 .card-info-r {
13   font-size: 24rpx;
14   color: #ff9c35;
15 }
16 .card-comment {
17   color: #de5f4b;
18   font-weight: 600;
19   margin-top: 8rpx;
20 }
21 .card-tips {
22   color: #a2a1a0;
23   margin: 10rpx 0 20rpx;
24   font-size: 24rpx;
25 }
```

在上述代码中，第 2 行代码设置 flex 属性值为 1，表示该区域将自动放大占满剩余空间。

3. 实现订单详情区域

接下来进入订单详情区域的开发，该区域的代码并不需要重新编写，可以将前面写过的代码复制过来直接使用，具体步骤如下。

① 在 pages/order/detail/detail.wxml 文件中编写订单详情区域的页面结构，该页面结构与 pages/order/checkout/checkout.wxml 文件中订单信息区域的页面结构一致。将以下标签中的代码全部复制过来即可。

```
<view class="order">
  ......
</view>
```

② 在 pages/order/detail/detail.wxss 文件中编写订单详情区域的页面样式，将 pages/order/checkout/checkout.wxss 文件中订单信息区域相应的页面样式复制过来即可。

4. 实现订单信息区域

接下来进入订单信息区域的开发，具体实现步骤如下。

① 在 pages/order/detail/detail.wxml 文件中编写订单信息区域的页面结构，具体代码如下。

```
1  <view class="list">
2    <view>
3      <text>订单号码</text>
4      <view>{{ sn }}</view>
5    </view>
6    <view>
7      <text>下单时间</text>
8      <view>{{ create_time }}</view>
9    </view>
10   <view>
11     <text>付款时间</text>
12     <view>{{ pay_time }}</view>
13   </view>
14   <view wx:if="{{ is_taken }}">
15     <text>取餐时间</text>
16     <view>{{ taken_time }}</view>
17   </view>
18 </view>
```

```
19 <view class="tips" wx:if="{{ is_taken }}">取餐号{{ code }} 您已取餐</view>
20 <view class="tips" wx:else>请凭此页面至取餐柜台领取美食</view>
```

在上述代码中，第 2～5 行代码定义了订单号码区域；第 6～9 行代码定义了下单时间区域；第 10～13 行代码定义了付款时间区域；第 14～17 行代码定义了取餐时间区域，通过 wx:if 控制属性判断 is_taken 的值，如果为 true 表示已取餐，显示取餐时间。第 19～20 行代码通过 wx:if 控制属性实现根据取餐情况显示取餐号和"您已取餐"或者"请凭此页面至取餐柜台领取美食"。

② 在 pages/order/detail/detail.wxss 文件中编写订单信息区域的页面样式，具体代码如下。

```
1  .list {
2    background: #fff;
3    margin-top: 20rpx;
4  }
5  .list > view {
6    font-size: 30rpx;
7    color: #d1d1d1;
8    padding: 20rpx;
9    border-bottom: 1rpx #e3e3e3 solid;
10   display: flex;
11 }
12 .list > view > view {
13   color: black;
14   margin-left: 20rpx;
15 }
16 .tips {
17   width: 80%;
18   text-align: center;
19   margin: 20rpx auto 40rpx;
20   padding: 12rpx 20rpx;
21   background: #ff9c35;
22   color: #fff;
23   font-size: 36rpx;
24 }
```

在上述代码中，第 10 行代码设置了 Flex 布局，在订单号码、下单时间、付款时间区域实现内部 view 组件的横向排列。

至此，订单详情页已经实现，页面效果如图 6-23 所示。

【任务 6-9】订单列表页

任务分析

订单列表页用于展示用户下过的所有订单，即显示订单的下单时间、订单总价和取餐状态。点击"查看详情"按钮，可以根据订单 id 跳转到订单详情页。

订单列表页为标签页，点击底部标签栏中的"订单"标签项即可进入订单列表页，或者在订单支付成功之后，点击左上角的返回按钮也可以回到订单列表页。

订单列表页的页面效果如图 6-24 所示。

图6-24　订单列表页的页面效果

任务实现

1. 加载订单列表页数据

订单列表页面中的数据通过'/food/orderlist'服务器接口获得，该页面有下拉刷新、上拉触底的功能，为了防止出现重复的代码，定义一个专门用于加载数据的方法 loadData( )，该方法可以根据传递的参数不同来获取不同的数据，具体实现步骤如下。

① 在 pages/order/list/list.js 文件中封装请求的公共部分，具体代码如下。

```
1  const app = getApp()
2  const fetch = app.fetch
3  Page({
4    data: {
5      is_last: true,
6      order: {}
7    },
8    last_id: 0,
9    row: 10,
10   // 定义请求方法，封装请求的公共部分
11   loadData: function (options) {
12     wx.showNavigationBarLoading()
13     fetch('/food/orderlist', {
14       last_id: options.last_id,
15       row: this.row
16     }).then(data => {
```

```
17      this.last_id = data.last_id
18      this.setData({
19        is_last: data.list.length < this.row
20      }, () => {
21        wx.hideNavigationBarLoading()
22        options.success(data)
23      })
24    }, () => {
25      wx.hideNavigationBarLoading()
26      options.fail()
27    })
28  },
29 })
```

在上述代码中，第 5 行代码定义了 is_last 属性，表示是否到达底部，如果服务器返回的条数小于请求的条数，说明已经到达底部；第 6 行代码定义了 order 属性，表示订单列表数据；第 8 行代码定义了 last_id，表示最末尾的订单的 id，下次请求时将 last_id 发给服务器，表示请求 last_id 后面的记录；第 9 行代码定义了 row，默认值为 10，表示从服务器端返回的数据条数为 10 条，如果不设置 row 的值，则默认返回一条数据；第 12 行代码用于在当前页面显示导航条加载动画；第 21 行和第 25 行代码用于在当前页面隐藏导航条加载动画。

② 在 pages/order/list/list.js 文件的 Page({ }) 中编写 onLoad() 函数，实现页面加载完成时向服务器请求订单列表数据，具体代码如下。

```
1  onLoad: function () {
2    wx.showLoading({
3      title: '加载中'
4    })
5    this.loadData({
6      last_id: 0,
7      success: data => {
8        this.setData({
9          order: data.list
10       }, () => {
11         wx.hideLoading()
12       })
13     },
14     fail: () => {
15       this.onLoad()
16     }
17   })
18 },
```

在上述代码中，第 5～17 行代码通过调用 loadData() 方法请求订单信息，其中，第 7～13 行代码将从服务器中获取的 data.list 存放在页面定义的数据 order 中，第 14～16 行代码用于实现请求数据失败时用户可以重试。

2. 实现订单列表页的页面结构

在 pages/order/list/list.wxml 文件中编写订单列表页的页面结构，具体步骤如下。

① 编写订单列表页的页面结构，具体代码如下。

```
1  <view class="list">
```

```
2   <view class="list-empty" wx:if="{{ order.length === 0 }}">您还没有下过订单</view>
3   <view class="list-item" wx:for="{{ order }}" wx:key="id">
4     <view class="list-item-l">
5       <view class="list-item-t">下单时间: {{ formatData(item.create_time) }}</view>
6       <view>
7         <view class="list-item-name">
8           {{ item.first_food_name }}
9         </view>
10        <view>
11          <text>等{{ item.number }}件商品</text>
12          <text class="list-item-price">
13            {{ priceFormat(item.price) }}
14          </text>
15        </view>
16      </view>
17    </view>
18    <view class="list-item-r">
19      <view>
20        <view class="list-item-detail">查看详情</view>
21        <view class="list-item-taken list-item-taken-yes" wx:if="{{ item.is_taken }}">
已取餐</view>
22        <view class="list-item-taken list-item-taken-no" wx:else>未取餐</view>
23      </view>
24    </view>
25  </view>
26  <view class="list-item list-item-last" wx:if="{{ is_last }}">已经到底啦</view>
27  <view class="list-item list-item-last" wx:else>加载中……</view>
28  </view>
```

在上述代码中，第 2 行代码通过 wx:if 控制属性进行判断，如果 order.length 为 0，则显示"您还没有下过订单"；第 3～25 行代码通过 wx:for 将所有的订单信息渲染在页面上，包括下单时间、商品名称、商品价格、商品数量等，同时包含"查看详情"按钮、"已取餐"或者"未取餐"按钮。第 5 行代码显示下单时间，将 create_time 经过处理之后再输出。第 26 行代码通过 wx:if 控制属性判断 is_last 的值，若为 true，则显示"已经到底啦"，否则显示"加载中……"。

② 编写 priceFormat 模块，用于对价格进行格式处理，具体代码如下。

```
1  <wxs module="priceFormat">
2    module.exports = function (price) {
3      return '¥ ' + parseFloat(price)
4    }
5  </wxs>
```

③ 编写 formatData 模块，用于将时间戳转换为易于阅读的时间，具体代码如下。

```
1  <wxs module="formatData">
2    module.exports = function (time) {
3      var date = getDate(time)
4      var y = date.getFullYear()
5      var m = date.getMonth() + 1
6      var d = date.getDate()
7      var h = date.getHours()
8      var i = date.getMinutes()
9      var s = date.getSeconds()
10     return [y, m, d].map(formatNumber).join('-') + ' ' + [h, i, s].map(formatNumber).
join(':')
```

```
11  }
12  function formatNumber(n) {
13    n = n.toString()
14    return n[1] ? n : '0' + n
15  }
16  </wxs>
```

在上述代码中,第 3 行代码调用了 getDate() 函数,用于获取当前的本地时间信息。

完成上述代码后,订单列表页的页面结构已经开发完成。

3. 实现订单列表页的页面样式

在 pages/order/list/list.wxss 文件中编写订单列表页的页面样式,具体步骤如下。

① 编写订单中每一项商品的样式,具体代码如下。

```
1  .list-item {
2    display: flex;
3    padding: 20rpx;
4    color: #999;
5    font-size: 26rpx;
6    border-bottom: 1rpx solid #ececec;
7  }
8  .list-item:last-child {
9    border-bottom: 0;
10 }
```

在上述代码中,第 1~7 行代码设置每一项商品的样式,包括 Flex 布局、内边距、颜色、字体大小、底部边框样式;第 8~10 行代码设置底部边框样式为 0。

② 编写商品列表项左侧部分,包括每一项商品的下单时间、名称、价格的样式,具体代码如下。

```
1  .list-item-l {
2    flex: 1;
3  }
4  .list-item-t {
5    margin-bottom: 10rpx;
6  }
7  .list-item-name {
8    font-size: 30rpx;
9    color: #666;
10   margin-right: 20rpx;
11   margin-bottom: 10rpx;
12 }
13 .list-item-price {
14   color: #f7982a;
15   margin-left: 20rpx;
16   font-weight: 600;
17 }
```

在上述代码中,第 1~3 行代码将 flex 属性值设置为 1,内容区域会自动占满剩余空间;第 4~6 行代码设置下单时间的下外边距样式;第 7~12 行代码设置商品名称的样式,包括字体大小、颜色、右外边距及下外边距;第 13~17 行代码设置价格的样式,包括颜色、左外边距及文本的粗细。

③ 编写商品列表项右侧部分和"查看详情"按钮的样式,具体代码如下。

```
1  .list-item-r > view {
2    margin-top: 30rpx;
3    display: flex;
4  }
5  .list-item-detail {
```

```
6    text-align: center;
7    color: #ff9000;
8    font-size: 24rpx;
9    padding: 17rpx 10rpx;
10   background: #fff;
11   border: 1rpx solid #ff9000;
12 }
```

上述代码中，第 1~4 行代码设置商品列表项右侧所有的 view 组件的样式，包括距顶部的距离和 Flex 布局；第 5~12 行代码设置了"查看详情"按钮的样式，包括文本水平对齐方式、颜色、字体大小、内边距、背景颜色和边框。

④ 编写取餐状态的样式，具体代码如下。

```
1  .list-item-taken {
2    font-size: 24rpx;
3    padding: 17rpx 10rpx;
4    margin-left: 20rpx;
5  }
6  .list-item-taken-yes {
7    background: #d2d2d2;
8    color: #999;
9  }
10 .list-item-taken-no {
11   background: #ffd161;
12   color: #fff;
13 }
```

在上述代码中，第 1~5 行代码设置取餐状态的样式，包括字体大小、内边距和左边距；第 6~9 行代码和第 10~13 行代码分别设置"已取餐""未取餐"样式，包括背景颜色和文本颜色。

⑤ 编写订单列表为空的样式，具体代码如下。

```
1  .list-empty {
2    margin-top: 80rpx;
3    text-align: center;
4  }
```

在上述代码中，第 1~4 行代码设置上外边距和文本水平对齐方式样式。

⑥ 编写订单列表到达底部的样式，具体代码如下。

```
1  .list-item-last {
2    display: block;
3    text-align: center;
4  }
```

在上述代码中，第 1~4 行代码设置了块元素和文本水平居中对齐样式。

至此，订单列表页的页面样式已经实现。

4. 实现下拉刷新

当用户下拉订单列表时可以刷新订单。接下来实现下拉刷新，具体步骤如下。

① 在 pages/order/list/list.json 文件中开启下拉刷新，具体代码如下。

```
1  {
2    "navigationBarTitleText": "订单列表",
3    "enablePullDownRefresh": true
4  }
```

在上述代码中，第 3 行代码将 enablePullDownRefresh 属性值设置为 true，表示开启当前页面下拉刷新。

② 在 pages/order/list/list.js 文件中编写下拉刷新函数 onPullDownRefresh( )，具体代码如下。

```
1  onPullDownRefresh: function () {
```

```
2    wx.showLoading({
3      title: '加载中'
4    })
5    this.loadData({
6      last_id: 0,
7      success: data => {
8        this.setData({
9          order: data.list
10       }, () => {
11         wx.hideLoading()
12         wx.stopPullDownRefresh()
13       })
14     },
15     fail: () => {
16       this.onLoad()
17     }
18   })
19 },
```

上述代码通过调用 loadData( )方法重新加载数据，实现了刷新页面的效果。

5. 实现上拉触底

当用户上拉列表时，页面向下滚动，当滚动快要触底时会加载更多的数据，接下来实现上拉触底。

在 pages/order/list/list.js 文件中编写上拉触底函数 onReachBottom( )，实现上拉触底，具体代码如下。

```
1  onReachBottom: function () {
2    if (this.data.is_last) {
3      return
4    }
5    this.loadData({
6      last_id: this.last_id,
7      success: data => {
8        var order = this.data.order
9        data.list.forEach(item => {
10         order.push(item)
11       })
12       this.setData({
13         order: order
14       })
15     },
16     fail: () => {
17       this.onReachBottom()
18     }
19   })
20 },
```

在上述代码中，第 2~4 行代码通过 if 判断 is_last 的值，如果为 true，则直接返回；第 5~19 行代码调用 loadData( )方法实现数据的重新加载。其中，第 7~15 行代码为接口请求成功之后的回调函数，将从服务器端获取的列表数据并将其保存在 order 中；第 16~18 行代码表示失败之后允许用户重试。

6. 跳转到订单详情页

点击订单列表页的"查看详情"按钮，可以查看订单详情。接下来实现跳转到订单详情页，具体步骤如下。

① 修改"查看详情"按钮，绑定 tap 事件，事件处理函数为 detail( )，通过自定义属性 data-id 传递订单 id，具体代码如下。

```
<view class="list-item-detail" bindtap="detail" data-id="{{ item.id }}">查看详情</view>
```

② 编写 detail( )函数，实现根据订单号查询订单数据，渲染对应的订单详情页，具体代码如下。

```
1  detail: function (e) {
2    var id = e.currentTarget.dataset.id
3    wx.navigateTo({
4      url: '/pages/order/detail/detail?order_id=' + id
5    })
6  }
```

上述代码通过调用 wx.navigateTo( )方法实现跳转到订单详情页。

至此，订单列表页已经开发完成，页面效果如图 6-24 所示。

【任务 6-10】消费记录页

任务分析

消费记录页为标签页，点击底部标签栏中的"我的"标签项可以跳转到消费记录页。消费记录页用于展示用户的消费记录信息，包括用户的下单时间、订单总价格等。消费记录页的页面效果如图 6-25 所示。

图6-25　消费记录页的页面效果

任务实现

1. 加载消费记录页数据

在 pages/record/record.js 文件中编写消费记录页的页面逻辑，请求数据并渲染页面，具体代码如下。

```
1  const defaultAvatar = '/images/avatar.png'
2  const app = getApp()
3  const fetch = app.fetch
4  Page({
5    data: {
```

```
6      avatarUrl: defaultAvatar
7    },
8    onLoad: function () {
9      wx.showLoading({
10       title: '努力加载中'
11     })
12     fetch('/food/record').then(data => {
13       wx.hideLoading()
14       this.setData(data)
15     })
16   },
17 })
```

在上述代码中，第 1 行代码定义的 defaultAvatar 为默认头像路径；第 6 行代码定义的 avatarUrl 属性表示页面显示的头像路径地址；第 12～15 行代码用于请求数据，并将数据保存在 data 中。

2. 实现消费记录页的页面结构

在 pages/record/record.wxml 文件中编写消费记录页的页面结构，具体代码如下。

```
1  <view class="head">
2    <button  class="avatar-wrapper"  open-type="chooseAvatar"  bindchooseavatar=
"onChooseAvatar">
3      <image class="avatar" src="{{ avatarUrl }}" />
4    </button>
5  </view>
6  <view class="content">
7    <view class="list-title">消费记录</view>
8    <view class="list-item" wx:for="{{ list }}" wx:key="id">
9      <view class="list-item-l">
10       <view>消费</view>
11       <view class="list-item-time">{{ item.pay_time }}</view>
12     </view>
13     <view class="list-item-r">
14       <text>{{ priceFormat(item.price) }}</text>
15     </view>
16   </view>
17 </view>
18 <wxs module="priceFormat">
19   module.exports = function (price) {
20     return '¥ ' + parseFloat(price)
21   }
22 </wxs>
```

在上述代码中，第 2～4 行代码定义了 button 组件和 image 组件，用于选择头像和展示头像；第 8～16 行代码通过 wx:for 控制属性重复渲染 list 数组，展示消费记录列表。

在 pages/record/record.json 文件中配置消费记录页导航栏，具体代码如下。

```
1  {
2    "navigationBarTitleText": "消费记录"
3  }
```

上述代码将导航栏标题设置为"消费记录"。

完成上述代码后，消费记录页的页面结构已经完成。

3. 实现消费记录页的页面样式

在 pages/record/record.wxss 文件中编写消费记录页的页面样式，具体步骤如下。

① 编写头部区域的页面样式，具体代码如下。

```
1  page {
2    background-color: #f8f8f8;
3    font-size: 32rpx;
4  }
5  .head {
6    width: 100%;
7    background-color: #f7982a;
8    height: 400rpx;
9    display: flex;
10   justify-content: center;
11   align-items: center;
12 }
13 .avatar-wrapper {
14   width: 160rpx;
15   height: 160rpx;
16   padding: 0;
17   background: none;
18   border-radius: 50%;
19 }
20 .avatar {
21   width: 160rpx;
22   height: 160rpx;
23   border-radius: 50%;
24 }
```

在上述代码中，第 1～4 行代码定义了整个页面的背景颜色和字体大小；第 5～12 行代码定义了头部区域的样式，包括宽度、背景颜色、Flex 布局、主轴方向上的对齐方式、侧轴方向上的对齐方式；第 13～19 行代码设置了 button 组件的宽度、高度、内边距、背景颜色和圆角边框；第 20～24 行代码设置了 image 组件的宽度、高度和圆角边框。

② 编写列表区域的页面样式，具体代码如下。

```
1  .list-title {
2    background-color: #fff;
3    padding: 16rpx 0;
4    text-align: center;
5  }
6  .list-item {
7    display: flex;
8    padding: 42rpx 20rpx;
9    border-bottom: 1rpx solid #ececec;
10 }
11 .list-item-l {
12   flex: 1;
13 }
14 .list-item-r {
15   line-height: 76rpx;
16 }
17 .list-item-r > text {
18   color: #f7982a;
19   font-weight: 600;
20   font-size: 32rpx;
21 }
```

```
22 .list-item-time {
23   margin-top: 10rpx;
24   font-size: 26rpx;
25   color: #999;
26 }
```

上述代码设置了消费记录中的标题、下单时间和价格的样式。

4. 获取头像

在 pages/record/record.js 文件中编写 onChooseAvatar( )函数，获取头像信息的临时路径，具体代码如下。

```
1 onChooseAvatar: function (e) {
2   console.log(e)
3   const { avatarUrl } = e.detail
4   this.setData({ avatarUrl })
5 }
```

保存上述代码后，运行程序，测试是否可以获取头像。

至此，消费记录页已经实现，页面效果如图 6-25 所示。

本章小结

本章主要讲解了"点餐"微信小程序的开发过程，完成了网络请求的封装、用户登录和购物车功能的开发及微信小程序中各个页面的编写。通过本章的学习，读者需要重点掌握如何制作一个完整的微信小程序，熟悉微信小程序的开发流程，学会通过已学知识解决微信小程序开发中遇到的问题。

课后练习

一、填空题

1. 在进行商家首页中间区域开发时，使用_____方法实现跳转到菜单列表页。

2. 在进行实现支付区域开发时，使用_____方法显示消息提示框。

3. 微信小程序提供的_____方法可以隐藏加载提示。

4. 微信小程序提供的_____属性可以实现下拉刷新。

5. 在当前页面隐藏导航条加载动画使用的方法是_____。

二、判断题

1. 使用 require(路径)函数引入模块代码时，不可以使用绝对路径。（　　）

2. 使用 wx.navigateTo( )方法不能跳转到标签页。（　　）

3. <block>标签不会在页面中做任何渲染。（　　）

4. wx.showLoading( )方法用于显示加载提示。（　　）

5. 在使用 wx:for 实现页面列表渲染时，key 表示每一项的唯一标识。（　　）

三、选择题

1. 下列选项中，用于配置微信小程序所有的页面地址的文件是（　　）

A. app.js　　　　　　B. app.json　　　　　　C. app.wxss　　　　　　D. project.config.json

2. 下列选项中，关于 swiper 组件的用法描述错误的是（　　）。

A. 若 indicatorDots 属性设置为 false，则显示面板指示点

B. autoplay 属性用于设置图片是否自动切换

C. interval 属性用于设置自动切换的时间间隔

D. duration 属性用于设置滑动动画时长

3. 下列关于 wx.request( )方法常见选项的说法中，正确的是（　　　）。

A. method 为 HTTP 请求方式，默认值为 POST

B. url 为开发者服务器接口地址

C. complete( )回调函数只有在调用成功之后才会执行

D. responseType 为返回的数据格式，默认值为 json

4. 下列关于 Flex 布局的说法中，错误的是（　　　）。

A. 行内元素也可以使用 Flex 布局

B. 设为 Flex 布局以后，子元素的 float 属性依然起作用

C. 任何一个容器都可以指定为 Flex 布局

D. 采用 Flex 布局的元素，称为 Flex 容器

四、简答题

1. 简述微信小程序中实现页面之间切换的 wx.navigateTo( )、wx.redirectTo( )和 wx.switchTab( )方法的区别。

2. 简述微信小程序的登录流程。

第 **7** 章

微信小程序开发进阶

学习目标

★ 掌握自定义组件的创建方法，能够根据实际需要创建自定义组件

★ 掌握自定义组件的使用方法，能够使用自定义组件

★ 掌握使用自定义组件渲染标签栏的方法，能够使用自定义组件渲染标签栏

★ 掌握 Vant Weapp 组件库的使用方法，能够使用 Vant Weapp 组件库快速搭建微信小程序的页面

★ 掌握 WeUI 组件库的使用方法，能够使用 WeUI 组件库快速搭建微信小程序的页面

★ 掌握 navigator 组件的使用方法，能够利用 navigator 组件实现页面跳转

★ 了解 uni-app 框架的概念，能够说出使用 uni-app 框架开发项目的优势

★ 掌握 HBuilder X 开发工具的设置，能够完成 HBuilder X 的基本设置和个性化设置

★ 掌握 uni-app 项目的创建方法，能够完成 uni-app 项目的创建

★ 熟悉 uni-app 项目的目录结构，能够解释各个文件和文件夹的作用

★ 掌握将 uni-app 项目运行至微信小程序的方法，能够将 uni-app 项目运行至微信小程序

★ 掌握 uni-app 项目的全局配置文件，能够对导航栏、底部标签栏、页面的文件路径等进行配置

在实际开发中，开发团队往往会在保证项目质量的前提下对项目的开发效率提出要求。为了提高开发效率，开发团队通常会将市面上一些开源的框架和库引入项目中，并将项目中一些重复使用的功能代码封装成自定义组件。其中，框架可以为开发者提供一套全面的解决方案，可以解决在复杂场景下的开发问题；库是一个封装好的代码集合，提供给开发者使用，让开发者专注于实现功能而隐藏许多技术细节；自定义组件是开发者将页面中可被复用的代码自行封装成的组件。本章将讲解如何创建和使用自定义组件，并通过案例对 Vant Weapp 组件库、WeUI 组件库和 uni-app 框架的使用进行演示，帮助读者对这些框架和库有更深的了解。

【案例 7-1】自定义标签栏

通过前面的学习，我们知道微信小程序的底部标签栏可以在 app.json 全局配置文件中通过添加 tabBar 配置项的属性来实现。但是在实际开发中，底部标签栏会有不同的需求，例如需要设计更美观的样式或者需要添加更多的功能，此时就需要自定义标签栏。下面将对"自定义标签栏"微信小程序进行详细讲解。

案例分析

　　本案例将通过自定义标签栏的方式实现标签栏的效果。"自定义标签栏"微信小程序的"首页""消息""联系我们"的页面效果如图 7-1～图 7-3 所示。

图7-1　"首页"的页面效果

图7-2　"消息"的页面效果

图7-3　"联系我们"的页面效果

知识储备

1. 创建自定义组件

在实际开发中, 可能会遇到多个页面中有相同功能区域的情况。例如, 多个页面中都有搜索栏。如果为每个页面复制同一份代码, 会造成代码冗余, 而且不利于后期代码维护。此时, 开发者可以将页面内的重复部分封装成自定义组件, 以便于在不同的页面中重复使用, 从而有助于代码维护。

一个自定义组件是由 JSON、JS、WXML 和 WXSS 这 4 个文件组成的, 自定义组件的组成文件通常存放在项目的 components 目录中, 并且为了保证目录结构的清晰, 通常会将不同的组件放在不同的子目录下。下面演示如何创建自定义组件, 具体步骤如下。

① 打开微信开发者工具, 创建一个新项目或打开现有项目。

② 在项目的根目录中右键单击, 选择"新建文件夹", 然后输入新文件夹的名称"components", 按回车键确认。

③ 在 components 文件夹上右键单击, 选择"新建文件夹", 然后输入新文件夹的名称"test", 按回车键确认。

④ 在 test 文件夹上右键单击, 选择"新建 Component", 然后输入组件的名称"test", 按回车键确认。确认后, 微信开发者工具会自动生成组件的 JS、JSON、WXML 和 WXSS 文件。

读者可以按照上述步骤, 在 components 文件夹中再创建一个 test2 文件夹, 并在 test2 文件夹中创建一个 test2 组件。不同自定义组件的存放目录如图 7-4 所示。

自定义组件创建完成后, 可以在自定义组件的 JS 文件中编写自定义组件的页面逻辑, 在自定义组件的 JSON 文件中编写自定义组件的配置, 在自定义组件的 WXML 文件中编写自定义组件的页面结构, 在自定义组件的 WXSS 文件中编写自定义组件的页面样式。

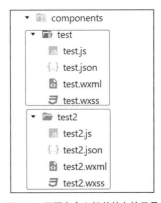

图7-4　不同自定义组件的存放目录

打开 components/test/test.js 文件, 会看到里面保存了一些代码, 这些代码是微信开发者工具自动生成的, 具体代码如下。

```
1  // components/test/test.js
2  Component({
3    /**
4     * 组件的属性列表
5     */
6    properties: {
7
8    },
9
10   /**
11    * 组件的初始数据
12    */
13   data: {
14
15   },
16
17   /**
18    * 组件的方法列表
19    */
```

```
20   methods: {
21
22   }
23 })
```

在上述代码中，第6~8行代码定义的 properties 属性是组件的属性列表，用于接收外界传递到组件中的数据；第13~15行代码定义的 data 属性是组件的初始数据，用于组件模板渲染；第20~22行代码定义的 methods 属性是组件的方法列表，列表中可以包含事件处理函数和任意的自定义方法。

data 属性与 properties 属性的用法相同，它们都是可读可写的，只不过 data 属性更倾向于存储组件的私有数据，properties 属性更倾向于存储外界传递到组件中的数据。由于 data 属性与 properties 属性在本质上没有任何区别，所以 properties 属性中的值也可以用于页面渲染，使用 setData() 函数也可以为 properties 属性中的值重新赋值。

从表面来看，组件和页面都是由后缀为.js、.json、.wxml 和.wxss 的4个文件组成的。但是，组件和页面的 JS 与 JSON 文件有明显的不同，区别有以下3点。

① 组件的 JSON 文件中需要声明 component 属性，将属性值设为 true，表示它是一个组件，而页面的 JSON 文件不需要添加该属性。

② 组件的 JS 文件中调用的是 Component() 函数，而页面的 JS 文件调用的是 Page() 函数。

③ 组件的事件处理函数需要定义到 methods 中，页面的事件处理函数需要定义在 Page({ }) 中。

2. 使用自定义组件

自定义组件创建完成后，在使用自定义组件之前，首先要在页面的 JSON 文件或者 app.json 全局配置文件中引用自定义组件，在引用时，需要提供每个自定义组件的标签名和对应自定义组件的文件路径。

自定义组件的引用方式分为局部引用和全局引用，在页面的 JSON 文件中引用自定义组件的方式称为局部引用，局部引用的自定义组件只能在当前被引用的页面内使用；在 app.json 全局配置文件中引用组件的方式称为全局引用，全局引用的自定义组件可以在每个页面中使用。

开发者需要根据自定义组件的使用频率和范围来选择合适的自定义组件引用方式。如果某自定义组件在多个页面中经常被用到，建议选择全局引用，如果某自定义组件只在特定的页面中被用到，建议选择局部引用。下面通过自定义组件的局部引用和全局引用这2种引用方式讲解如何使用自定义组件。

（1）局部引用

在 pages/index/index.json 文件中添加引用自定义组件的代码，具体代码如下。

```
"usingComponents": {
  "test": "/components/test/test"
}
```

在上述代码中，usingComponents 表示页面中使用的自定义组件，test 是组件的标签名，属性值为组件所在位置的路径。

然后在 pages/index/index.wxml 文件中通过<test>标签使用自定义组件，具体代码如下。

```
<test></test>
```

上述代码运行后，调试器的 Wxml 面板中的页面结构如图7-5所示。

图7-5　Wxml面板中的页面结构

在图 7-5 中，除了微信小程序自动生成的<page>标签外，只有<test>标签，is 属性值为自定义组件的路径，<test>标签的内容为使用的自定义组件。

（2）全局引用

在全局配置文件 app.json 文件中添加引用自定义组件的代码，具体代码如下。

```
"usingComponents": {
  "test": "/components/test/test"
}
```

然后在需要使用自定义组件的 pages/index/index.wxml 文件中，通过<test>标签使用组件，具体代码如下。

```
<test></test>
```

保存并运行上述代码，pages/index/index 页面对应调试器的 Wxml 面板中的页面结构与图 7-5 相同。

3. 使用自定义组件渲染标签栏

微信小程序允许开发者使用自定义组件渲染标签栏，这样开发者就能自定义标签栏的显示效果，并且可以为自定义标签栏添加功能。

使用自定义组件渲染标签栏的具体方法是，首先在 app.json 文件的 tabBar 配置项中添加"custom": true 开启自定义标签栏，然后在项目根目录下创建名称为 custom-tab-bar 的文件夹，并在该文件夹中创建名称为 index 的组件，最后使用自定义组件的方式编写 index 组件即可。下面通过具体操作进行演示。

首先在 app.json 文件的 pages 配置项中添加 2 个页面，具体代码如下。

```
"pages": [
  "pages/home/home",
  "pages/message/message"
],
```

接下来在 tabBar 配置项中开启自定义组件渲染标签栏，具体代码如下。

```
"tabBar": {
  "custom": true,
  "list": [{
    "pagePath": "pages/home/home"
  }, {
    "pagePath": "pages/message/message"
  }]
}
```

上述代码完成后，保存代码并运行程序，开启自定义标签栏的效果如图 7-6 所示。

从图 7-6 中可以看出，自定义标签栏已开启，标签栏中的文字为微信小程序新建自定义组件时自动生成的。此处只是将自定义组件显示出来了，但它并不是一个做好的标签栏。关于如何制作一个可以用的标签栏，会在案例实现中进行讲解。

在页面中使用 getTabBar( )方法可以获取自定义标签栏实例，需要注意的是，每个页面中的自定义标签栏实例是不同的。下面演示 getTabBar( )方法的使用。

图7-6　开启自定义标签栏的效果

打开 pages/home/home.js 文件，在页面初次渲染完成时从控制台中输出自定义标签实例的 data 属性，具体代码如下。

```
onReady() {
  console.log(this.getTabBar().data)
},
```

上述代码先通过 getTabBar( )方法获取自定义标签栏实例，然后将该实例的 data 属性输出到控制台。

保存上述代码，运行程序，在控制台中会看到输出结果为"{}"，说明成功访问到了自定义标签栏实例的 data 属性。

4. Vant Weapp 组件库

在微信小程序实际开发中，内置的组件经常无法满足需求，手动编写自定义组件又会花费大量的时间，此时可以使用市场上成熟的开源组件库，提高开发效率。

Vant Weapp 是有赞前端团队开发的一套开源的微信小程序 UI 组件库，其界面风格统一、功能齐全，受到广泛关注。Vant Weapp 组件库提供了一整套 UI 基础组件和业务组件，能够快速搭建出风格统一的页面。

若要在微信小程序中使用 Vant Weapp 组件库，需要利用 Node.js 提供的 npm 命令将 Vant Weapp 组件库安装到项目中，并在项目中进行一些配置，具体步骤如下。

① 在微信开发者工具中创建一个新的微信小程序项目，项目名称为"Vant"。

② 打开命令提示符，切换工作目录到本项目的根目录，然后在命令提示符中执行以下命令，生成 package.json 文件。

```
npm init -y
```

上述命令执行完后，会在项目的根目录中生成一个 package.json 文件。"Vant"微信小程序的目录结构如图 7-7 所示（因软件问题，项目名称在此显示为大写）。

③ 在命令提示符中执行以下命令，安装 Vant Weapp 包。

```
npm install @vant/weapp@1.10.4 -S -production
```

在上述命令中，1.10.4 为本书使用的 Vant Weapp 的版本。

④ 修改 app.json 全局配置文件，将里面的"style": "v2"配置项删除，该配置项表示使用微信小程序的新版基础组件样式，删除该配置项表示使用旧版基础组件样式。Vant Weapp 组件库需要覆盖基础组件样式才能生效，由于新版基础组件样式难以覆盖，可能会出现样式混乱的问题，所以应使用旧版基础组件样式。

⑤ 构建 npm。微信小程序不能直接使用 npm 安装的包，需要将 npm 安装的包转换成微信小程序可以使用的包，具体方法是在微信开发者工具的菜单栏中执行"工具"→"构建 npm"命令。构建 npm 完成后的目录结构如图 7-8 所示。

图7-7　"Vant"微信小程序的目录结构

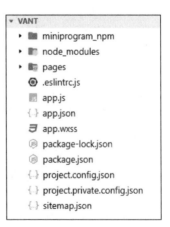

图7-8　构建npm完成后的目录结构

在图 7-8 中，miniprogram_npm 是构建 npm 完成后的包的存放目录，node_modules 是 npm 安装的包的存放目录。

至此，成功将 Vant Weapp 组件库安装到微信小程序项目中。

接下来以 button 组件为例演示如何使用 Vant Weapp 组件库。

首先，在 app.json 文件或页面的 JSON 文件的 usingComponents 配置项中引入 button 组件，以 app.json 文件为例，具体代码如下。

```
"usingComponents": {
  "van-button": "@vant/weapp/button/index"
}
```

上述代码引入了 Vant Weapp 组件库中的 button 组件，配置了 button 组件的路径。

接下来，在页面中使用组件。例如，在 pages/index/index.wxml 文件中使用 button 组件，具体代码如下。

```
<van-button type="primary">按钮</van-button>
```

引入 button 组件的页面效果如图 7-9 所示。

从图 7-9 可以看出，当前页面成功使用了 Vant Weapp 组件库中的 button 组件。

图7-9 引入button组件的页面效果

案例实现

1. 准备工作

在开发本案例前，需要先完成一些准备工作，主要包括创建项目、安装 Vant Weapp 组件库和复制素材，具体步骤如下。

① 创建项目。在微信开发者工具中创建一个新的微信小程序项目，项目名称为"自定义标签栏"，模板选择"不使用模板"。

② 安装 Vant Weapp 组件库。根据知识储备中的步骤进行安装。

③ 复制素材。从本书配套源代码中找到本案例，复制 images 文件夹到本项目中，该文件夹保存了自定义标签栏的图片。

上述步骤操作完成后，"自定义标签栏"微信小程序的目录结构如图 7-10 所示。

至此，准备工作已完成。

2. 项目初始化

项目初始化包括创建自定义组件、编写 app.json 全局配置文件和编写 3 个页面中的内容，具体步骤如下。

① 创建自定义组件。在项目根目录下创建 custom-tab-bar 文件夹，然后在 custom-tab-bar 文件夹中创建 index 组件，创建后的目录结构如图 7-11 所示。

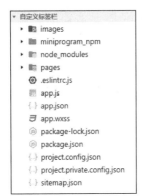

图7-10 "自定义标签栏"微信小程序的目录结构

图7-11 创建后的目录结构

② 编写全局配置文件 app.json，具体代码如下。

```
1  {
2    "pages": [
3      "pages/home/home",
4      "pages/message/message",
5      "pages/contact/contact"
6    ],
7    "window": {
8      "backgroundTextStyle": "light",
9      "navigationBarBackgroundColor": "#fff",
10     "navigationBarTitleText": "自定义标签栏",
11     "navigationBarTextStyle": "black"
12   },
13   "tabBar": {
14     "custom": true,
15     "list": [{
16       "pagePath": "pages/home/home",
17       "text": "首页",
18       "iconPath": "/images/tabs/home.png",
19       "selectedIconPath": "/images/tabs/home-active.png"
20     }, {
21       "pagePath": "pages/message/message",
22       "text": "消息",
23       "iconPath": "/images/tabs/message.png",
24       "selectedIconPath": "/images/tabs/message-active.png"
25     }, {
26       "pagePath": "pages/contact/contact",
27       "text": "联系我们",
28       "iconPath": "/images/tabs/contact.png",
29       "selectedIconPath": "/images/tabs/contact-active.png"
30     }]
31   },
32   "sitemapLocation": "sitemap.json"
33 }
```

在上述代码中，第 2~6 行代码定义了 pages 配置项，用于添加 3 个页面，分别是 home、message、contact；第 7~12 行代码定义了 window 配置项，用于设置导航栏的样式；第 13~31 行代码定义了 tabBar 配置项，其中第 14 行代码将 custom 字段设为 true，表示使用自定义组件渲染标签栏。

需要说明的是，在开启使用自定义组件渲染标签栏后，app.json 文件中的 tabBar 配置项将不会用于页面渲染。但为了在低版本环境不支持自定义标签栏的情况下也可以显示标签栏，所以此处将 tabBar 配置项写完整。

③ 编写 3 个页面中的内容。以 pages/home/home 页面为例，编写 pages/home/home.wxml 文件，具体代码如下。

```
<view>首页</view>
```

上述代码添加了 view 组件，页面内容为"首页"。

其他页面的结构与 pages/home/home 页面的结构类似，将 view 组件中的内容换成"消息"和"联系我们"即可。

上述代码完成后，运行程序，初始页面效果如图 7-12 所示。

图7-12　初始页面效果

从图 7-12 中可以看出，自定义标签栏已开启。

3. 定义标签栏数据

在 custom-tab-bar/index.js 文件的 Component({ })中编写标签栏数据，具体代码如下。

```
1  data: {
2    active: 'home',
3    list: [{
4      pagePath: '/pages/home/home',
5      text: '首页',
6      iconPath: '/images/tabs/home.png',
7      selectedIconPath: '/images/tabs/home-active.png',
8      name: 'home'
9    }, {
10     pagePath: '/pages/message/message',
11     text: '消息',
12     iconPath: '/images/tabs/message.png',
13     selectedIconPath: '/images/tabs/message-active.png',
14     name: 'message'
15   }, {
16     pagePath: '/pages/contact/contact',
17     text: '联系我们',
18     iconPath: '/images/tabs/contact.png',
19     selectedIconPath: '/images/tabs/contact-active.png',
20     name: 'contact'
21   }]
22 },
```

在上述代码中，第 2 行代码将 active 设为 home，用于展示当前显示哪一个页面；第 3～21 行代码定义了 list 数组，用于展示所有的标签项的页面路径、标签按钮上显示的文字、选中时的图片路径、未选中时的图片路径和名称。

4. 实现页面布局

"自定义标签栏"微信小程序将会使用 Vant Weapp 组件库中的 tabbar 标签栏组件实现自定义标签栏效果，具体实现步骤如下。

① 在 app.json 文件中引入所需的组件，配置对应的路径，具体代码如下。

```
1  "usingComponents": {
2    "van-tabbar": "@vant/weapp/tabbar/index",
3    "van-tabbar-item": "@vant/weapp/tabbar-item/index"
4  }
```

在上述代码中，第 2 行代码中的 van-tabbar 为包裹性质的容器，用于包裹每个 van-tabbar-item 标签项；第 3 行代码中的 van-tabbar-item 表示每一个可以点击的标签项，其值为对应组件的路径。

② 在 custom-tab-bar/index.wxml 文件中编写自定义标签栏，具体代码如下。

```
1  <van-tabbar active="{{ active }}" bind:change="onChange">
2    <van-tabbar-item wx:for="{{ list }}" wx:key="index" name="{{ item.name }}">
3      <image slot="icon" src="{{ item.iconPath }}" mode="aspectFit" style="width: 30px;
height: 18px;" />
4      <image slot="icon-active" src="{{ item.selectedIconPath }}" mode="aspectFit"
style="width: 30px; height: 18px;" />
5      {{ item.text }}
6    </van-tabbar-item>
7  </van-tabbar>
```

在上述代码中，第 2～6 行代码通过 wx:for 循环展示标签栏底部的标签项。

5. 实现页面逻辑

要想实现"自定义标签栏"微信小程序的页面逻辑，具体步骤如下。

① 在 custom-tab-bar/index.js 文件的 Component( )函数中编写 onChange( )事件处理函数，实现点击标签项时跳转到对应的页面，具体代码如下。

```
1  methods: {
2    onChange({ detail }) {
3      wx.switchTab({
4        url: `/pages/${ detail }/${ detail }`
5      })
6    }
7  }
```

在上述代码中，第 2～6 行代码定义了 onChange( )函数，该函数在切换标签项时触发；第 3～5 行代码定义了 wx.switchTab( )方法，实现跳转到对应的标签页。

② 在 pages/home/home.js 文件的 Page({ })中编写 onShow( )函数，将该页面对应的标签项激活，具体代码如下。

```
1  onShow: function () {
2    this.getTabBar().setData({
3      active: 'home'
4    })
5  },
```

在上述代码中，第 2～4 行代码先调用 getTabBar( )方法获取当前页面的自定义标签栏组件的实例，然后调用 setData( )方法将 active 重新赋值。

③ 在 pages/message/message.js 文件的 Page({ })中编写 onShow( )函数，将该页面对应的标签项激活，具体代码如下。

```
1  onShow: function () {
```

```
2     this.getTabBar().setData({
3       active: 'message'
4     })
5   },
```

④ 在 pages/contact/contact.js 文件的 Page({ })中编写 onShow( )函数，将该页面对应的标签项激活，具体代码如下。

```
1   onShow: function () {
2     this.getTabBar().setData({
3       active: 'contact'
4     })
5   },
```

保存上述代码，运行程序，页面效果如图 7-1～图 7-3 所示，且可以切换到对应的标签页。

至此，"自定义标签栏"微信小程序已经开发完成。

【案例 7-2】电影列表

"电影列表"微信小程序用于展示正在热映的电影。为了提高开发效率，本案例的页面将会利用 WeUI 组件库来实现。本案例将对如何利用 WeUI 组件库开发"电影列表"微信小程序进行详细讲解。

案例分析

"电影列表"微信小程序利用 WeUI 组件库实现页面效果，页面顶部有一个标签栏，标签栏中有 3 个标签项，分别是"正在热映""搜索""分类"，当用户点击其中一个标签项时，就会跳转到对应的标签页，各标签页的效果如图 7-13～图 7-15 所示。

图7-13　"正在热映"标签页的效果

图7-14　"搜索"标签页的效果

图7-15　"分类"标签页的效果

在图 7-13~图 7-15 中，页面顶部的标签栏使用了 WeUI 组件库中的 tab 和 navbar 组件。其中，"正在热映"标签页使用了 WeUI 组件库中的 panel 组件；"搜索"标签页使用了 WeUI 组件库中的 searchbar 组件；"分类"标签页使用了 WeUI 组件库中的 grid 组件。

知识储备

1. WeUI 组件库

在微信小程序开发中，经常会遇到多人协作开发的情况，不同开发者的风格不同，很难做到风格统一。微信官方设计团队为微信移动 Web 开发量身设计了一套与微信原生视觉体验一致的组件库——WeUI，该组件库可以让用户的使用感知更加统一。

微信小程序官方文档提供了用于预览 WeUI 组件库的微信小程序，如图 7-16 所示。

在微信小程序中引入 WeUI 组件库有两种方式，下面分别进行介绍。

（1）通过 useExtendedLib 扩展库引入 WeUI 组件库

app.json 文件中的 useExtendedLib 配置项用于添加扩展库，通过这种方式引入的组件将不会计入代码包大小。在 app.json 文件中添加配置，示例代码如下。

```
"useExtendedLib": {
  "weui": true
},
```

添加上述代码后，即可在页面中使用 WeUI 组件库。

图7-16　用于预览WeUI组件库的
微信小程序

（2）通过 npm 构建的方式引入 WeUI 组件库

该方式需要通过 npm 为项目安装 weui-miniprogram 包，具体步骤如下。

① 打开命令提示符，切换工作目录到当前项目的根目录，然后在命令提示符中执行如下命令，生成 package.json 文件。

```
npm init -y
```

② 安装 WeUI 组件库。在项目根目录下执行以下命令进行安装。

```
npm install weui-miniprogram@1.2.3 --save
```

③ 构建 npm。打开微信小程序开发工具，在菜单栏中执行"工具"→"构建 npm"命令，构建完成后会在项目根目录生成 miniprogram_npm 文件夹，目录结构如图 7-17 所示。

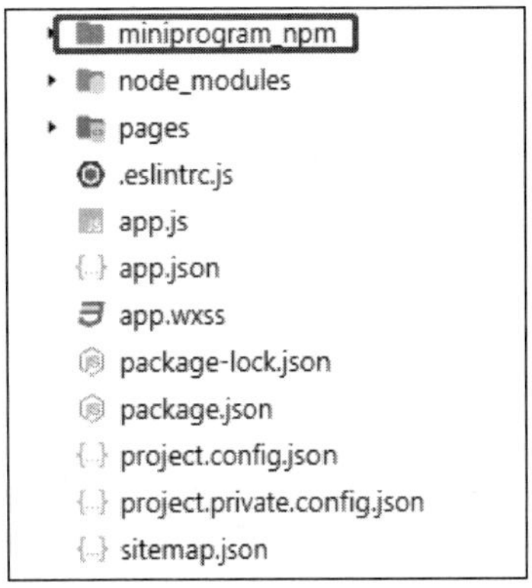

④ 在项目的 app.wxss 文件中引入 WeUI 组件库，示例代码如下。

图 7-17　目录结构

```
@import 'miniprogram_npm/weui-miniprogram/weui-wxss/dist/style/weui.wxss';
```

以上讲解的两种方式，读者可以根据需要自行选择。

WeUI 组件库中的组件有两种类型，一种是直接通过 class 样式类使用的组件，另一种是需要在页面的 JSON 文件或 app.json 文件中引入的组件。关于这些组件的详细用法可以参考 WeUI 官方文档。接下来以 dialog 弹窗组件为例简单演示 WeUI 组件库的使用。

① 在 pages/index/index.json 文件中引入 dialog 弹窗组件，具体代码如下。

```
{
  "usingComponents": {
    "mp-dialog": "/miniprogram_npm/weui-miniprogram/dialog/dialog"
  }
}
```

上述代码将 dialog 弹窗组件引入所需的页面的 JSON 文件中，在页面的 WXML 文件中即可使用 dialog 弹窗组件。

② 在 pages/index/index.js 文件中添加页面所需的数据，具体代码如下。

```
Page({
  data: {
    show: true,
    buttons: [{ text: '取消' }, { text: '确认' }]
  },
})
```

在上述代码中，show 属性表示是否显示弹窗，若属性值为 true，则表示显示弹窗，否则隐藏弹窗。buttons 数组为底部按钮组配置，每一项表示一个按钮，text 属性表示按钮的文本。

③ 在 pages/index/index.wxml 文件中使用 dialog 弹窗组件，具体代码如下。

```
<mp-dialog title="微信小程序" show="{{ show }}" bindbuttontap="tapDialogButton" buttons=
"{{ buttons }}">
    <view>好好学习，天天向上！！！</view>
</mp-dialog>
```

在上述代码中，<mp-dialog> 标签用于将弹窗展示在页面上。弹窗的标题为"微信小程序"，show 属性用于控制弹窗是否显示，为 dialog 弹窗组件绑定 buttontap 事件，事件处理函数为 tapDialogButton()，buttons 属性用于设置弹窗底部的按钮组。

④ 在 pages/index/index.js 文件中编写 tapDialogButton() 函数，在控制台输出被点击按钮的详细信息并将弹窗隐藏，具体代码如下

```
1  tapDialogButton: function (e) {
2    console.log(e.detail)
3    this.setData({ show: false })
4  }
```

在上述代码中，第3行代码将 show 属性设置为 false，即点击底部的按钮组中的某一项弹窗隐藏。

保存上述代码后，运行程序，dialog 弹窗页面如图7-18所示。

从图7-18中可以看出，通过 WeUI 组件库可以实现弹窗页面的展示。

2. navigator 组件

在 HTML 中，<a>标签可以实现页面间的跳转，而在 WXML 中，navigator 组件起着类似的作用。navigator 组件常用于实现页面之间的跳转。

navigator 组件通过<navigator>标签定义，示例代码如下。

```
<navigator>navigator 组件</navigator>
```

下面通过表7-1列举 navigator 组件的常用属性。

图7-18　dialog弹窗页面

表 7-1　navigator 组件的常用属性

属性	类型	说明
target	string	在哪个目标上发生跳转，默认值为当前微信小程序
url	string	当前微信小程序内的跳转链接，默认值为空字符串
open-type	string	跳转方式，默认值为 navigate
delta	number	当 open-type 属性值为 navigateBack 时有效，表示回退的层数，默认值为 1

navigator 组件的 open-type 属性用于指定跳转方式，常用的 open-type 合法值如表7-2所示。

表 7-2　常用的 open-type 合法值

合法值	说明
navigate	保留当前页面，跳转到应用内的某个页面，但是不能跳到 tabBar 页面
redirect	关闭当前页面，跳转到应用内的某个页面，但是不能跳转到 tabBar 页面
switchTab	跳转到 tabBar 页面，并关闭其他所有非 tabBar 页面
reLaunch	关闭所有页面，打开到应用内的某个页面
navigateBack	关闭当前页面，返回上一页面或多级页面
exit	退出微信小程序，target 属性值为 miniProgram 时生效

需要注意的是，跳转 tabBar 页面，必须设置 open-type 属性值为 switchTab；跳转非 tabBar 页面且保留当前页面，设置 open-type 属性值为 navigate 时 open-type 属性可以省略。

为了使读者更好地理解 navigator 组件的使用方法，下面通过案例进行演示。

在微信开发者工具中创建 pages/index/index 和 pages/detail/detail 这两个页面，然后在 pages/index/index.wxml 文件中添加 navigator 组件，实现点击"跳转到详情页"的时候进行页面跳转，具体代码如下。

```
<navigator url="/pages/detail/detail?id=1" open-type="navigate">跳转到详情页</navigator>
```

在 pages/detail/detail.js 文件的 onLoad()函数中输出 options 参数的值，具体代码如下。

```
onLoad: function(options) {
  console.log(options)
}
```

保存上述代码并运行,点击"跳转到详情页面",可以实现从 index 页面跳转到 detail 页面,且在控制台中可以看到输出结果,如图 7-19 所示。

图7-19 控制台输出结果

在图 7-19 中,页面跳转时成功传递了参数 id,参数值为 1。

案例实现

1. 准备工作

在开发本案例前,需要先完成一些准备工作,主要包括创建项目、配置页面、配置导航栏和复制素材,具体步骤如下。

① 创建项目。在微信开发者工具中创建一个新的微信小程序项目,项目名称为"电影列表",模板选择"不使用模板"。

② 配置页面。本项目中的页面文件如表 7-3 所示。

表7-3 本项目中的页面文件

文件路径	说明
pages/index/index.js	index 页面的逻辑文件
pages/index/index.json	index 页面的配置文件
pages/index/index.wxss	index 页面的样式文件
pages/index/index.wxml	index 页面的结构文件
pages/index/tab1.wxml	"正在热映"标签页的结构文件
pages/index/tab2.wxml	"搜索"标签页的结构文件
pages/index/tab3.wxml	"分类"标签页的结构文件

表 7-3 中实际只有一个页面,即 pages/index/index 页面,整体的页面结构在 index.wxml 文件中编写。由于内容区域中 3 个标签页的内容较多,为了避免页面嵌套层级过多,所以拆分到 info.wxml、play.wxml、paylist.wxml 文件中,使代码容易阅读、便于维护。

③ 配置导航栏。在 pages/index/index.json 文件中配置页面导航栏,具体代码如下。

```
1  {
2    "navigationBarTitleText": "电影列表"
3  }
```

上述代码将导航栏标题设置为"电影列表",运行效果如图 7-20 所示。

④ 复制素材。从本书配套资源中找到本案例,分别复制以下素材到本案例中。

● 复制 index.wxss 文件,该文件中保存了本案例所用到的页面样式。

● 复制 images 文件夹到本项目中,该文件夹保存了本案例所用到的图片素材。

完成后,"电影列表"微信小程序的目录结构如图 7-21 所示。

图7-21 "电影列表"微信小程序的目录结构

图7-20 "电影列表"导航栏

⑤ 通过 useExtendedLib 扩展库的方式引入 WeUI 组件库，在全局配置文件 app.json 中添加配置，示例代码如下。

```
1  "useExtendedLib": {
2    "weui": true
3  }
```

至此，准备工作已经完成。

2. 实现标签栏

"电影列表"微信小程序顶部有一个标签栏，通过切换标签项可以切换到对应的页面。接下来实现标签栏，具体步骤如下。

① 在 pages/index/index.js 文件中编写实现标签栏所需的数据，具体代码如下。

```
1  data: {
2    activeIndex: 0,
3    tabs: [
4      '正在热映', '搜索', '分类'
5    ],
6  }
```

在上述代码中，第 2 行代码定义的 activeIndex 表示被激活的标签项，默认为第 1 项被激活；第 3～5 行代码定义了标签栏的数据。

② 在 pages/index/index.wxml 文件中编写页面结构，具体代码如下。

```
1  <view class="page" data-weui-theme="{{ theme }}" data-weui-mode="{{ mode }}">
2    <view class="page__bd" style="height: 100%;">
3      <view class="weui-tab">
4        <!-- 标签栏 -->
5        <view class="weui-navbar">
6          <block wx:for="{{ tabs }}" wx:key="index">
7            <view aria-selected="{{ activeIndex == index ? true: false }}" id="{{ index }}"
class="weui-navbar__item {{ activeIndex == index ? 'weui-bar__item_on' : '' }}" aria-role=
"tab" bindtap="tabClick">
8              {{ item }}
9            </view>
```

```
10         </block>
11       </view>
12       <!-- 正在热映 -->
13       <view id="panel1" aria-labelledby="tab1" class="weui-tab__panel" aria-role=
"tabpanel" hidden="{{ activeIndex != 0 }}">
14         <include src="tab1.wxml" />
15       </view>
16       <!-- 搜索 -->
17       <view id="panel2" aria-labelledby="tab2" class="weui-tab__panel" aria-role=
"tabpanel" hidden="{{ activeIndex != 1 }}">
18         <include src="tab2.wxml" />
19       </view>
20       <!-- 分类 -->
21       <view id="panel3" aria-labelledby="tab3" class="weui-tab__panel" aria-role=
"tabpanel" hidden="{{ activeIndex != 2 }}">
22         <include src="tab3.wxml" />
23       </view>
24     </view>
25   </view>
26 </view>
```

在上述代码中，第 3~24 行代码使用 tab 组件实现了标签页切换，其中，第 5~11 行代码使用 navbar 组件定义了页面顶部的标签栏，第 6~10 行代码定义了标签按钮，第 13~23 行代码定义了各个标签页的面板区域。

需要说明的是，以上使用的 tab 组件和 navbar 组件都是直接通过 class 样式类使用的，并不需要专门引入组件，这些组件的具体样式都已经在 WeUI 组件库中定义好了。

③ 在 pages/index 目录下创建 tab1.wxml、tab2.wxml 和 tab3.wxml 文件，为这些文件添加内容，内容分别为"标签 1–正在热映""标签 2–搜索""标签 3–分类"。

④ 在 pages/index/index.js 文件中编写 tabClick( )函数，具体代码如下。

```
1 tabClick: function (e) {
2   this.setData({
3     activeIndex: e.currentTarget.id
4   })
5 },
```

在上述代码中，第 2~4 行代码实现了切换标签页的功能。

保存代码并运行程序，此时已经可以实现标签页切换的效果了。

3. 实现"正在热映"标签页

点击标签栏中的"正在热映"可以切换到"正在热映"标签页，该标签页用于展示正在上映的电影信息，具体实现步骤如下。

① 在 pages/index/index.js 文件中编写"正在热映"标签页所需的数据，具体代码如下。

```
1 contents: [{
2   title: '英雄儿女',
3   article: '该影片讲述了多位英雄人物的故事，其中有浴血奋战的志愿军英模。',
4   poster: '/images/1.jpg',
5 }, {
6   title: '大国工匠',
7   article: '这部影片讲述了不同岗位劳动者用自己的灵巧双手，匠心筑梦的故事。',
8   poster: '/images/2.jpg',
9 }, {
10  title: '我和我的祖国',
11  article: '该影片取材新中国成立以来经历的无数个历史性经典瞬间，讲述普通人与国家之间息息相关密不可
```

```
      分的动人故事。',
 12   poster: '/images/3.jpg',
 13 }],
```

在上述代码中，第 1～13 行代码定义了 contents 数组，数组中的每个对象表示每一部电影信息，包括标题、文章简介和图片。

② 在 pages/index/tab1.wxml 文件中编写页面结构，具体代码如下。

```
 1 <view class="page__hd">
 2   <view class="page__title">电影列表</view>
 3 </view>
 4 <view class="page__bd">
 5   <view class="weui-panel weui-panel_access">
 6     <view class="weui-panel__bd">
 7       <navigator wx:for="{{ contents }}" wx:key="index" aria-labelledby="js_p1m1_bd"
class="weui-media-box weui-media-box_appmsg" url="../index/index ">
 8         <view aria-hidden="true" class="weui-media-box__hd">
 9           <image class="weui-media-box__thumb" src="{{ item.poster }}" />
10         </view>
11         <view aria-hidden="true" id="js_p1m1_bd" class="weui-media-box__bd">
12           <text class="weui-media-box__title">{{ item.title }}</text>
13           <view class="weui-media-box__desc">{{ item.article }}</view>
14         </view>
15       </navigator>
16     </view>
17     <view class="weui-panel__ft">
18       <navigator class="weui-cell weui-cell_active weui-cell_access weui-cell_link"
url="../index/index">
19         <text class="weui-cell__bd">查看更多</text>
20         <text class="weui-cell__ft"></text>
21       </navigator>
22     </view>
23   </view>
24 </view>
```

在上述代码中，第 1～3 行代码用于展示"正在热映"标签页的标题为电影列表。第 4～24 行代码用于展示电影列表详情区。第 7～15 行代码通过 wx:for 控制属性循环 contents 数组，对数组中的每一项进行渲染，用于展示电影列表项。通过 navigator 组件实现了点击后跳转到指定 url 的效果，本案例中 url 页面路径使用本页面地址，这是因为本案例没有制作电影列表详情页，所以临时使用本页面的地址。第 18～21 行代码定义了查看更多区域，通过 navigator 组件实现页面之间的跳转。

保存代码并运行程序，此时"正在热映"标签页已完成。

4. 实现"搜索"标签页

点击标签栏中的"搜索"可以切换到"搜索"标签页，该标签页用于展示搜索框和热搜词，具体实现步骤如下。

① 在 pages/index/index.js 文件中编写"搜索"标签页所需的数据，具体代码如下。

```
 1 inputShowed: false,
 2 inputVal: '',
```

在上述代码中，第 1 行代码定义了 inputShowed 属性，表示是否展示搜索框；第 2 行代码定义了 inputVal 属性，用于保存从 input 框中输入的值。

② 在 pages/index/tab2.wxml 文件中编写搜索框的页面结构，具体代码如下。

```
 1 <view class="page__bd">
 2   <view class="weui-search-bar {{ inputShowed ? 'weui-search-bar_focusing' : '' }}"
```

```
id="searchBar">
 3      <form class="weui-search-bar__form" aria-role="combobox" aria-haspopup="true"
aria-expanded="{{ inputVal.length > 0 ? 'true' : 'false' }}" aria-owns="searchResult">
 4        <view class="weui-search-bar__box">
 5          <i class="weui-icon-search"></i>
 6          <input aria-controls="searchResult" type="text" class="weui-search-bar__input"
placeholder="搜索" value="{{ inputVal }}" focus="{{ inputShowed }}" bindinput="inputTyping" />
 7          <view aria-role="button" aria-label=" 清除" class="weui-icon-clear" wx:if=
"{{ inputVal.length > 0 }}" bindtap="clearInput"></view>
 8        </view>
 9        <label class="weui-search-bar__label" bindtap="showInput">
10          <i class="weui-icon-search"></i>
11          <span class="weui-search-bar__text">搜索</span>
12        </label>
13      </form>
14      <view aria-role="button" class="weui-search-bar__cancel-btn" bindtap="hideInput">
取消</view>
15    </view>
16  </view>
```

上述代码利用 searchbar 组件实现了搜索框效果。

③ 在 pages/index/index.js 文件中编写事件处理函数，具体代码如下。

```
 1  inputTyping: function(e) {
 2    this.setData({ inputVal: e.detail.value })
 3  },
 4  showInput: function () {
 5    this.setData({ inputShowed: true })
 6  },
 7  hideInput: function () {
 8    this.setData({ inputVal: '', inputShowed: false })
 9  },
10  clearInput() {
11    this.setData({ inputVal: '' })
12  },
```

在上述代码中，第 1～3 行代码定义了 inputTyping( )函数，用于将输入的内容保存在 inputVal 中；第 4～6 行代码定义了 showInput( )函数，用于显示输入框；第 7～9 行代码定义了 hideInput( )函数，用于隐藏输入框；第 10～12 行代码定义了 clearInput( )函数，用于将输入框中的内容清空。

④ 在 pages/index/tab2.wxml 文件中编写热搜词的页面结构，具体代码如下。

```
 1  <view class="page__bd page__bd_spacing">
 2    <view class="weui-flex">
 3      <view class="weui-flex__item">
 4        <view class="placeholder">英雄儿女</view>
 5      </view>
 6    </view>
 7    <view class="weui-flex">
 8      <view class="wcui-flex__item">
 9        <view class="placeholder">大国工匠</view>
10      </view>
11      <view class="weui-flex__item">
12        <view class="placeholder">大国重器</view>
13      </view>
14    </view>
15    <view class="weui-flex">
```

```
16    <view class="weui-flex__item">
17      <view class="placeholder">长津湖</view>
18    </view>
19    <view class="weui-flex__item">
20      <view class="placeholder">集结号</view>
21    </view>
22    <view class="weui-flex__item">
23      <view class="placeholder">红海行动</view>
24    </view>
25  </view>
26 </view>
```

上述代码使用 Flex 布局实现当一行中只有一个 weui-flex__item 时，会占满整个宽度，如果有多个 weui-flex__item，会自动平均分配。

保存代码并运行程序，此时"搜索"标签页已完成。

5. 实现"分类"标签页

点击标签栏中的"分类"可以切换到"分类"标签页，该标签页用于展示电影列表的分类信息，具体实现步骤如下。

① 在 pages/index/index.js 文件中编写"分类"标签页所需的数据，具体代码如下。

```
1 grids: [
2   '爱情', '剧情', '喜剧', '家庭', '动画', '文艺', '都市', '动作', '科幻'
3 ]
```

上述代码定义了 grids 数组，该数组保存了 9 种电影分类。

② 在 pages/index/tab3.wxml 文件中编写页面结构，具体代码如下。

```
1 <view class="weui-grids">
2   <navigator class="weui-grid" aria-role="button" url="../index/index" wx:for=
"{{ grids }}" wx:key="index">
3     <view class="weui-grid__icon">
4       <image src="../../images/icon_tabbar.png" />
5     </view>
6     <view class="weui-grid__label">{{ item }}</view>
7   </navigator>
8 </view>
```

在上述代码中，第 1~8 行代码使用 grid 九宫格实现了"分类"标签页。第 2~7 行代码定义了 navigator 组件，url 页面路径使用本页面地址，这是因为本案例没有专门制作分类详情页，所以临时使用本页面的地址。第 3~5 行代码用于展示图标，第 6 行代码用于展示分类信息。

完成上述代码后，运行程序，"电影列表"微信小程序的实现效果如图 7-13~图 7-15 所示。

至此，"电影列表"微信小程序已经开发完成。

【案例 7-3】待办事项

在日常生活中，人们倾向于提前规划一段时间的生活和工作内容，这样实施起来非常有条理。"待办事项"微信小程序可以帮助用户把要做的事情一项一项列出来，并且整理出待办事项和已办事项，用户可以逐项完成。在本案例中，为了提高微信小程序的通用性，将会利用 uni-app 框架开发"待办事项"微信小程序。

案例分析

"待办事项"微信小程序分为上下两个部分，上半部分为输入区域，下半部分为列表区域，列表区域用于显示待办事项列表和已办事项列表。"待办事项"微信小程序的页面效果如图 7-22 所示。

"待办事项"微信小程序需要实现的功能有以下两个。

① 添加待办事项：在输入框中输入内容，按下"添加"按钮，即可添加待办事项。添加待办事项后的页面效果如图 7-23 所示。

图7-22　"待办事项"微信小程序的页面效果

图7-23　添加待办事项后的页面效果

② 切换已办事项：点击某条"待办事项"的复选框，可以将该事项添加到已办事项列表中；点击某条"已办事项"的复选框，可以将该事项添加到待办事项列表中。将待办事项切换成已办事项后的页面效果如图 7-24 所示。

知识储备

1. uni-app 框架概述

随着微信小程序应用日渐广泛，各大互联网公司也陆续推出了自己的小程序，例如支付宝小程序、百度小程序等，这给跨平台开发带来了很大的压力。为了更好地进行跨平台开发，uni-app 框架诞生了。

uni-app 是使用 Vue.js 开发的一个前端框架，基于该框架可以很方便地进行多端项目开发，只需要编写一套代码，即可生成为多个平台项目。uni-app 框架支持的平台包括 iOS、Android、响应式 Web 和各种主流的小程序等。

使用 uni-app 框架开发项目有以下 4 点优势。

① 平台能力不受限。使用 uni-app 框架进行项目开发能做到"一套代码，多端发行"。

图7-24　将待办事项切换成已办事项后的页面效果

② 性能体验优秀。加载新页面速度快，可以自动更新数据。

③ 基于通用技术栈，学习成本低。uni-app 框架基于前端开发中比较通用的 Vue.js 技术栈，使开发者不必增加学习成本。如果读者还没有学过 Vue.js，建议学习 Vue.js 之后再学习 uni-app 框架。

④ 具有开放的生态且组件更丰富。例如，支持通过 npm 安装第三方包，支持微信小程序自定义组件及 SDK，支持微信生态的各种 SDK。

2. HBuilder X 开发工具

在使用 uni-app 框架开发项目之前，需要安装开发工具。uni-app 框架官方推荐使用 HBuilder X（或写为 HBuilderX）来开发 uni-app 项目，HBuilder X 的优势为模板丰富、具有完善的智能提示、能够提高开发效率和可将一套项目代码运行到多个平台来查看项目效果。接下来讲解 HBuilder X 的下载和配置。

（1）下载 HBuilder X

读者可以到 HBuilder X 的官方网站下载软件包。本书选择 HBuilder X 3.5.3.20220729 版本进行讲解。读者也可根据自己的环境和需求选择合适的版本。

（2）安装和启动 HBuilder X

将下载的压缩包进行解压，存放到纯英文的目录中，且不能包含括号等特殊字符。解压后，双击 HBuilderX.exe 文件即可启动 HBuilder X。

（3）安装 scss/sass 编译插件

为了方便使用 SCSS 和 SASS 语言进行样式编写，推荐在 HBuilder X 中安装 scss/sass 编译插件，下载方法为，在网页版 DCloud 插件市场中搜索"scss/sass 编译"，找到该插件后下载即可。需要说明的是，在进入插件下载页面后，需要先登录到 DCloud 插件市场。默认情况下，只有登录到 DCloud 插件市场才能安装插件。插件安装界面如图 7-25 所示。

图7-25　插件安装界面

在图 7-25 中，单击右上角的"使用 HBuilderX 导入插件"按钮，按照提示进行安装即可。

（4）快捷键切换方案

HBuilder X 提供了多种编辑器的预设快捷键方案，方便已经习惯使用其他编辑器的用户在 HBuilder X 中也能使用自己熟悉的快捷键。例如，将预设快捷键方案切换成 VS Code，可以在菜单栏中执行"工具"→"预设快捷方案切换"→"VS Code"命令进行切换，快捷键切换界面如图 7-26 所示。

图7-26　快捷键切换界面

（5）修改编辑器的基本设置

HBuilder X 允许用户对编辑器进行自定义设置。在菜单栏中执行"工具"→"设置"命令，进入 Settings.json 配置界面，在此界面中可以修改 HBuilder X 编辑器的设置。Settings.json 配置界面如图 7-27 所示。

图7-27　Settings.json配置界面

3. 创建 uni-app 项目

在 HBuilder X 中创建一个新的 uni-app 项目，具体步骤为：执行菜单栏"文件"→"新建"→"项目"命令，进入"新建 uni-app 项目"界面，在该界面中填写项目基本信息，包括"项目名称""项目路径""选择模板""Vue 版本选择"等，其中，模板选择"默认模板"，Vue 版本选择"2"。新建 uni-app 项目基本信息界面如图 7-28 所示。

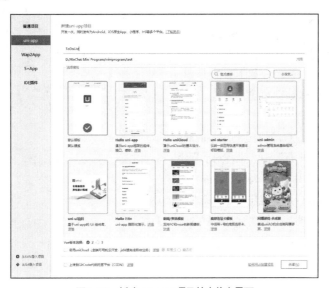

图7-28　新建uni-app项目基本信息界面

uni-app 项目基本信息填写完成后，单击图 7-28 中的"创建"按钮，即可创建 uni-app 项目。

4. uni-app 项目的目录结构

下面对 uni-app 项目中常用的目录和文件进行简要介绍。

- common：存放共用文件的目录。
- components：存放可复用的 UI 组件的目录。
- pages：存放所有页面的目录。
- static：存放项目中用到的静态资源文件的目录，例如图片、视频等。
- unpackage：编译后文件的存放目录，这里有各个平台的打包文件。
- main.js：入口文件，在 main.js 文件中可以导入 Vue 实例，将 Vue 实例挂载到页面上使用。
- App.vue：页面根组件，所有的页面都是在 App.vue 文件下进行切换的，用于配置全局样式、生命周期函数等。
- manifest.json：应用的配置文件，用于指定应用名称、AppID、Logo 等打包信息。
- pages.json：用于对 uni-app 项目进行全局配置，决定页面文件的路径、导航栏、标签栏等信息。
- uni.scss：保存 uni-app 项目内置的常用样式变量，方便整体控制应用风格。

5. 将 uni-app 项目运行至微信小程序

当使用 uni-app 框架开发的项目完成后，可以将 uni-app 项目运行至微信小程序，具体步骤如下。

① 配置 uni-app 应用标识 AppID。在项目的根目录下打开 manifest.json 文件，选择"基础配置"下的"uni-app 应用标识(AppID)"选项，单击"重新获取"按钮进行配置。

需要注意的是，"uni-app 应用标识(AppID)"是 DCloud 应用的唯一标识，即 DCloud AppID，不要与微信小程序的 AppID 混淆。

② 配置微信小程序的 AppID。在项目根目录下打开 manifest.json 文件，选择"微信小程序配置"下的"微信小程序 AppID（请在微信开发者工具中申请获取）"选项进行配置。

③ 配置"微信开发者工具"的安装路径。在微信开发者工具中执行菜单栏中的"工具"→"设置"命令，然后找到"运行配置"→"小程序运行配置"→"微信开发者工具路径"配置项，配置"微信开发者工具"的路径。

④ 开启"微信开发者工具"的服务端口。在微信开发者工具中，执行菜单栏中的"设置"→"安全设置"命令，打开安全设置页面，如图 7-29 所示。

单击图 7-29 中"服务端口"右侧的按钮，即可开启服务端口。

⑤ 在 HBuilder X 中，打开需要运行的 uni-app 项目，执行菜单栏中的"运行"→"运行到小程序模拟器"→"微信开发者工具"命令，将当前 uni-app 项目编译之后，会自动运行到微信开发者工具中，从而方便查看项目效果与调试。初次运行之后的调试信息如图 7-30 所示。

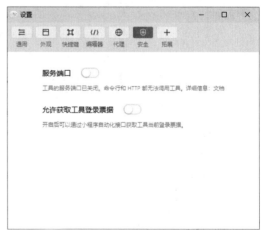

图7-29　安全设置页面

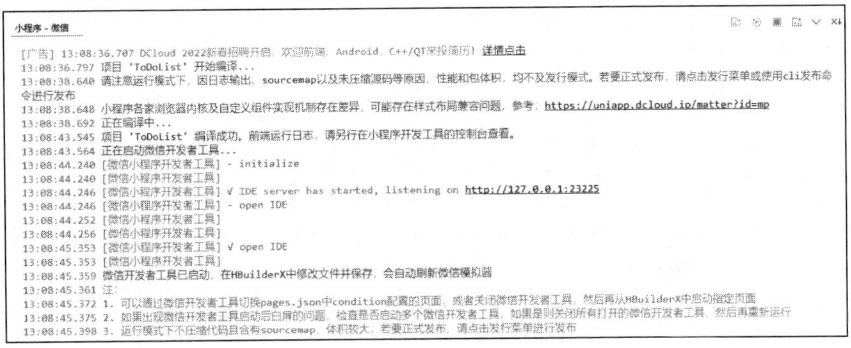

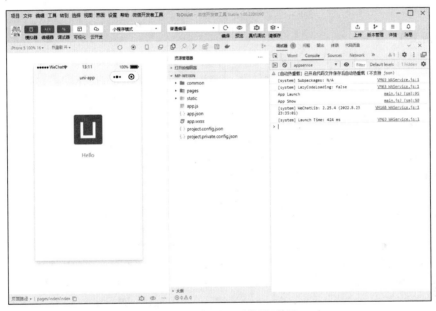

图7-30　初次运行之后的调试信息

初次运行之后的项目效果如图 7-31 所示。

图7-31　初次运行之后的项目效果

6. uni-app 项目的全局配置文件

在 uni-app 项目开发时，为了符合项目需求，有时需要更改页面标题、导航栏的标题和颜色等。在 uni-app 项目中可以通过更改 pages.json 文件来对 uni-app 项目进行全局配置，包括页面文件的路径、导航栏、底部标签栏等。

打开项目的 pages.json 文件，会看到 HBuilder X 自动生成的代码，具体如下。

```
1  {
2    "pages": [{
3      "path": "pages/index/index",
4      "style": {
5        "navigationBarTitleText": "uni-app"
6      }
7    }],
8    "globalStyle": {
9      "navigationBarTextStyle": "black",
10     "navigationBarTitleText": "uni-app",
11     "navigationBarBackgroundColor": "#F8F8F8",
```

```
12       "backgroundColor": "#F8F8F8"
13     },
14     "uniIdRouter": {}
15 }
```

在上述代码中，第 2～7 行代码通过添加 pages 配置项设置页面路径和导航栏标题，其中第 3 行代码配置页面路径，第 5 行代码设置导航栏标题；第 8～13 行代码通过 globalStyle 配置项进行全局配置，配置了导航栏的标题颜色、标题、背景、页面背景等。globalStyle 配置项中的属性为全局样式，所有的页面都会继承，但在实际开发中，每个页面都会有自己的导航栏标题。

在 page.json 文件中，所有的页面都在 pages 配置项中，pages 配置项是一个数组，每一项表示一个页面，第一个对象就是运行后要显示的页面，默认显示的页面为 pages/index/index。

需要注意的是，如果在单页面和全局都设置了同样的属性，最终以页面设置的属性样式为准。

案例实现

1. 准备工作

在开发本案例前，需要完成一些准备工作，主要包括创建项目，配置页面和导航栏，具体步骤如下。

① 创建项目。在开发工具 Hbuilder X 中创建一个新项目，项目名称为"待办事项"，选择模板为"默认模板"。

② 配置页面和导航栏。在 pages.json 文件中配置页面和导航栏，具体代码如下。

```
1 "pages": [
2   {
3     "path": "pages/index/index",
4     "style": {
5       "navigationBarTitleText": "待办事项"
6     }
7   }
8 ],
```

上述代码在 pages 配置项的 style 属性中将 pages/index/index 页面的导航栏标题设置为"待办事项"。

上述步骤操作完成后，"待办事项"微信小程序的目录结构如图 7-32 所示。

将该项目运行到微信小程序，导航栏标题如图 7-33 所示。

图7-32 "待办事项"微信小程序的目录结构

图7-33 导航栏标题

至此，准备工作已经完成。

2. 实现添加待办事项的功能

"待办事项"页面分为上下两部分，输入区域用于输入待办事项，点击"添加"按钮可以进行添加操作，列表区域用于展示待办事项和已办事项，列表区域的实现较为复杂，在之后的步骤中实现。接下来在 pages/index/index.vue 文件中实现添加待办事项的功能。

① 在<script>标签中定义页面所需的数据，具体代码如下。

```
1  export default {
2    data() {
3      return {
4        showList: [],
5        value: '',
6      }
7    },
8  }
```

在上述代码中，第 2~7 行代码定义的 data()是一个返回初始数据对象的方法。其中，第 4 行代码中的 showList 数组表示数据列表；第 5 行代码中的 value 表示输入的事项。

② 编写页面的整体结构，具体代码如下。

```
1  <template>
2    <view>
3      <view class="top">
4        <input type="text" placeholder="请输入待办事项" v-model="value">
5        <view class="createButton" @click="handleClick">添加</view>
6      </view>
7      <view class="bottom"></view>
8    </view>
9  </template>
```

在上述代码中，第 3~6 行代码定义了输入区域，用于输入待办事项；第 7 行代码定义了列表区域，用于展示待办事项和已办事项。其中，第 4 行代码定义了 input 组件，为待办事项的输入框，在输入框为空时占位符为"请输入待办事项"，通过 v-model，实现 value 数据的双向绑定；第 5 行代码通过 view 组件定义了一个"添加"按钮，view 组件绑定了 click 事件，事件处理函数为 handleClick()。

③ 在<script>标签的 export default {}中编写事件处理函数 handleClick()，实现点击"添加"按钮时，将待办事项的值、状态和 id 存入 showList 列表，具体代码如下。

```
1  methods: {
2    handleClick() {
3      this.showList.push({
4        value: this.value,
5        status: 'todo',
6        id: new Date().getTime()
7      })
8      console.log(this.showList)
9      this.value = ''
10   },
11 }
```

在上述代码中，第 3~7 行代码通过调用 push()方法将 value、status、id 存入 showList 列表中。其中，value 是用户输入的值；status 表示事项的状态，它的取值有'todo'和'finshed'，'todo'表示事项未办，该事项显示在待办列表，'finished'表示事项已办，该事项显示在已办列表；id 是事项的唯一标识。第 8 行代码用于在控制台中输出 showList 列表的值，以便于测试程序。第 9 行代码将 value 设置为空字符串，用于将输入框中的数据清空。

④ 在<style>标签中编写输入区域的页面样式，具体代码如下。

```
1  .top {
2    width: 100%;
3    height: 80rpx;
4    display: flex;
5    align-items: center;
6    justify-content: space-between;
7    padding: 15rpx 0 15rpx 0;
8    border-bottom: 1px dashed lightgray;
9  }
10 .top input {
11   width: 500rpx;
12   margin-left: 20rpx;
13 }
14 .top .createButton {
15   width: 100rpx;
16   height: 60rpx;
17   display: flex;
18   align-items: center;
19   justify-content: center;
20   border: 1rpx solid gray;
21   border-radius: 50rpx;
22   margin-right: 20rpx;
23 }
```

在上述代码中，第1～9行代码设置输入区域的页面样式，其中，第2行代码设置宽度为100%，占满整个屏幕宽度；第4～6行代码设置 Flex 布局，使元素在侧轴上的对齐方式为居中对齐，在主轴上的对齐方式为每个项目两侧的间距相等；第7～8行代码设置内边距和下外边框的样式。第10～13行代码设置输入框的样式。第14～23行代码设置"添加"按钮的样式。

上述代码完成后，保存并运行程序，在页面中输入待办事项，如图7-34所示。

点击"添加"按钮后，控制台中的输出结果如图7-35所示。

图7-34　输入待办事项

图7-35　控制台中的输出结果

从图7-35中可以看出，数据列表中存入了从输入框中添加的信息。

3. 实现列表区域

列表区域中包含待办事项和已办事项两个列表。将输入框中输入的待办事项保存在 showList 列表中后，需要将其在页面的待办事项列表中展示出来。如果用户点击待办事项前的复选框，则将该事项放入已办事项列表。如果用户点击已办事项前面的复选框，则将该事项放入待办事项列表。接下来在 pages/index/index.vue 文件中实现列表区域。

① 编写待办事项的页面结构，具体代码如下。

```
1  <view class="bottom">
2   <view class="title">待办事项</view>
3   <view v-for="(item, index) in showList" :key="item.id">
4    <view v-if="item.status === 'todo'" class="doing">
5     <checkbox v-on:click="doingHandle(item.id, index)" />
6     {{ item.value }}
7    </view>
8   </view>
9  </view>
```

在上述代码中，第 3~8 行代码通过 v-for 将 showList 列表中的数据渲染出来，其中第 4~7 行代码通过 v-if 进行判断，如果 status 为'todo'，则当前数据在待办事项中显示。

② 在 methods 中编写 doingHandle( )事件处理函数，实现点击待办事项列表中的复选框时将事项状态变为'finished'，将事项显示在已办事项列表中，具体代码如下。

```
1  doingHandle(id, index) {
2   const item = this.showList.find(item => item.id === id)
3   item.status = 'finished'
4  },
```

在上述代码中，第 2 行代码通过 find( )方法找到对应的数据；第 3 行代码将 status 设置为'finished'。

③ 在待办事项下方编写已办事项的页面结构，具体代码如下。

```
1  <view class="title">已办事项</view>
2  <view v-for="(item, index) in showList" :key="item.id">
3   <view v-if="item.status === 'finished'" class="done">
4    <checkbox v-on:click="doneHandle(item.id, index)" checked="true" />
5    <view class="conent">
6     {{ item.value }}
7    </view>
8   </view>
9  </view>
```

在上述代码中，第 3~8 行代码通过 v-if 判断 status，如果值为'finished'，则显示在已办事项中。其中，第 4 行代码绑定了 click 事件，事件处理函数为 doneHandle( )。

④ 在 methods 中编写 doneHandle( )事件处理函数，实现点击已办事项列表中的复选框时将事项状态设为'todo'，将事项显示在待办事项列表中，具体代码如下。

```
1  doneHandle(id, index) {
2   const item = this.showList.find((item) => item.id === id)
3   item.status = 'todo'
4  }
```

⑤ 在<style>标签中编写列表区域的页面样式，具体代码如下。

```
1  .bottom {
2   margin: 30rpx;
3  }
4  .bottom .title {
5   margin-top: 30rpx;
```

```
 6    font-weight: bold;
 7  }
 8  .bottom .done,
 9  .bottom .doing {
10    width: 100%;
11    height: 70rpx;
12    background-color: #EDEDED;
13    display: flex;
14    align-items: center;
15    justify-content: flex-start;
16    margin-top: 20rpx;
17  }
18  .conent {
19    text-decoration: line-through;
20  }
21  checkbox {
22    margin: 0 15rpx 0 15rpx;
23  }
```

在上述代码中，第 19 行代码将文本的修饰线设置为删除线。其他样式代码比较简单，这里不再赘述。

上述代码完成后，运行程序，页面效果如图 7-22～图 7-24 所示。

至此，"待办事项"微信小程序已经开发完成。

本章小结

本章讲解了微信小程序开发的进阶技术，主要包括自定义组件、Vant Weapp 组件库、WeUI 组件库和 uni-app 框架，并将这些技术应用到"自定义标签栏""电影列表""待办事项"这 3 个微信小程序的开发中。通过本章的学习，读者能够运用这些技术提高开发效率，能够实现跨平台的小程序开发。

课后练习

一、填空题

1. 自定义组件的 JS 文件中调用的是_____函数。

2. 在微信小程序的 WXML 中，通过_____组件可以实现页面之间的跳转。

3. 在使用 uni-app 框架搭建的微信小程序项目中，项目的入口文件是_____。

4. navigator 组件的_____属性用于指定跳转方式。

5. 自定义组件的引用方式分为_____和_____。

二、判断题

1. 自定义组件的事件处理函数需要定义到 methods 中。（   ）

2. uni-app 是使用 Vue.js 开发的一个前端框架。（   ）

3. 开发者可以将页面内的重复功能模块抽象成自定义组件，以便在不同的页面中重复使用。（   ）

4. 自定义组件创建完成后，可以在自定义组件的 js 文件中编写自定义组件的页面结构。（   ）

5. 在使用 uni-app 框架搭建的小程序项目中，main.js 文件为页面的入口文件。（   ）

三、选择题

1. 下列选项中，关于 open-type 合法值说法错误的是（   ）。

A. navigate 可以跳转到应用内的某个页面，会关闭当前页面

B.　redirect 可以跳转到应用内的某个页面，但是不允许跳转到 tabBar 页面

C.　switchTab 可以跳转到 tabBar 页面

D.　exit 表示退出微信小程序

2.　下列选项中，关于 uni-app 项目中文件和文件夹说法错误的是（　　）。

A.　pages 文件夹用于存放所有页面的目录

B.　main.js 文件为应用的配置文件，用于指定应用名称

C.　App.vue 文件是页面的根组件

D.　static 文件夹用于存放静态资源文件

3.　下列选项中，关于 navigator 组件说法错误的是（　　）。

A.　navigator 组件常用于实现页面之间的跳转

B.　navigator 组件的 target 属性用于设置在哪个目标上可以跳转

C.　navigator 组件的 url 属性用于设置当前小程序内的跳转链接

D.　navigator 组件的 open-type 属性用来指定跳转方式，默认值为“switchTab”

4.　下列选项中，关于 uni-app 框架说法错误的是（　　）。

A.　uni-app 框架支持的平台包括 iOS、Android、响应式 Web 及各种主流的小程序

B.　uni-app 框架是使用 React 开发的一个前端框架

C.　使用 uni-app 框架进行开发能做到“一套代码，多端发行”

D.　uni-app 框架支持微信小程序自定义组件及 SDK

5.　下列选项中，关于自定义组件说法错误的是（　　）。

A.　一个自定义组件是由 JSON、JS、WXML 和 WXSS 这 4 个文件组成的

B.　自定义组件的 JSON 文件中需要添加 component 属性，将属性值设为 true，表示是一个组件

C.　自定义组件的 JS 文件中调用的是 Page( )函数

D.　通过添加 usingComponents 属性实现在页面中引用自定义组件

四、简答题

1.　简述自定义组件的创建和使用方法。

2.　简述通过 useExtendedLib 扩展库的方式引入 WeUI 组件库的方式。

3.　简述 navigator 组件的 open-type 属性的合法值及作用。

4.　简述 uni-app 框架的优点。

五、编程题

1.　使用 Vant Weapp 实现只有文字的自定义标签栏。

2.　使用 WeUI 组件库实现图书列表页面。

第 8 章

uni-app项目——"短视频" 微信小程序

学习目标

★ 掌握公共头部的开发，能够独立完成公共头部代码的编写

★ 掌握导航栏的开发，能够独立完成导航栏代码的编写

★ 掌握轮播图的开发，能够独立完成轮播图代码的编写

★ 掌握视频列表的开发，能够独立完成视频列表代码的编写

★ 掌握视频详情页的开发，能够独立完成视频详情页的编写

在学习了 uni-app 框架的基础知识后，为了帮助读者对 uni-app 框架的相关知识有更深入的理解，接下来带领读者使用 uni-app 框架开发一个"短视频"微信小程序，对所学知识进行综合应用。本项目中包含搜索栏、导航栏、轮播图、视频列表、视频详情页等模块，将数据渲染、网络请求等知识运用到项目开发中。下面对"短视频"微信小程序进行详细讲解。

【任务 8-1】项目开发准备

项目展示

随着互联网的快速发展，短视频成为人们获取信息和休闲娱乐的主要方式，本章要开发的就是一个"短视频"微信小程序。本书在配套源代码中提供了项目的完整版源码，读者可以先将项目部署起来，查看项目的运行结果。需要注意的是，项目中的数据都是从服务器中获取的，本书源代码中提供了一个基于 Node.js 开发的服务器程序，读者可以通过配套源代码中的文档来进行环境搭建。本项目中用到的图片和数据都是由服务器接口返回的，接口地址为 http://127.0.0.1:3000/data。

"短视频"微信小程序用于给用户观看视频，它的页面包括首页和视频详情页，如图 8-1 和图 8-2 所示。

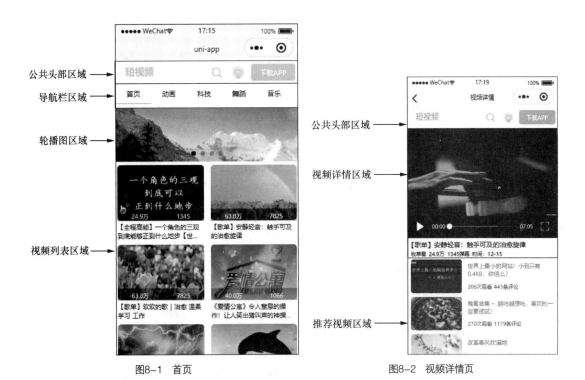

图8-1　首页

图8-2　视频详情页

在视频详情页中推荐视频区域的下方会展示评论列表区域，如图 8-3 所示。

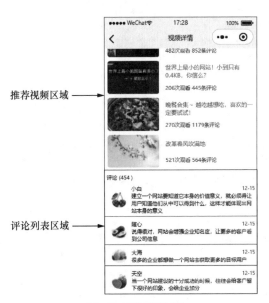

图8-3　评论列表区域

在本项目中，主要完成以下功能。

（1）首页分为 4 个区域，分别是公共头部、导航栏、轮播图、视频列表区域。

● 公共头部区域：展示短视频的 Logo、搜索框、用户头像和"下载 APP"按钮。

- 导航栏区域：展示了短视频的各种分类，包括首页、动画、科技、舞蹈、音乐等分类。
- 轮播图区域：展示各种最新视频的推广焦点图。
- 视频列表区域：展示各种不同的视频信息，包括封面图片、播放量、评论量和标题。

（2）视频详情页包括4个区域，分别为公共头部区域、视频详情区域、推荐视频区域和评论列表区域。

在首页的视频列表区域中，点击想要查看的视频项，会跳转到视频详情页，展示具体的视频信息，包括视频、视频标题、作者、播放量、评论量和时间等。

项目初始化

在开发"短视频"微信小程序时，需要先完成一些准备工作，主要包括创建新项目、新建页面、新建自定义组件、编写全局配置文件、配置公共路径地址和复制素材，具体步骤如下。

① 创建新项目。打开 HBuilder X，基于默认模板新建一个名称为短视频的 uni-app 初始项目，Vue 版本选择"2"。

② 新建页面。右键单击 pages 文件夹，选择"新建页面"，页面名称为 detail，选择模板"使用 scss 的页面"，勾选"在 pages.json 中注册"，单击"创建"按钮进行创建。后续样式代码均使用 SCSS 语言编写，如果不勾选"使用 scss 的页面"可能造成后续代码报错。

③ 新建自定义组件。在项目根目录下右键单击，选择"新建"→"2.目录"，目录名称为 components，然后右键单击 components 文件夹，选择"新建组件"，名称为 MyTitle，模板选择"使用 scss 的模板组件"，勾选"创建同名目录"，单击"创建"按钮进行创建。

④ 编写全局配置文件。在 pages.json 文件中添加项目的页面文件路径、窗口样式及导航栏和标签栏的配置代码，具体代码如下。

```json
{
  "pages": [
    {
      "path": "pages/index/index",
      "style": {
        "navigationBarTitleText": "uni-app"
      }
    }, {
      "path": "pages/detail/detail",
      "style": {
        "navigationBarTitleText": "视频详情"
      }
    }
  ],
  "globalStyle": {
    "navigationBarTextStyle": "black",
    "navigationBarTitleText": "uni-app",
    "navigationBarBackgroundColor": "#F8F8F8",
    "backgroundColor": "#F8F8F8"
  }
}
```

⑤ 配置公共路径地址。在根目录下新建目录，文件夹名为 common。右键单击 common 文件夹，选择"新建 js 文件"，文件名称为 config.js。在 common/config.js 文件中配置服务器接口地址，以便于在后续开发中使用，具体代码如下。

```
1 module.exports = {
2   url: 'http://127.0.0.1:3000/data'
3 }
```

⑥ 复制素材。从本书配套源代码中找到本案例，复制 static 文件夹到项目中，该文件夹保存了该项目所用的素材。

上述步骤操作完成后，"短视频"微信小程序的目录结构如图 8-4 所示。

至此，"短视频"微信小程序开发前的准备工作已完成。

图8-4 "短视频"微信小程序的目录结构

【任务 8-2】公共头部区域

任务分析

首页的公共头部区域包含短视频的 Logo、搜索框、用户头像和"下载 APP"按钮。公共头部区域在多个页面中都会出现，所以将其封装成一个组件，后续在有需要的组件中引入即可。本任务将会完成项目中公共头部区域的开发。

任务实现

1. 实现公共头部区域的页面结构

在 components/MyTitle/MyTitle.vue 文件的<template>标签中编写公共头部区域的页面结构，具体代码如下。

```
1 <view class="my-title">
2   <!-- Logo -->
3   <navigator class="logo">
4     <image class="logo-img" src="../../static/logo.png" />
5   </navigator>
6   <!-- 搜索框 -->
7   <view class="search-icon">
8     <image src="../../static/search.jpg" />
9   </view>
10  <!-- 用户头像 -->
11  <view class="user-icon">
12    <image src="../../static/user.jpg" />
13  </view>
14  <!-"下载APP" 按钮 -->
15  <view class="down-app">
16    下载APP
17  </view>
18 </view>
```

在上述代码中，第3~5行代码定义了Logo，其内部定义了1个 image 组件，用于展示 Logo；第7~9行代码定义了搜索框，其内部定义了1个 image 组件，用于展示搜索图片；第11~13行代码使用 image 组件定义用户头像，用于展示用户头像；第15~17行代码定义了"下载 APP"按钮，用于展示下载按钮。

至此，公共头部区域的页面结构已经实现。

2. 实现公共头部区域的页面样式

在 components/MyTitle/MyTitle.vue 文件的<style lang="scss">标签中编写公共头部区域的页面样式，具体代

码如下。

```
1  .my-title {
2    display: flex;
3    justify-content: center;
4    align-items: center;
5    padding: 10rpx;
6    background-color: #fff;
7    height: 70rpx;
8    .logo {
9      flex: 7;
10     .logo-img {
11       width: 180rpx;
12       height: 60rpx;
13     }
14   }
15   .search-icon {
16     flex: 1;
17     display: flex;
18     justify-content: center;
19     align-items: center;
20     image {
21       width: 60rpx;
22       height: 44rpx;
23     }
24   }
25   .user-icon {
26     flex: 2;
27     display: flex;
28     justify-content: center;
29     align-items: center;
30     image {
31       width: 54rpx;
32       height: 60rpx;
33     }
34   }
35   .down-app {
36     flex: 3;
37     font-size: 30rpx;
38     display: flex;
39     justify-content: center;
40     align-items: center;
41     background-color: #87CEEB;
42     color: #fff;
43     border-radius: 10rpx;
44     padding: 10rpx;
45   }
46 }
```

在上述代码中，第 2 行代码将公共头部区域设置为 Flex 布局，此时项目会按照默认的排列方式横向排列。第 9、16、26、36 行代码用于定义子项目分配多少剩余空间，用 flex 值来表示占多少份。

至此，公共头部区域的页面样式已经实现。

3. 在页面中显示公共头部区域

在 pages/index/index.vue 文件中使用 MyTitle 组件，将自定义组件在页面中展示出来。只要组件文件保存在项目的 components 目录下，并符合"components/组件名称/组件名称.vue"目录结构，就可以不用引用、注册，可直接在页面中使用，具体代码如下。

```
1  <template>
2    <view>
3      <MyTitle></MyTitle>
4    </view>
5  </template>
```

完成上述代码后，将项目运行至微信小程序，公共头部区域的页面效果如图 8-5 所示。

至此，公共头部区域已经实现。

【任务 8-3】导航栏区域

图8-5　公共头部区域的页面效果

任务分析

首页的导航栏区域展示了多种视频分类，包括首页、动画、科技、舞蹈、音乐等。导航栏可以横向滑动，且点击单个标签按钮时，会出现下画线的效果。本任务将会完成导航栏区域的开发。

任务实现

1. 加载导航栏数据

在 pages/index/index.vue 文件的<script>标签中编写导航栏区域的页面逻辑，实现在页面打开时加载导航栏数据，具体步骤如下。

① 在页面的初始数据 data 中编写导航栏中用到的数据，具体代码如下。

```
1  data() {
2    return {
3      navList: [],
4      currentIndexNav: 0,
5    }
6  },
```

在上述代码中，第 3~4 行代码定义了 2 个数据，navList 用于存放当前导航栏列表数据，currentIndexNav 用于存放当前导航栏索引。

② 在 export default {}的前面引入 config 模块，具体代码如下。

```
import config from '../../common/config.js'
```

上述代码通过 import 将 config.js 文件引入 pages/index/index.vue 文件中。

③ 在 methods 中定义获取导航栏数据的方法 getNavList()，具体代码如下。

```
1  methods: {
2    getNavList() {
3      uni.request({
4        url: config.url + '/navList',
5        success: res => {
6          this.navList = res.data.data.navList
7          console.log(this.navList) // 输出到控制台
8        }
9      })
10   },
11 }
```

上述代码使用 uni.request()方法来发起网络请求。uni-app 框架的 API 命名方式与小程序保持兼容，

uni.request( )相当于微信小程序中的 wx.request( )。

④ 在 onLoad( )中实现页面加载时调用 getNavList( )方法获取导航栏数据，具体代码如下。

```
1  onLoad() {
2    this.getNavList()
3  },
```

保存并运行上述代码，测试程序，控制台中输出的导航栏数据如图 8-6 所示。

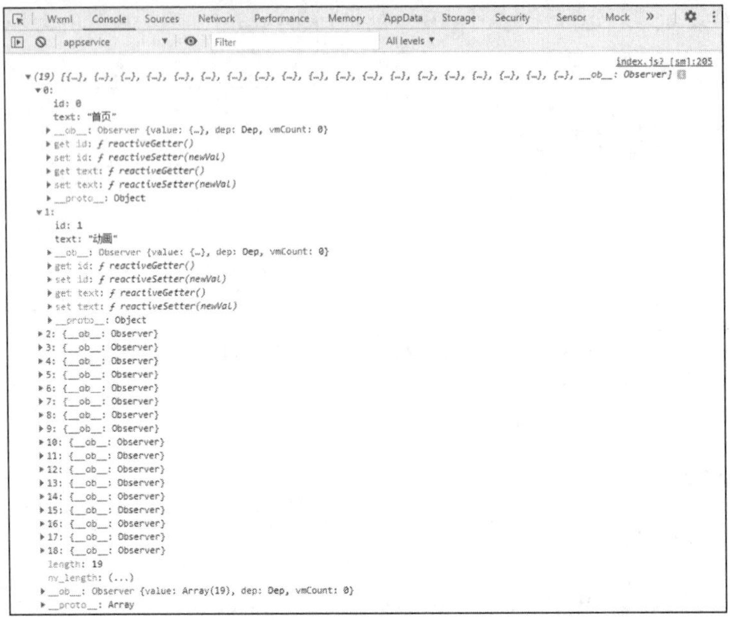

图8-6　导航栏数据

从图 8-6 中可以看出，当前成功从服务器中获取到了导航栏数据。测试完成后，可以将 console.log(this.navList) 这行代码删除。后续开发中，从服务端获取到数据后，均可以用这种方式查看服务器返回的数据。

2. 实现导航栏区域的页面结构

在 pages/index/index.vue 文件的 "<MyTitle></MyTitle>" 的下方编写导航栏区域的页面结构，具体代码如下。

```
1  <view class="nav-wrap">
2    <scroll-view class="nav" scroll-x>
3      <view @click="activeNav($event, index)" :class="['nav-item', index === currentIndexNav ? 'active' : '']" :data-index="index" v-for="(item, index) in navList" :key="item.id">
4        {{ item.text }}
5      </view>
6    </scroll-view>
7  </view>
```

在上述代码中，第 2~6 行代码定义了 scroll-view 组件，实现在一定视图内通过横向滚动查看导航栏区域中所有的分类内容。其中，第 2 行代码通过设置 scroll-x 属性实现了导航栏的横向滚动；第 3 行代码定义了 view 组件，为该组件绑定 click 事件，执行的事件处理函数为 activeNav( )，编译到微信小程序端时，click 事件会被转换成 tap 事件。

至此，导航栏区域的页面结构已经实现。

3. 实现导航栏区域的页面样式

在 pages/index/index.vue 文件中删除原有的<style>标签及其内部的代码，然后添加<style lang="scss">标签，

编写导航栏区域的页面样式, 具体代码如下。

```
1  .nav {
2    white-space: nowrap;
3    padding: 5rpx 0;
4    .nav-item {
5      padding: 20rpx 45rpx;
6      font-size: 30rpx;
7      display: inline-block;
8    }
9    .active {
10     border-bottom: 5rpx solid #87CEEB;
11   }
12 }
13 /* #ifdef H5 */
14 .nav ::-webkit-scrollbar {
15   width: 0;
16   height: 0;
17   color: transparent;
18   display: none;
19 }
20 /* #endif */
```

在上述代码中, 第 2 行代码中将 white-space 属性值设置为 nowrap, 所有文本显示为一行, 不会换行。第 13~20 行代码通过条件编译将 scroll-view 组件在浏览器中显示的滚动条隐藏。

至此, 导航栏区域的页面样式已经实现。

4. 实现导航栏的切换效果

在 pages/index/index.vue 文件的 methods 中定义 activeNav( )事件处理函数, 实现导航栏的切换效果, 具体代码如下。

```
1  activeNav(e) {
2    this.currentIndexNav = e.target.dataset.index
3  },
```

完成上述代码后, 将项目运行至微信小程序, 导航栏区域的页面效果如图 8-7 所示。

至此, 导航栏区域已经实现。

【任务 8-4】轮播图区域

图8-7　导航栏区域的页面效果

任务分析

首页的轮播图区域展示了多种推广的 banner 图, 滑动屏幕可以实现图片的横向切换。轮播图下方显示指示点面板, 用于显示当前是第几张图片。在用户无操作时, 轮播图可以实现自动无缝轮播的效果。本任务将完成轮播图区域的开发。

任务实现

1. 加载轮播图数据

在 pages/index/index.vue 文件的<script>标签中编写代码加载轮播图数据, 具体步骤如下。

① 在页面的初始数据 data 中添加 swiperList 属性, 用于存储轮播图数据, 具体代码如下。

```
swiperList: [],
```

② 在 methods 中定义获取轮播图数据的方法 getSwiperList( )，实现从服务器端获取轮播图数据，具体代码如下。

```
1  getSwiperList() {
2    uni.request({
3      url: config.url + '/swiperList',
4      success: res => {
5        this.swiperList = res.data.data.swiperList
6      }
7    })
8  },
```

在上述代码中，第 2～7 行代码通过调用 uni.request( )方法请求轮播图数据。其中第 4～6 行代码定义了向服务器请求数据成功的回调函数 success，将请求到的数据保存在 swiperList 数组中。

③ 在 onLoad( )中调用 getSwiperList( )方法获取轮播图数据，具体代码如下。

```
1  onLoad(options) {
2    原有代码……
3    this.getSwiperList()
4  },
```

2. 实现轮播图区域的页面结构

在 pages/index/index.vue 文件的导航栏区域下方编写轮播图区域的页面结构，具体代码如下。

```
1  <view class="slides">
2    <swiper autoplay indicator-dots circular>
3      <swiper-item v-for="(item, index) in swiperList" :key="index">
4        <image :src="item.imgSrc" mode="widthFix" />
5      </swiper-item>
6    </swiper>
7  </view>
```

在上述代码中，第 2～6 行代码定义了 swiper 组件，用于实现轮播图。其中第 3～5 行代码中定义了 swiper-item 组件，通过 v-for 渲染出轮播图区域中的每一张图片。

至此，轮播图区域的页面结构已经实现。

3. 实现轮播图区域的页面样式

在 pages/index/index.vue 文件的<style lang="scss">标签中编写轮播图区域的页面样式，具体代码如下。

```
1  .slides {
2    margin: 10rpx 0;
3    swiper {
4      height: 220rpx;
5    }
6    image {
7      width: 100%;
8      height: 100%;
9    }
10 }
```

在上述代码中，第 2 行代码将轮播图区域外层容器的上外边距和下外边距设置为10rpx；第 4 行代码设置了 swiper 组件的高度；第 7～8 行代码将 image 组件的宽、高设置为 100%，占满整个 swiper 组件。

完成上述代码后，将项目运行至微信小程序，轮播图区域的页面效果如图 8-8 所示。

图8-8　轮播图区域的页面效果

至此，轮播图区域已经实现。

【任务 8-5】视频列表区域

任务分析

首页的视频列表区域中展示了从服务器端返回来的数据，每个列表项对应一个视频的信息，视频的信息包括播放量、评论量、标题和图片。点击页面中的某一个视频，会跳转到视频详情页，此时可以查看视频的详细信息。本任务将会完成视频列表区域的开发。

任务实现

1. 加载视频列表数据

在 pages/index/index.vue 文件的<script>标签中编写代码，获取视频列表数据，具体步骤如下。

① 在页面的初始数据 data 中编写轮播图区域中用到的数据，具体代码如下。

```
videosList: [],
```

② 在 methods 中定义获取视频列表数据的方法 getVideosList( )，具体代码如下。

```
1  getVideosList() {
2    uni.request({
3      url: config.url + '/videosList',
4      success: res => {
5        this.videosList = res.data.data.videosList
6      }
7    })
8  },
```

上述代码通过调用 uni.request( )方法获取视频列表的数据。

③ 在 onLoad( )中调用 getVideosList( )方法获取视频列表数据，具体代码如下。

```
1  onLoad(options) {
2    原有代码……
3    this.getVideosList()
4  },
```

2. 实现视频列表区域的页面结构

在 pages/index/index.vue 文件的轮播图区域下方编写视频列表区域的页面结构，具体代码如下。

```
1  <view class="video-wrap">
2    <!-- 视频列表中的每一项 -->
3    <view class="video-item" @click="goVideosDetail(item.id)" v-for="(item,index) in
   videosList" :key="item.id">
4      <!-- 图片容器 -->
5      <view class="video-img">
6        <image :src="item.imgSrc" mode="widthFix" />
7        <!-- 播放量 -->
8        <view class="video-info">
9          <!-- 播放量 -->
10         <view class="play-count-wrap">
11           <!-- 图标 -->
12           <text class="fa fa-play-circle-o"></text>
13           <!-- 数值 -->
14           <text class="play-count">{{ item.playCount }}</text>
```

```
15          </view>
16          <!-- 评论量 -->
17          <view class="comment-count-row">
18            <!-- 图标 -->
19            <text class="fa fa-commenting-o"></text>
20            <!-- 数值 -->
21            <text class="comment-count">{{ item.commentCount }}</text>
22          </view>
23        </view>
24      </view>
25      <!-- 标题 -->
26      <view class="video-title">
27        {{ item.desc }}
28      </view>
29    </view>
30 </view>
```

在上述代码中，第 3~29 行代码定义了 view 组件，用于实现视频列表中的每一项。其中第 3 行代码给组件绑定了 click 事件，事件处理函数为 goVideosDetail( )，用于跳转到详情页面。

至此，视频列表的页面结构已经实现。

3. 实现视频列表区域的页面样式

在 pages/index/index.vue 文件的<style lang="scss">标签中编写视频列表区域的页面样式，具体步骤如下。

① 编写视频列表容器的页面样式，具体代码如下。

```
1 .video-wrap {
2   display: flex;
3   flex-wrap: wrap;
4   justify-content: space-between;
5   padding: 5rpx;
6 }
```

在上述代码中，第 2~5 行代码为视频列表容器设置了 Flex 布局，项目之间允许换行，主轴之间的对齐方式为两端对齐，内边距为 5rpx。

② 编写视频列表中每一项的页面样式，具体代码如下。

```
1 .video-item {
2   width: 48%;
3   margin-bottom: 20rpx;
4 }
```

上述代码设置了视频项的宽度和下外边距样式。

③ 编写图片容器的页面样式，具体代码如下。

```
1 .video-img {
2   position: relative;
3   image {
4     width: 100%;
5     border-radius: 15rpx;
6   }
7   .video-info {
8     position: absolute;
9     bottom: 8rpx;
10    left: 0;
11    width: 100%;
12    display: flex;
```

```
13    justify-content: space-around;
14    background: rgba(0, 0, 0, 0.3);
15 }
16 .video-info text {
17    margin-right: 5rpx;
18    font-size: 24rpx;
19    color: #efefef;
20 }
21 }
```

在上述代码中，第 2 行代码设置图片容器为相对定位；第 8 行代码设置播放量区域为绝对定位，让文字显示在图片上方。

④ 编写视频项中的标题的样式代码，具体代码如下。

```
1 .video-title {
2    font-size: 28rpx;
3    /* 以下 4 个样式用于实现超出两行的内容自动隐藏 */
4    overflow: hidden;
5    display: -webkit-box;
6    -webkit-line-clamp: 2;
7    -webkit-box-orient: vertical;
8 }
```

至此，视频列表区域的页面样式已经实现。

4. 实现跳转到视频详情页

在视频列表中，实现点击某个视频跳转到对应视频的详情页面。在 pages/index/index.vue 文件的\<script\>标签中编写代码，具体代码如下。

```
1 goVideosDetail(id) {
2    uni.navigateTo({
3      url: '/pages/detail/detail?id=' + id
4    })
5 },
```

上述代码通过调用 uni.navigateTo( )方法实现页面的跳转，并且携带参数 id，在视频详情页的 onLoad( )中可以接收到 id。

完成上述代码后，将项目运行至微信小程序，视频列表区域的页面效果如图 8-9 所示。

至此，视频列表区域已经实现。

【任务 8-6】视频详情页

任务分析

点击视频列表中的某一项，会跳转到视频详情页面。视频详情页面的视频详情区域用于显示视频、作者、播放量、评论量、时间等信息。视频详情页的推荐视频区域包括推荐图片、视频标题、播放量和评论量等。视频详情页面的评论列表区域，用于显示用户的头像、姓名、评论等内容。本任务将会完成视频详情页的开发。

【全程高能】一个角色的三观到底能修正到什么地步【世...　【歌单】安静轻音：触手可及的治愈旋律

【歌单】软软的歌 | 治愈 温柔学习 工作　《爱情公寓》令人窒息的操作!

图 8-9　视频列表区域的页面效果

任务实现

1. 实现整体页面结构

在 pages/detail/detail.vue 文件中编写视频详情页的整体页面结构代码，具体代码如下。

```
1  <template>
2    <view>
3      <MyTitle></MyTitle>
4      <!-- 视频详情 -->
5      <view class="video-info" v-if="videoInfo"></view>
6      <!-- 推荐视频 -->
7      <view class="other-list"></view>
8      <!-- 评论列表 -->
9      <view class="comment-wrap"></view>
10   </view>
11 </template>
```

在上述代码中，第 3 行代码为公共头部区域；第 5 行代码定义了视频详情区域；第 7 行代码定义了推荐视频区域；第 9 行代码定义了评论列表区域。

2. 实现视频详情区域

在 pages/detail/detail.vue 文件中编写视频详情区域的代码，具体步骤如下。

① 在 data 中定义视频详情的数据，用于存放视频信息，具体代码如下。

```
1  export default {
2    data() {
3      return {
4        // 视频详情
5        videoInfo: null,
6      }
7    },
8  }
```

② 在 export default {}的前面引入 config 模块，具体代码如下。

```
import config from "../../common/config.js"
```

上述代码通过 import 将 config.js 文件引入 pages/detail/detail.vue 文件中。

③ 在 methods 中定义一个方法获取当前视频的信息，具体代码如下。

```
1  methods: {
2    // 页面加载时获取视频信息
3    getCurrentVideo(videoId) {
4      uni.request({
5        url: config.url + '/videoDetail?id=' + videoId,
6        success: res => {
7          if (res.data.code === 0) {
8            this.videoInfo = res.data.data.videoInfo
9          }
10       }
11     })
12   },
13 }
```

在上述代码中，第 3～12 行代码定义了获取当前视频方法的方法 getCurrentVideo( )。第 4～11 行代码通过调用 uni.request( )方法向服务器请求数据。第 5 行代码为请求服务器的地址，videoId 为从首页传过来的 id。第 6～10 行代码定义了数据请求成功的回调函数 success，将服务器返回的 videoInfo 保存在页面的初始数据

videoInfo 中。

④ 在 onLoad( )中接收视频的 id，并且在页面加载时调用 getCurrentVideo( )方法获取当前视频，具体代码如下。

```
1  onLoad(options) {
2    let videoId = options.id
3    this.getCurrentVideo(videoId)
4  },
```

在上述代码中，第 2 行代码用于接收从视频列表中传过来的视频 id，将其保存在 videoId 中。

⑤ 在<template>标签中编写视频详情区域的页面结构，具体代码如下。

```
1  <view class="video-info" v-if="videoInfo">
2    <!-- 视频 -->
3    <video :src="videoInfo.videoSrc" controls class="video"></video>
4    <!-- 视频标题 -->
5    <view class="video-title">
6      <text>{{ videoInfo.videoTitle }}</text>
7      <text class="fa fa-angle-down"></text>
8    </view>
9    <!-- 视频详细信息 -->
10   <view class="video-detail">
11     <!-- 作者 -->
12     <text class="author">{{ videoInfo.author }}</text>
13     <!-- 播放量 -->
14     <text class="play-count">{{ videoInfo.playCount }}</text>
15     <!-- 评论量 -->
16     <text class="comment-count">{{ videoInfo.commentCount }}弹幕</text>
17     <!-- 时间 -->
18     <text class="date">时间: {{ videoInfo.date }}</text>
19   </view>
20 </view>
```

在上述代码中，第 1~20 行代码通过 v-if 判断 videoInfo 的值，如果值为 true，则显示视频详情区域，否则隐藏视频详情区域。其中，第 3 行代码定义了视频区域，用于显示视频；第 5~8 行代码定义了视频标题区域；第 10~19 行代码定义了视频详细信息区域，内容包括作者、播放量、评论量和时间。

⑥ 在<style lang="scss">标签中编写视频详情区域的页面样式，具体代码如下。

```
1  .video-info {
2    margin-top: 10rpx;
3    .video {
4      width: 100%;
5    }
6    .video-title {
7      display: flex;
8      justify-content: space-between;
9      font-size: 35rpx;
10   }
11   .video-detail {
12     margin-top: 5rpx;
13     font-size: 28rpx;
14     text {
15       margin-left: 15rpx;
16     }
17     .author {
18       color: #000;
```

```
19    }
20   }
21 }
```

在上述代码中，第7~8行代码用于实现Flex布局，使Flex容器中的项目在主轴上的排列方式为两端对齐。

完成上述代码后，将项目运行至微信小程序，视频详情区域的页面效果如图8-10所示。

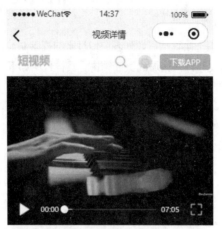

图8-10 视频详情区域的页面效果

至此，视频详情区域已经实现。

3. 实现推荐视频区域

在pages/detail/detail.vue文件中编写推荐视频区域，具体步骤如下。

① 在data中定义othersList属性，用于存储推荐视频区域的数据，具体代码如下。

```
othersList: [],
```

② 在methods中定义获取推荐视频区域中数据的方法getOthersList()，具体代码如下。

```
1 getOthersList() {
2   uni.request({
3     url: config.url + '/othersList',
4     success: res => {
5       if (res.data.code === 0) {
6         this.othersList = res.data.data.othersList
7       }
8     }
9   })
10 },
```

在上述代码中，第6行代码用于将从服务器中获取的数据保存在othersList数组中。

③ 在onLoad()中调用getOthersList()方法获取推荐视频区域的数据，具体代码如下。

```
1 onLoad(options) {
2   原有代码……
3   this.getOthersList()
4 },
```

④ 在<template>标签中编写推荐视频区域的页面结构，具体代码如下。

```
1 <view class="other-list">
2   <view v-for="item in othersList" :key="item.id" class="item_other">
3     <!-- 图片容器 -->
4     <view class="other-img-wrap">
```

```
5         <image :src="item.imgSrc" mode="widthFix" />
6      </view>
7      <!-- 视频详情 -->
8      <view class="other-info">
9       <!-- 标题 -->
10       <view class="other-title">{{ item.title }}</view>
11       <!-- 播放量 -->
12       <view class="other-detail">
13        <!-- 播放量 -->
14        <text class="play-count"> {{ item.playMsg }}次观看 </text>
15        <!-- 评论 -->
16        <text class="comment-count">{{ item.commentCount }}条评论 </text>
17       </view>
18      </view>
19    </view>
20 </view>
```

在上述代码中，第 2～19 行代码定义了 view 组件，表示推荐列表中的一项，通过 v-for 进行循环渲染将推荐视频在页面上展示出来。其中，第 4～6 行代码定义了图片容器；第 8～18 行代码定义了视频的详情。

⑤ 在<style lang="scss">标签中编写推荐视频区域的页面样式，具体代码如下。

```
1  .other-list {
2   margin-top: 10rpx;
3    .item_other {
4     display: flex;
5     justify-content: space-between;
6     margin-bottom: 20rpx;
7      .other-img-wrap {
8       width: 38%;
9       display: flex;
10       justify-content: center;
11       align-items: center;
12        .other-img-wrap image {
13         width: 90%;
14         border-radius: 15rpx;
15        }
16      }
17      .other-info {
18       width: 60%;
19       display: flex;
20       flex-direction: column;
21       justify-content: space-around;
22        .other-title {
23         font-size: 30rpx;
24         color: #e06f93;
25        }
26        .other-detail {
27         font-size: 26rpx;
28         color: #666;
29        }
30      }
31    }
32 }
```

在上述代码中，第 9～11 行代码给图片容器设置了 Flex 布局，在主轴上的对齐方式为居中对齐，在交叉轴上的对齐方式为居中对齐；第 19~21 行代码给视频详情容器设置了 Flex 布局，主轴方向为纵向，每个项目两侧的间隔相等。

完成上述代码后，将项目运行至微信小程序，推荐视频区域的页面效果如图 8-11 所示。

至此，推荐视频区域已经实现。

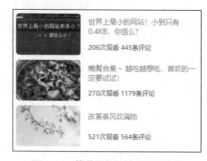

4. 实现评论列表区域

在 pages/detail/detail.vue 文件中编写评论列表区域，具体步骤如下。

① 在 data 中定义 commentData 属性，用于存放评论列表区域的数据，具体代码如下。

图8-11　推荐视频区域的页面效果

```
commentData: [],
```

② 在 methods 中定义了一个获取评论列表数据的方法，具体代码如下。

```
1  getCommentList(videoId) {
2    uni.request({
3      url: config.url + '/commentsList?id=' + videoId,
4      success: res => {
5        if (res.data.code === 0) {
6          this.commentData = res.data.data.commentData;
7        }
8      }
9    })
10 },
```

③ 在 onLoad() 中调用 getCommentList() 方法获取评论列表的数据，具体代码如下。

```
1  onLoad(options) {
2    原有代码……
3    this.getCommentList(videoId)
4  },
```

④ 在 <template> 标签中编写评论列表区域的页面结构，具体代码如下。

```
1  <view class="comment-wrap">
2    <view class="comment-title">
3      评论 ({{ commentData.commentTotalCount }})
4    </view>
5    <view class="comment-list">
6      <view class="comment-item" v-for="(item, index) in commentData.commentList" :key="index">
7        <!-- 左侧用户 -->
8        <view class="comment_user">
9          <image :src="item.userIconSrc" mode="widthFix" class="comment_user_image" />
10       </view>
11       <!-- 右侧评论 -->
12       <view class="comment-info">
13         <view class="comment-detail">
14           <text class="author">{{ item.username }}</text>
15           <text class="date">{{ item.commentDate }}</text>
16         </view>
17         <view class="comment-content">
18           {{ item.commentInfo }}
19         </view>
20       </view>
```

```
21     </view>
22   </view>
23 </view>
```

在上述代码中，第 2~4 行代码定义了评论列表标题；第 5~22 行代码定义了评论列表数据。其中，第 6~21 行代码定义了评论列表项，通过 v-for 对从服务器请求到的数据进行列表渲染，从而展示每个评论的发表用户、发表时间和评论内容。

⑤ 在<style lang="scss">标签中编写评论列表区域的页面样式，具体代码如下。

```
1  .comment-wrap {
2   margin-top: 10rpx;
3    .comment-title {
4      padding: 10rpx;
5      font-size: 28rpx;
6    }
7    .comment-list {
8      .comment-item {
9        margin-bottom: 10rpx;
10       padding: 10rpx;
11       display: flex;
12       justify-content: space-between;
13       border-bottom: 1px solid #666;
14     }
15     .comment_user {
16       flex: 1;
17       display: flex;
18       justify-content: center;
19       align-items: center;
20       .comment_user_image {
21         width: 60%;
22         border-radius: 50%;
23       }
24     }
25     .comment-info {
26       flex: 5;
27       display: flex;
28       flex-direction: column;
29       justify-content: space-around;
30       .comment-detail {
31         display: flex;
32         justify-content: space-between;
33         .comment-detail .author {
34           font-size: 28rpx;
35           color: #000;
36         }
37         .comment-detail .date {
38           color: #666;
39           font-size: 24rpx;
40         }
41       }
42     }
43     .comment-content {
44       font-size: 28rpx;
45       color: #000;
```

```
46      }
47    }
48 }
```

在上述代码中，第 11 行代码设置了评论列表中每一项区域均为 Flex 布局，第 12 行代码设置主轴的对齐方式为两端对齐。第 16 行和第 26 行代码设置 flex 值，用于实现左侧用户和右侧评论按属性值比例分配剩余的空间。

完成上述代码后，将项目运行至微信小程序，评论列表区域的页面效果如图 8-12 所示。

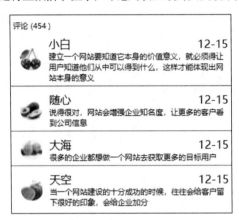

图8-12　评论列表区域的页面效果

至此，"短视频"微信小程序已经开发完成。

本章小结

本章讲解了"短视频"微信小程序的开发全过程，完成了首页和视频详情页的页面结构、样式和逻辑编写，对所学知识进行了综合应用。通过本章的学习，读者需要重点掌握如何使用 uni-app 框架制作一个完整的微信小程序，熟悉项目的开发流程，能够通过已学知识解决项目开发中遇到的问题。

课后练习

一、填空题

1. 在使用 Flex 布局时，首先要将父元素的 display 属性设置为_____，然后才可以使用 Flex 容器和 Flex 项目的相关属性。

2. 微信小程序中的按钮通过_____组件来实现。

3. 微信小程序中能够使视图横向滚动的组件是_____。

4. 微信小程序中页面加载时执行的函数为_____。

5. 微信小程序的配置文件为_____。

二、判断题

1. uni-app 框架可以在 pages.json 文件中设置页面导航栏的标题。（　　）

2. 在 uni-app 项目中，通过调用 uni.navigateTo( )方法可以实现页面的跳转。（　　）

3. 微信小程序中的 wx:for 能够实现列表渲染，并且可以嵌套使用。（　　）

4. uni-app 框架支持多端开发。（　　）

5. 在使用 wx:for 时，绑定 wx:key 属性可以提高渲染列表的效率。(　　　)

三、选择题

1. 下列选项中，用于在微信小程序中实现点击事件的是 (　　　)

A. bindinput　　　　　　B. bindsubmit　　　　　　C. bindreset　　　　D. bindtap

2. 下列选项中，不属于 scroll-view 组件属性的是 (　　　)。

A. scroll-x　　　　　　B. scroll-top　　　　　　C. bindscroll　　　　D. current

3. 下列选项中，navigator 组件中用于区分不同跳转功能的属性是 (　　　)。

A. open-type　　　　　　B. target　　　　　　C. url　　　　D. dalta

4. 下列选项中，关于 uni-app 框架中 pages.json 全局配置文件的说法错误的是 (　　　)。

A. 可以决定页面文件的路径、导航栏、底部标签栏

B. 可以通过添加 pages 配置项设置页面路径以及导航栏标题

C. 可以通过添加 globalStyle 配置项设置局部样式

D. pages 配置项是一个数组，数组中的每个元素表示一个页面

5. 在 uni-app 项目中，用于更改导航栏标题的属性是 (　　　)

A. navigationBarTextStyle　　　　　　　　　B. navigationBarTitleText

C. navigationBarBackgroundColor　　　　　　D. backgroundColor

四、简答题

1. 简述微信小程序的页面组成。

2. 简述如何在 uni-app 项目中设置页面路径。